Java

张 凯 / 编著

网络爬虫
精解与实践

清华大学出版社
北京

内 容 简 介

本书全面而系统地介绍与网络爬虫程序相关的理论知识，并包含大量的实践操作案例。

本书共分为 8 章。第 1 章以自动化框架为基础，介绍网络爬虫程序的入门开发实践。第 2 章深入讲解网页内容的处理、解析技术和数据提取方法。第 3 章讨论验证码识别技术以及如何有效绕过验证码的策略。第 4 章涉及网络抓包技术及其对抗策略。第 5 章深入探讨 JavaScript 代码的混淆技术与逆向分析方法。第 6 章专注于移动端应用程序的数据爬取技术及相关逆向分析技术。第 7 章介绍构建分布式网络爬虫系统所需的关键技术。第 8 章通过实战案例，展示分布式网络爬虫系统设计与实现的思路。通过学习本书，读者将显著提升网络爬虫系统的设计与实现能力，并增强对网页代码及移动端应用程序代码的逆向分析水平。

本书的内容不仅涵盖理论知识，还注重实践操作，适合广大网络爬虫程序开发爱好者阅读。同时，本书也适合作为培训机构和学校的教学参考用书。

图书在版编目（CIP）数据

Java 网络爬虫精解与实践 / 张凯编著. -- 北京 ：
清华大学出版社，2024. 10. -- ISBN 978-7-302-67484-9

Ⅰ. TP312. 8；TP311. 561

中国国家版本馆 CIP 数据核字第 20241MH837 号

责任编辑：赵　军
封面设计：王　翔
责任校对：闫秀华
责任印制：沈　露

出版发行：清华大学出版社
　　　　　网　　　址：https://www.tup.com.cn，https://www.wqxuetang.com
　　　　　地　　　址：北京清华大学学研大厦 A 座　　　　邮　　编：100084
　　　　　社 总 机：010-83470000　　　　　　　　　　邮　　购：010-62786544
　　　　　投稿与读者服务：010-62776969，c-service@tup.tsinghua.edu.cn
　　　　　质 量 反 馈：010-62772015，zhiliang@tup.tsinghua.edu.cn

印　装　者：北京同文印刷有限责任公司
经　　销：全国新华书店
开　　本：190mm×260mm　　　印　　张：18.25　　　字　　数：492 千字
版　　次：2024 年 11 月第 1 版　　　　　　　印　　次：2024 年 11 月第 1 次印刷
定　　价：89.00 元

产品编号：105230-01

前　　言

随着互联网经济的发展和大数据时代的到来，数据被人们喻为"新时代的石油"，而爬虫系统则是开采"新时代石油"的重要工具。

尽管爬虫系统有着悠久的历史，但随着时间的推移和技术的不断更新迭代，很多古老的爬虫技术已无法满足当前的爬取数据需求。

本书主要是笔者学习过的知识和相关实践经验的整理与总结。希望本书能够为每一位对爬虫领域感兴趣的读者提供一套系统的知识体系和操作指南，并为读者在学习和职业生涯中提供帮助。

本书内容

本书分为 8 章，每章内容概述如下：

第 1 章介绍 Selenium 框架的工作原理，并以 Selenium 框架为基础，展示了一些入门级网络爬虫功能示例，为读者构建基础的网络爬虫系统知识框架。

第 2 章讲解网页内容解析与提取的几种关键技术，这些技术对数据清洗至关重要。通过学习本章内容，读者将掌握多种网页内容解析与提取技术，并能够合理使用这些技术以显著提升数据处理效率。

第 3 章介绍验证码生成技术与验证码识别技术的原理与实现。本章内容不仅为读者在验证码自动处理方面提供了指导思路，还为读者开发其他图像识别和处理需求奠定了基础。

第 4 章介绍网络抓包与相关对抗技术。通过学习本章内容，读者可以更加灵活地应用网络抓包工具，并掌握 SSL Pinning 技术的实现原理和相应对抗技术。

第 5 章讲解常见的 JavaScript 代码保护技术，JavaScript 代码混淆的实现原理以及 JavaScript Hook 技术等。最后，通过两道 CTF 挑战题目，向读者展示如何运用前述的基础知识来解决实际问题。

第 6 章介绍 App 数据爬取与逆向分析技术各个方面的内容，包括利用 Appium 爬取 App 数据、Android 应用程序静态分析和动态分析、二进制文件逆向分析以及加壳脱壳技术的实现原理等。最后，通过 App 逆向分析实战，为读者展示相关理论知识的应用。

第 7 章深入探讨构建高效分布式爬虫系统的关键技术，涵盖从架构设计到具体技术细节的多个方面。通过学习本章内容，读者将掌握设计和实现一个高效、可扩展的分布式爬虫系统所需的关键技术。

第 8 章介绍构建高效可靠的分布式爬虫系统的全过程，从需求分析到系统整体架构设计，再到各个模块和底层存储设计。通过学习本章内容，读者将对分布式爬虫系统的整体设计和各个模块的详细设计有更深入的理解和体会。

资源下载

本书提供源代码，读者可扫描以下二维码进行下载：

写书是一项需要付出巨大努力的工作。笔者虽亲自验证了书中每个实验的结果，然而，由于知识、表达和时间等限制，书中可能存在不足之处，恳请读者不吝赐教。对于本书内容的疑问和反馈，读者可以写邮件发送到 booksaga@126.com，我会尽力为读者提供满意的回复。

本书的完成不仅凝聚了笔者的心血，也离不开朋友和家人的支持。在此，特别感谢卞诚君老师的邀请和指导，家人的理解和支持，祝他们在今后的岁月中平安健康。最后，还要感谢笔者所在的公司"粉笔科技"提供的展示自己能力的平台和机会。

张凯

2024 年 8 月于北京

目　　录

## 第 1 章

网络爬虫开发入门实践

本章首先详细介绍当前流行的几种开源 Java 爬虫框架。接下来通过基于 Selenium 框架的爬虫程序开发，引导读者逐步掌握 Web 网络爬虫程序的编写。本章内容不仅涵盖 Web 爬虫开发的环境搭建和基本原理，还将通过具体案例深入浅出地展示爬虫程序的开发过程。

在展示爬虫程序开发过程中，本章将首先详细介绍 Java 和 Selenium 开发环境的搭建过程。随后，通过一系列简单的爬虫示例，展示如何有效获取和处理网页内容，包括打印网页内容、使用表达式提取特定元素、模拟用户输入和单击操作、从 iframe 中采集数据，以及进行屏幕截图等技巧。

此外，本章还将深入介绍如何优雅地实现等待机制，并调整浏览器配置以优化爬虫性能。同时，还将介绍 Chrome 浏览器的 Chrome DevTools Protocol（CDP）协议的原理及其应用，帮助读者更全面地理解和应用这些高级工具。

1.1 Java 网络爬虫框架概览

Java 开发语言是业界使用最广泛的编程语言之一，在互联网行业中拥有众多使用者。Java 网络爬虫能够帮助开发人员以快捷、简单且多样化的方式抓取各种数据。谈到网络爬虫，许多人会首先想到 Python 语言，因为 Python 拥有丰富的网络爬虫资源和框架，使得上手更加便捷。然而，实际上 Java 网络爬虫领域也有许多优秀的开源框架和库可供使用。图 1-1 展示了某网站在某一年度评选出的最受欢迎的 50 个网络爬虫开源框架或库，从该排名可以看出 Java 网络爬虫的应用同样非常广泛。

接下来简单介绍几款 Java 开源网络爬虫框架，感兴趣的读者可以自行下载、安装，并阅读相关源代码。

Name	Language	Platform
Heritrix	Java	Linux
Nutch	Java	Cross-platform
Scrapy	Python	Cross-platform
DataparkSearch	C++	Cross-platform
GNU Wget	C	Linux
GRUB	C#, C, Python, Perl	Cross-platform
ht://Dig	C++	Unix
HTTrack	C/C++	Cross-platform
ICDL Crawler	C++	Cross-platform
mnoGoSearch	C	Windows
Norconex HTTP Collector	Java	Cross-platform
Open Source Server	C/C++, Java PHP	Cross-platform
PHP-Crawler	PHP	Cross-platform
YaCy	Java	Cross-platform
WebSPHINX	Java	Cross-platform
WebLech	Java	Cross-platform
Arale	Java	Cross-platform
JSpider	Java	Cross-platform
HyperSpider	Java	Cross-platform
Arachnid	Java	Cross-platform
Spindle	Java	Cross-platform
Spider	Java	Cross-platform
LARM	Java	Cross-platform
Metis	Java	Cross-platform
SimpleSpider	Java	Cross-platform
Grunk	Java	Cross-platform
CAPEK	Java	Cross-platform
Aperture	Java	Cross-platform
Smart and Simple Web Crawler	Java	Cross-platform
Web Harvest	Java	Cross-platform
Aspseek	C++	Linux
Bixo	Java	Cross-platform
crawler4j	Java	Cross-platform
Ebot	Erland	Linux

图 1-1　开源爬虫框架列表

1. Heritrix

Heritrix 是一款历史悠久的 Java 网络爬虫框架。它曾被广泛使用，许多开发人员和研究人员都依赖 Heritrix 来采集数据，以便为后续的数据分析和数据挖掘工作做准备。接下来将以 1.0.0 版本为基础，介绍 Heritrix 的整体架构和工作流程。Heritrix 的主要组件包括 Web Administrative Console、CrawlJob、CrawlController、Frontier、ToeThreads 和 Processor 等。其整体结构如图 1-2 所示。

当用户在 Heritrix 的 Web 界面上配置完爬取任务信息后，对应的 CrawlJob 对象会被创建，CrawlJobHandler 会将 CrawlJob 对象提交给 CrawlController 对象，CrawlController 对象从 CrawlJob 对象中提取出 CrawlOrder 并初始化爬取任务相关的所有其他模块。

Heritrix 采用了良好的模块化设计，这些模块由一个采集控制器类（CrawlController）来协调调度。CrawlController 在架构中处于核心地位，在 CrawlController 的调度管理下，一次完整的数据爬取流程示例如图 1-3 所示。

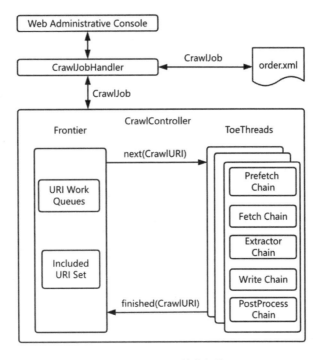

图 1-2　Heritrix 整体架构

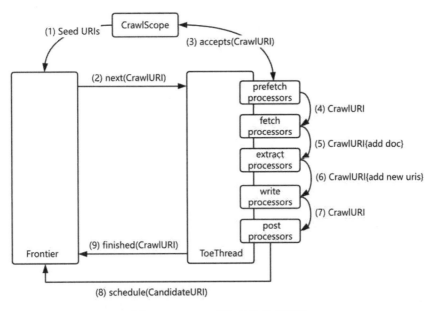

图 1-3　Heritrix 爬取任务处理流程

如图 1-3 所示，Heritrix 爬取任务的处理流程如下：

（1）Frontier 组件从 CrawlScope 组件中获取种子 URL 列表。

（2）ToeThread 组件根据调度规则从 Frontier 组件中获取下一个需要处理的 CrawlURI 对象。

（3）ToeThread 组件与 CrawlScope 组件进行交互，检查待处理 CrawlURI 对象是否在处理范围内。

（4）爬取任务进入处理链处理环节。prefetch processors 会再次根据过滤器中的过滤规则检查 CrawlURI 对象是否符合过滤规则。

（5）fetch processors 访问网页内容，并且将获取到的网页内容添加到 CrawlURI 对象中。

（6）extract processors 会从网页内容中提取业务需要的内容或数据，同时将提取到的 URLs 添加到 CrawlURI 对象中。

（7）write processors 对爬取到的内容进行持久化存储，并将数据流继续传递给 post processors。

（8）post processors 检查 extract processors 提取到的 URLs 是否在爬取任务规定的爬取范围内。如果 URL 在爬取范围内，则会将其提交给 Frontier 组件。

（9）ToeThread 将 CrawlURI 处理结果提交给 Frontier 组件。

2. Norconex Web Crawler

Norconex 是一款非常优秀的开源企业级爬虫框架。笔者认为，Norconex Web Crawler 有两个功能值得关注：

（1）支持多种类型的 HTML 文档下载器。当我们要采集网页中的特定信息时，首先要能够下载网页的内容。Norconex 提供了 GenericHttpFetcher 来满足大部分场景的需求，但在某些情况下，可能需要更专业的方式来获取网络资源。例如，对于通过 JavaScript 异步加载的网页内容，用 WebDriverHttpFetcher 来获取网页内容更合适。当然，我们也可以开发自定义的 HTML 文档下载器。

（2）提供了 HTTP 请求头和 HTTP 响应头的监听器和修改器。Norconex 基于 BrowserMobProxy 实现了 HTTP 请求头和 HTTP 响应头的监听器和修改器（HttpSniffer）。HttpSniffer 使得对 WebDriverHttpFetcher 请求和响应内容的监控更加方便，也可以帮助开发者动态修改 HTTP 请求内容和响应内容。

3. Crawler4j

Crawler4j 是一个用 Java 开发语言编写的开源项目，Crawler4j 为使用者提供了简单易用的 API，依赖该框架，开发者可以很方便地配置和启动一个 Web 网页爬虫项目。Crawler4j 的主要功能由两个核心类实现：WebCrawler 和 CrawlerController。WebCrawler 类实现了 Runnable 接口，开发者可以对 WebCrawler 类进行扩展，从而实现自定义的爬取任务。每一个自定义的 WebCrawler 实例都可以独立运行在各自的线程中，但是这些 WebCrawler 实例会共享由 CrawlController 管理的配置信息。CrawlController 负责管理整个爬取任务会话，其主要功能包括：

（1）CrawlController 会创建线程并启动指定数量的 WebCrawler 实例，从而实现爬取任务的并发执行。

（2）CrawlController 会创建一个 monitor 线程来监控各个 WebCrawler 实例的工作状态和整个爬取任务的爬取进度。

（3）CrawlController 负责管理种子 URL 列表，这些种子 URL 是整个爬取任务的起点。

（4）CrawlController 支持各种爬取任务的参数配置，例如礼貌等待时间、最大爬取深度、最大爬取数量等。

它的主要工作流程如图 1-4 所示。

Crawler4j 的主要缺点是不支持动态网页的抓取，但是我们可以基于 Crawler4j 进行二次开发，通过扩展 PageFetcher，使它支持动态网页内容的抓取。

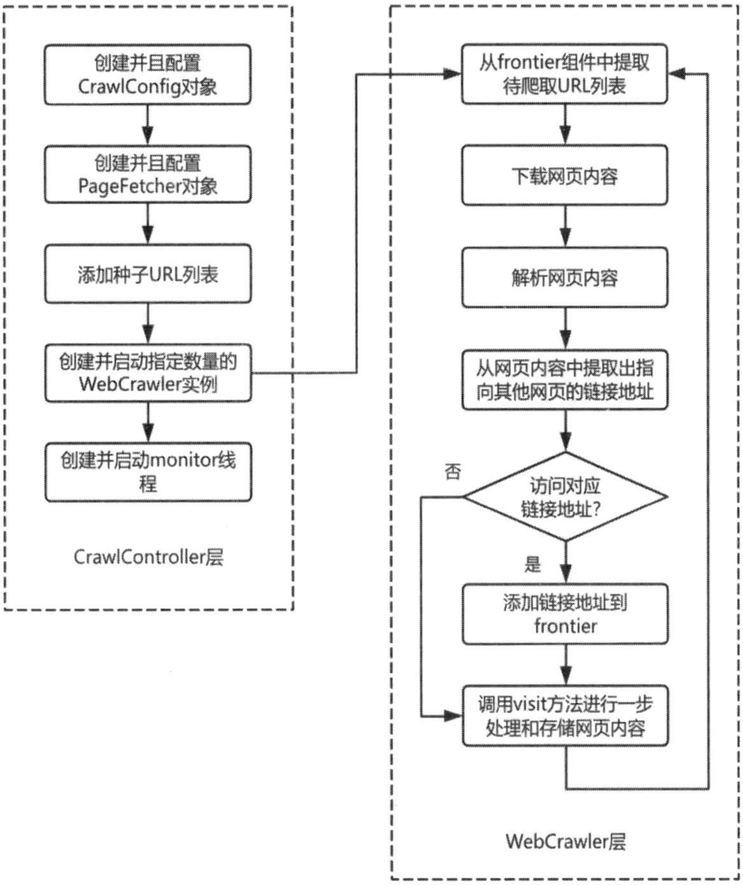

图 1-4 Crawler4j 工作流程

1.2 搭建开发环境

本节将详细介绍如何搭建 Java 网络爬虫开发环境，正确配置开发环境是进行有效编程的第一步。本节内容分为两个主要部分：首先，引导读者完成 Java 开发环境的搭建，包括必要的软件安装和配置；然后，介绍 Selenium 开发环境的设置。Selenium 是爬虫开发中常用的自动化测试工具，能够模拟用户在浏览器中的操作。

1.2.1 搭建 Java 开发环境

Java 开发环境的搭建主要分为如下 5 个步骤：

步骤 01 安装 Java Development Kit（JDK）。访问 Oracle 官方网站，下载与操作系统类型相匹配的 JDK 版本，建议选择 1.8 及以上版本的 JDK。

步骤 02 设置环境变量。设置 JAVA_HOME 环境变量，指向 JDK 的安装路径，并将%JAVA_HOME%\bin 添加到 PATH 环境变量中。

步骤 03 验证 JDK 安装是否正确。在命令行或终端中输入 javac -version，确保已成功安装 JDK 编译器。

步骤 04 安装 Maven。访问 Apache Maven 官方网站，下载新版本的 Maven。解压 Maven 压缩包，设置 MAVEN_HOME 环境变量，指向 Maven 的安装路径，并将%MAVEN_HOME%\bin 添加到 PATH 环境变量中。在命令行或终端中输入 mvn -v，确保已成功安装并配置好了 Maven。

步骤 05 安装集成开发环境（Integrated Development Environment，IDE）。选择并安装一个适合的集成开发环境，例如 Eclipse 或 IntelliJ IDEA，看通过访问它们的官网获取。在集成开发环境中配置刚安装的 JDK 和 Maven。

1.2.2　搭建 Selenium 开发环境

在搭建 Selenium 开发环境之前，先简单介绍一下 Selenium。Selenium 是一款开源且功能强大的自动化测试框架，用于跨浏览器、跨平台测试应用程序。我们可以使用 Java、C#、Python 等多种编程语言来创建 Selenium 测试脚本。Selenium 框架主要包含以下 4 个组件：

- Selenium Integrated Development Environment（IDE）
- Selenium Remote Control（RC）（注：该组件已与 WebDriver 合并）
- WebDriver
- Selenium Grid

在 Web 爬虫程序中，我们主要使用的是 WebDriver 组件，Selenium WebDriver 组件的基础架构如图 1-5 所示。

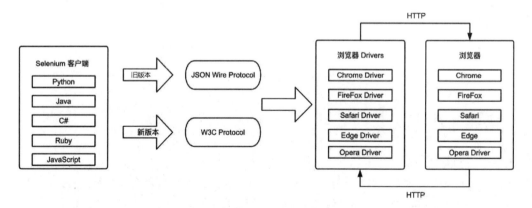

图 1-5　Selenium WebDriver 基础架构

在 3.8 版本之前，Selenium Client 与浏览器驱动之间的通信协议基于 JSON Wire Protocol，但自 3.8 版本起，Selenium 开始支持基于 W3C Protocol 的通信协议。

搭建 Selenium WebDriver 开发环境主要包括下载 Selenium Client Library（Selenium 客户端）、安装浏览器驱动和浏览器。在本节中，我们选择使用 selenium-java 4.1.4 版本的 Selenium Client Library。

浏览器和浏览器驱动分别使用 Chrome 浏览器和 Chrome Driver。在安装和下载这些组件时，需要确保它们的版本兼容，最好保持版本一致。

1.3　简单 Web 爬虫程序示例

本节开始基于 Selenium 框架编写一些简单的爬虫程序示例。在编写具体的功能示例之前，我们需要做一些准备工作。

（1）在 IDE 中创建一个 Maven 工程，并将它命名为 java-webcrawler。

（2）在 pom.xml 中添加相关的 Selenium Java Client Library 依赖项。

```xml
<dependency>
    <groupId>org.seleniumhq.selenium</groupId>
    <artifactId>selenium-api</artifactId>
    <version>${selenium.version}</version>
</dependency>
<dependency>
    <groupId>org.seleniumhq.selenium</groupId>
    <artifactId>selenium-chrome-driver</artifactId>
    <version>${selenium.version}</version>
</dependency>
<dependency>
    <groupId>org.seleniumhq.selenium</groupId>
    <artifactId>selenium-remote-driver</artifactId>
    <version>${selenium.version}</version>
</dependency>
<dependency>
    <groupId>org.seleniumhq.selenium</groupId>
    <artifactId>selenium-support</artifactId>
    <version>${selenium.version}</version>
</dependency>
```

1.3.1　获取网页内容并打印

现在我们尝试通过爬虫程序访问百度，并打印页面内容。示例代码如下：

```java
System.setProperty(ChromeDriverService.CHROME_DRIVER_EXE_PROPERTY,
"/path/to/chromedriver");
ChromeDriver webDriver = new ChromeDriver();
webDriver.get("https://www.baidu.com");
Thread.sleep(2000);
System.out.println(webDriver.getPageSource());
webDriver.quit();
```

上述代码的逻辑很简单，主要分为以下 3 个步骤：

步骤01　将 chromedriver 可执行文件的路径绑定到系统变量 webdriver.chrome.driver，以便在创建 ChromeDriver 对象时使用，当然，也可以使用 WebDriverManager 自动安装和管理 WebDriver。

步骤02　创建 ChromeDriver 对象并访问百度网页地址。

步骤03　获取百度网页的 HTML 内容并打印。

1.3.2 利用 XPath 获取指定元素

接下来，我们尝试利用表达式来获取指定的页面元素。在本小节的示例中，使用的是 XPath 表达式。XPath 全称是 XML Path，用于查找 XML 文档中的元素或节点。在网络爬虫中，它通常用于查找 Web 元素。关于 XPath 表达式的具体语法和使用技巧，我们将在后续章节中单独讲解。现在，我们先来看一下如何使用 Chrome 浏览器获取目标元素的 XPath 表达式。

（1）打开 Chrome 浏览器的开发者工具。

（2）在开发者工具的 Tab 栏中切换至 Elements 选项卡，在该页面中找到自己感兴趣的目标元素，如图 1-6 所示。

图 1-6　在开发者工具中选择目标元素

（3）右击该元素，并且在弹出的快捷菜单中依次选择 Copy→Copy XPath 命令，如图 1-7 所示。这样，我们就可以得到相关元素的 XPath 表达式了。

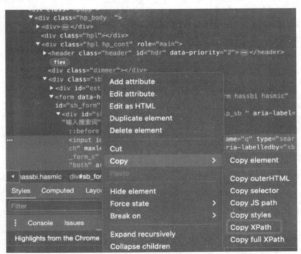

图 1-7　复制 XPath 表达式

得到 Xpath 表达式之后，就可以开始编写相关代码了。

```
ChromeDriver webDriver = new ChromeDriver();
webDriver.get("https://www.bing.com");
Thread.sleep(2000);
WebElement webElement = webDriver.findElement(By.xpath("//*[@id=\"sb_form_q\"]"));
webElement.sendKeys("Java 网络爬虫精解与实践");
webDriver.quit();
```

上面的例子通过 Selenium WebDriver 去访问 www.bing.com 网站，使用 XPath 表达式定位了 bing.com 页面上的搜索输入框元素，并在搜索框中输入了搜索词"Java 网络爬虫精解与实践"。

1.3.3　单击搜索按钮

在该示例中，我们在必应搜索引擎中输入搜索词"Java 网络爬虫精解与实践"，然后单击搜索按钮来完成页面搜索操作。具体代码示例如下：

```
ChromeDriver webDriver = new ChromeDriver();
webDriver.get("https://www.bing.com");
Thread.sleep(2000);
WebElement input = webDriver.findElement(By.xpath("//*[@id=\"sb_form_q\"]"));
input.sendKeys("Java 网络爬虫精解与实践");
WebElement searchBtn = webDriver.findElement(By.id("sb_form_go"));
searchBtn.submit();
webDriver.quit();
```

在这个例子中，我们利用 Selenium WebDriver 获取了必应搜索引擎的搜索输入框和搜索按钮，并实现了输入框内容的填充和搜索按钮的模拟单击功能。

Selenium WebDriver 主要通过元素定位器来操作网页上的各个元素，只有定位到元素的位置，才能进一步对其进行操作。

我们可以通过 findElement(By.locator()) 方法来查找页面上的元素。如果页面上存在定位器指定的元素，该方法会返回一个 WebElement 对象。

Selenium WebDriver 共支持 8 种元素定位器。除了前面使用的 Xpath 定位器和 ID 定位器外，还可以使用 Name、TagName、CSS 等多种元素定位器。其他类型的元素定位器的使用方式将在后面的章节中详细介绍。

1.3.4　获取 iframe 元素中的数据

iframe 元素是可以将一个页面的内容嵌入到另一个页面的容器中。在数据采集过程中，如果需要定位的元素在 iframe 元素中，那么在使用 Selenium WebDriver 定位和采集元素数据之前，我们需要先将 WebDriver 切换到对应的 iframe 容器中，才能正确采集数据。首先，我们来看一个使用 iframe 容器的网页实例（https://chercher.tech/practice/frames）。该网页的 iframe 容器嵌套关系如图 1-8 所示。

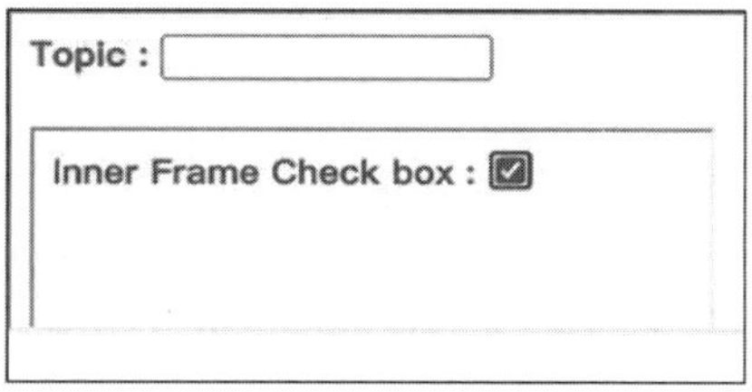

图 1-8　iframe 容器嵌套关系

在本次实验中，我们将使用爬虫技术来选中 frame3 容器中的复选框（checkbox）。具体实现代码如下：

```
String url = "https://chercher.tech/practice/frames";
WebDriver = new ChromeDriver();
webDriver.get(url);
Thread.sleep(2000);
WebElement iframe = webDriver.findElement(By.id("frame1"));
webDriver = webDriver.switchTo().frame(iframe);
iframe = webDriver.findElement(By.id("frame3"));
webDriver = webDriver.switchTo().frame(iframe);
WebElement checkBox = webDriver.findElement(By.id("a"));
checkBox.click();
webDriver.quit();
```

执行结果如图 1-9 所示。

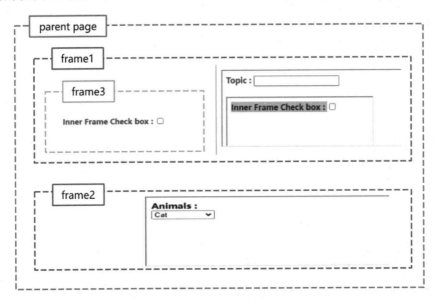

图 1-9   frame3 容器复选框被选中的结果

1.3.5   使用更加优雅的等待方式

目前，大部分网页内容都是通过 Ajax 或 JavaScript 异步加载的。这样，当用户在浏览器中打开一个网页时，用户想要交互的网页元素可能会在不同的时间间隔内加载出来。在之前的例子中，我们使用了 Thread.sleep()这种固定时间的等待方式。然而，这种方式有个弊端：网页加载的速度受到网络质量、服务器状态等多种因素的影响，网页内容的加载速度很难准确评估。如果等待时间较短，用户想要的网页元素可能还没有加载完成；如果等待时间过长，则会降低数据采集的效率。在 Selenium WebDriver 中，等待方式可以分为显式等待和隐式等待两种，具体情况如图 1-10 所示。

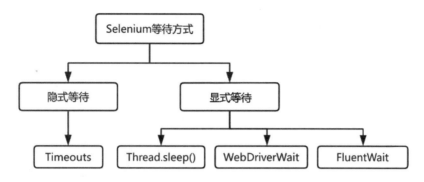

图 1-10　Selenium 等待方式

隐式等待（ImplicitWait）通常用于全局的等待设置。设置成功后，在接下来的 Selenium 命令执行过程中，如果无法立即获取到目标元素，Selenium 将会等待一段时间后再抛出 NoSuchElementException 异常。下面来看一个隐式等待的例子：

```
ChromeDriver webDriver = new ChromeDriver();
webDriver.manage().timeouts().implicitlyWait(Duration.ofSeconds(2));
webDriver.get("https://www.bing.com");
WebElement searchBtn = webDriver.findElement(By.id("search-icon"));
//注：ID 为 search-icon 的页面元素并不存在，在等待 2 秒钟后程序将会抛出 NoSuchElementException
```

相对于隐式等待，显式等待可以设置更加合理的等待时间。Selenium 框架提供了两种显式等待方式，分别是 WebDriverWait 和 FluentWait。接下来，我们来看一个 WebDriverWait 的应用实例。

```
String url = "http://www.bing.com";
ChromeDriver webDriver = new ChromeDriver();
WebDriverWait wait = new WebDriverWait(webDriver, Duration.ofSeconds(10));
webDriver.get(url);
WebElement element =
wait.until(ExpectedConditions.visibilityOfElementLocated(By.xpath("//*[@id=\"sb-form_q\"
]")));
element.sendKeys("Java 网络爬虫精解与实践");
element.click();
webDriver.quit();
```

在上面的例子中，我们使用 WebDriverWait 代替了之前的 Thread.sleep 方式来等待元素加载完成。在使用 WebDriverWait 时，我们创建了一个 WebDriverWait 对象，并设置了期望等待的最大时间，WebDriverWait 对象的 until 方法会不断轮询期望的条件是否完成，轮询时间间隔是 500 毫秒。假设某个网站中的目标元素期望的最长加载时间是 4 秒，但由于某段时间内该网站的响应速度较快，在等待 1 秒后目标元素就已加载完成。在这种情况下，使用 WebDriverWait 显式等待方式可以节约出 3 秒的时间。

WebDriverWait 继承自 FluentWait，且两者都实现了 Wait 接口。因此，WebDriverWait 和 FluentWait 在功能上基本相同。例如，它们都支持自定义轮询时间间隔，并允许重写 apply 方法。相较于 FluentWait，WebDriverWait 提供了更简便的显式等待操作方法。

1.3.6　实现屏幕截图

在采集数据过程中，有时需要对网页内容进行截图保存，以便后续进行数据校验。本节将提供一个基于 Selenium 屏幕截图的简单示例程序。

```
WebDriver driver = new ChromeDriver();
driver.get("https://top.baidu.com");
File srcFile = ((TakesScreenshot) driver).getScreenshotAs(OutputType.FILE);
FileUtils.copyFile(srcFile, new File("$PIC_PATH/top-baidu-page.png"));
WebDriverWait wait = new WebDriverWait(driver, Duration.ofSeconds(10));
wait.until(ExpectedConditions.visibilityOfElementLocated(By.xpath("//*[@class=\"the
me-hot category-item_1fzJW\"]")));
WebElement topSearchElement = driver.findElement(By.xpath("//*[@class=\"theme-hot
category-item_1fzJW\"]"));
srcFile = topSearchElement.getScreenshotAs(OutputType.FILE);
FileUtils.copyFile(srcFile, new File("$PIC_PATH/top-baidu-element.png"));
```

在上面的例子中，我们提供了两种网页内容截图方式：对整个网页内容进行截图和针对特定元素进行截图。然而，网页内容的截图仅覆盖当前视窗内容的截图，而不是整个网页。如果我们期望获取整个网页的截图，可以通过对网页内容进行滚动操作来逐步截取当前屏幕的内容，最后将所有截图拼接在一起。此外，还有一个更简单的实现方式，即使用 Ashot 这个第三方开源库来完成这项任务。Ashot 是由 Yandex 公司开发的 Java 组件，它的主要功能之一就是获取整个网页内容的屏幕快照。

1.3.7　执行 JavaScript 脚本

Selenium 的 RemoteWebDriver 类实现了 JavaScriptExecutor 接口,该接口的主要功能是在浏览器中执行 JavaScript 代码，从而使得 WebDriver 可以实现更高级的浏览器页面交互操作。

虽然 Selenium WebDriver 本身已经提供了一些接口来操作 Web 元素，例如发送数据、单击按钮等。不过，如前所述，有些更加高级的操作需要 JavaScriptExecutor 的帮助，例如滚动页面操作、获取浏览器窗口 innerHeight 值等。

JavaScriptExecutor 接口主要提供了两个用于执行 JavaScript 脚本的方法。

- Object executeScript(String script, Object…args)：在当前页面执行 JavaScript 脚本，并支持返回结果。
- Object executeAsyncScript(String script, Object…args)：执行 JavaScript 异步脚本，并支持返回结果。

接下来，我们来看一些 executeScript 方法的使用示例。

```
ChromeDriver webDriver = new ChromeDriver();
webDriver.get("https://top.baidu.com");
// 在控制台输出信息
webDriver.executeScript("console.log('Hello, This is message from WebDriver!')");
// 获取浏览器窗口的视口高度和宽度
int innerHeight = (int)webDriver.executeScript("return window.innerHeight;");
int innerWidth = (int)webDriver.executeScript("return window.innerWidth;");
```

```
// 垂直向下滚动页面 500 像素
webDriver.executeScript("window.scrollBy(0,500)");
```

1.4　WebDriver 选项配置

在 1.3 节的简单 Web 爬虫程序示例中，我们基本没有对 WebDriver 的选项进行设置。然而，实际上，对于基于 Selenium 框架开发的 Web 爬虫程序而言，WebDriver 的选项配置非常重要。合理的选项配置不仅能优化数据采集性能，还能有效应对反爬虫机制。

本节主要介绍 WebDriver 的选项配置。在 Selenium 4 版本之前，WebDriver 的选项配置是通过 DesiredCapabilities 类在会话中进行设置的。在 Selenium 4 版本中，相关选项需要在对应浏览器的 options 类中进行配置。例如，如果我们使用 Chrome 浏览器，则需要在 ChromeOptions 中进行配置。一些选项配置适用于所有浏览器，而有些选项配置则仅适用于特定浏览器。

1.4.1　浏览器通用选项配置

WebDriver 的通用选项配置定义在 CapabilityType 接口中，具体包含如下选项：

```
String BROWSER_NAME = "browserName";
String PLATFORM_NAME = "platformName";
String BROWSER_VERSION = "browserVersion";
String ACCEPT_INSECURE_CERTS = "acceptInsecureCerts";
String PAGE_LOAD_STRATEGY = "pageLoadStrategy";
String PROXY = "proxy";
String SET_WINDOW_RECT = "setWindowRect";
String TIMEOUTS = "timeouts";
String STRICT_FILE_INTERACTABILITY = "strictFileInteractability";
String UNHANDLED_PROMPT_BEHAVIOUR = "unhandledPromptBehavior";
```

- browserName: 浏览器名称，每个浏览器都有相应的默认值，例如 Chrome 浏览器的默认值是 chrome。
- platformName: 操作系统名称。
- acceptInsecureCerts: 设置是否接受无效或过期的数字证书。
- pageLoadStrategy: 页面的加载策略，通过读取 document.readyState 状态信息来实现。具有三种加载策略，分别是 normal（默认值）、eager 和 none。这三种加载策略分别对应三种不同的 readyState 值。normal 值意味着 document.readyState==='complete'，即网页资源已全部准备就绪。eager 值表示 document.readyState ==='interactive'，即网页 DOM 树已加载完毕，但 JavaScript 脚本等其他资源尚未加载完毕。none 表示 document.readyState=== 'any'，此时 get()方法会立即返回。
- proxy: 设置是否通过网络代理访问目标网站。
- setWindowRect: 用于设置浏览器窗口的位置和大小。需要注意的是：在 Selenium WebDriver Java Client 中，该配置选项被拆分为 setPosition 和 setSize。
- timeouts: 会话超时时间，由多个不同的超时时间设置共同决定。例如 script timeout（脚本执行超时时间）、page load timeout（页面加载超时时间）、implicit wait timeout（隐式等待时间）。

- unHandledPromptBehavior：提示弹窗自动处理办法。

1.4.2　Chrome 浏览器特定选项配置

Chrome 浏览器特定选项配置，顾名思义，指的是仅针对 Chrome 浏览器生效的选项配置。接下来介绍常见的选项配置。

- addArguments：这是 Chrome 浏览器启动时的命令行开关选项，例如--start-maximized（启动浏览器时最大化窗口）、--disable-popup-blocking（禁用弹出窗口阻止功能）等。
- setBinary：指定 Chrome 浏览器的路径。
- addExtensions：向浏览器中添加扩展程序。
- excludeSwitches：ChromeDriver 在启动浏览器时会有一些默认设置。通过 excludeSwitches 配置项可以将这些默认设置去掉。

更多的 Chrome 浏览器配置选项及其说明，可以查阅 ChromeDriver 的官方文档。

1.4.3　Chrome DevTools Protocol

Chrome DevTools Protocol（CDP）是一套用于与基于 Chromium 内核的浏览器进行通信的 API。它允许开发者通过发送命令和接收事件来与浏览器进行交互，以实现自动化测试、性能分析、调试等功能。

CDP 在自动化测试、前端开发和爬虫程序开发等领域都发挥着重要作用。接下来介绍 Selenium 如何与 CDP 结合使用。

在 Selenium 框架中，提供了两个与 Chrome DevTools 进行交互的方法，分别是 getDevTools 方法和 executeCdpCommand 方法。

getDevTools 方法返回一个 DevTools 对象，该对象负责管理会话、WebSocket 连接和设置事件监听器。最重要的是，通过 DevTools 对象可以向浏览器发送 Selenium 内置的 CDP 命令。

在 Maven 工程中添加 selenium-devtools-v**依赖包后，可以查看对应的内置 CDP 命令列表。注意选择与本地 Chrome 浏览器及 JDK 版本兼容的依赖版本。

```
<dependency>
    <groupId>org.seleniumhq.selenium</groupId>
    <artifactId>selenium-devtools-v**</artifactId>
    <version>*.*.*</version>
</dependency>
```

Chrome 浏览器的开发者将 Chrome DevTools 的功能领域划分为大约 50 个，不同版本的浏览器可能会在支持的功能领域上有所差异。具体的功能领域划分可以通过官方文档链接进行查询。相应地，selenium-devtools 依赖包中的内置 CDP 命令也是根据这些功能领域来命名的，如图 1-11 所示。

所有的内置 CDP 命令都会返回 Command<V> 对象，DevTools 对象可以通过调用 send(Command<V> command)方法与浏览器进行交互。通过 executeCdpCommand 方法，我们也可以发送 CDP command。与 DevTools.send 方法不同的是，executeCdpCommand 方法直接将原始的 CDP command 发送给浏览器。

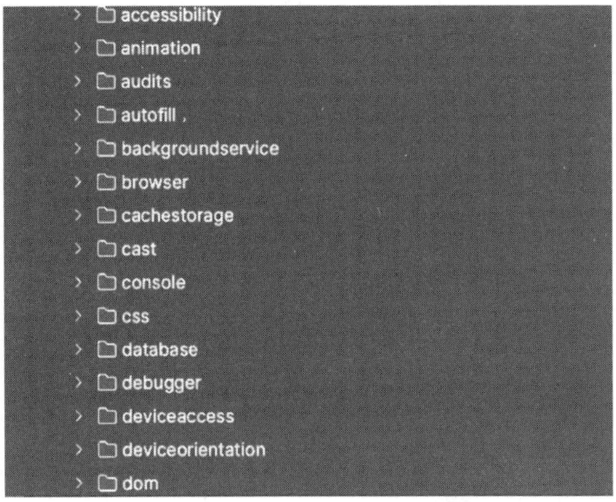

图 1-11　selenium-devtools 功能领域划分

接下来，我们来看一个执行 CDP 命令的具体示例。

1. 模拟设备模式

目前，很多网站会根据不同的设备类型提供不同的页面布局和内容，此时需要使用模拟设备模式的功能。下面的示例代码展示了如何将浏览器模拟成 iPhone 12 Pro 设备模式。

```
ChromeDriver chromeDriver = new ChromeDriver(chromeOptions);
DevTools devTools = chromeDriver.getDevTools();
devTools.createSession();
devTools.send(Emulation.setDeviceMetricsOverride(375, 812, 1.0, true,
        Optional.empty(), Optional.empty(), Optional.empty(), Optional.empty(),
        Optional.empty(), Optional.empty(), Optional.empty(), Optional.empty()));
chromeDriver.get("https://www.baidu.com");
chromeDriver.quit();
```

执行上述代码后，我们会发现百度网站展示的是移动端样式。如果直接使用 executeCdpCommand 方法，也可以达到同样的效果。具体代码如下：

```
ChromeDriver chromeDriver = new ChromeDriver(chromeOptions);
Map<String, Object> deviceMetrics = new HashMap<>();
deviceMetrics.put("width", 375);
deviceMetrics.put("height", 812);
deviceMetrics.put("deviceScaleFactor", 5.0);
deviceMetrics.put("mobile", true);
String command = "Emulation.setDeviceMetricsOverride";
chromeDriver.executeCdpCommand(command, deviceMetrics);
chromeDriver.get("https://www.baidu.com");
chromeDriver.quit();
```

2. 模拟地理位置

很多网站会基于 HTML5 Geolocation API 获取用户的地理位置，以展示不同的内容，甚至限制用户对部分内容的访问。通过 CDP 命令 Emulation.setGeolocationOverride，我们可以模拟（mock）浏览器所在的地理位置，从而访问我们希望看到的内容。接下来，我们将以访问百度地图为例，展

示该 CDP 命令的具体效果。在正式开始实验之前，需要先检查一下浏览器的设置。通过下面的
JavaScript 代码，可以检查浏览器是否启用了 Geolocation 定位功能。

```
navigator.geolocation.getCurrentPosition(
    function(position) {
      // 获取位置成功
      var latitude = position.coords.latitude;
      console.log(latitude);
      var longitude = position.coords.longitude;
      console.log(longitude);
    },
    function(error) {
      // 获取位置失败
      console.error("获取位置失败", error);
    }
);
```

如果我们在开发者工具的控制台中看到经纬度坐标的输出，说明浏览器目前已支持并启动了
Geolocation 功能。通过下面的代码，可以将地理位置修改为美国加州地区：

```
ChromeOptions chromeOptions = new ChromeOptions();
ChromeDriver chromeDriver = new ChromeDriver(chromeOptions);
Map<String, Object> coordinates = new HashMap<>();
coordinates.put("latitude", 34);          //加州纬度
coordinates.put("longitude", -118);       //加州经度
coordinates.put("accuracy", 100);
String command = "Emulation.setGeolocationOverride";
chromeDriver.executeCdpCommand(command, coordinates);
chromeDriver.get("https://map.baidu.com");
String js = "return navigator.geolocation.getCurrentPosition(function(position)
{console.log(position);}, function(error) {console.log(error);});";
chromeDriver.executeScript(js);
chromeDriver.quit();
```

3. 设置 UserAgent

目前，很多网站都设置了针对爬虫程序的识别和拦截措施，其中 UserAgent Header 是一个重要
的识别字段。通过 DevTools 发送 DCP 命令给浏览器，我们可以将 UserAgent 设置为任何我们期望
的名称。具体实现可以参考下面的代码：

```
ChromeDriver chromeDriver = new ChromeDriver(chromeOptions);
DevTools devTools = chromeDriver.getDevTools();
devTools.createSession();
devTools.send(Network.setUserAgentOverride("userAgent test",Optional.empty(),
Optional.empty(),Optional.empty()));
chromeDriver.get("https://www.baidu.com");
```

在上面的代码片段中，我们将 UserAgent 信息设置为"UserAgent test"。此时，如果我们使用抓
包工具来监听浏览器发送的 HTTP 请求，就会发现 User-Agent Header 值已经被设置为"UserAgent test"。
实际上，DevTools 并不是给每一个 HTTP 请求都单独设置了自定义的 UserAgent 值，而是修改了浏

览器内置的 userAgent 属性值。如果我们检查 navigator.userAgent 属性值，就会发现该值已被设置为 "UserAgent test"。

4. 设置额外 HTTP 请求头

对于爬虫程序来说，设置额外的 HTTP 请求头信息是十分必要的措施。当爬虫程序模拟用户行为时，适当的请求头信息可以使网站将爬虫程序视为合法用户。接下来，我们将讲解如何利用 CDP 命令为 HTTP 请求设置合适的请求头信息。

本实验的目标是编写一个简单的爬虫程序，在访问博客园网站主页时，将 HTTP 请求头中的 Referer 值设置为 https://www.baidu.com。具体实现代码如下：

```
ChromeOptions chromeOptions = new ChromeOptions();
ChromeDriver chromeDriver = new ChromeDriver(chromeOptions);
DevTools devTools = chromeDriver.getDevTools();
devTools.createSession();
devTools.send(Network.setExtraHTTPHeaders(new Headers(new HashMap<String, Object>() {{
    put("Referer", "https://www.baidu.com");
}})));
chromeDriver.get("https://www.cnblogs.com/");
```

5. 优先执行自定义 JavaScript 代码

爬虫程序和反爬虫程序之间一直在争夺优先执行的时机。优先执行的一方往往能够隐藏或获取更多的信息。如果我们使用 Selenium 框架启动浏览器，打印 navigator.webdriver 属性值，可以发现该值为 true。但是，在日常正常使用的浏览器中打印该值时，通常显示为 false 或 undefined。这一属性值经常被网站用来识别爬虫程序。那么，爬虫程序如何隐藏该属性值，从而让网站认为它是一个正常的用户呢？

实际上，只需在 navigator 的原型链上删除 webdriver 属性值或将它设置为 false，即可实现这一目的。具体的 JavaScript 脚本为 "delete Object.getPrototypeOf(navigator).webdriver" 或 "Object.getPrototypeOf (navigator).webdriver = false"。

需要注意的是，执行这些脚本的时机全关重要。如果我们修改 webdriver 属性值的脚本执行时机晚于网站检测 webdriver 属性值的脚本执行时机，那么脚本就失去了意义。因此，必须尽量提前脚本的执行时机。CDP 命令 Page.addScriptToEvaluateOnNewDocument 为我们提供了一个理想的执行时机——在页面刚刚创建时。具体的实现代码如下：

```
ChromeDriver chromeDriver = new ChromeDriver(chromeOptions);
String jsCode = "if (navigator.webdriver !== false && navigator.webdriver !== undefined)
{ delete Object.getPrototypeOf(navigator).webdriver} ";
chromeDriver.executeCdpCommand("Page.addScriptToEvaluateOnNewDocument", new
HashMap<String, Object>() {{
    put("source", jsCode);
}});
chromeDriver.get("https://www.baidu.com");
chromeDriver.executeScript("console.log(navigator.webdriver)");
```

执行上述代码后，我们可以在爬虫程序启动的浏览器控制台中看到 undefined 的日志信息。

1.5   BrowserMob Proxy

从前面的内容中,我们知道开源爬虫框架 Norconex 基于 BrowserMob Proxy 实现了对 HTTP 请求头和响应头的监听器和修改器。本节将详细介绍 BrowserMob Proxy 这个开源工具。

BrowserMob Proxy 是一个基于 Java 开发的开源代理工具,它可以捕获并操纵浏览器的请求和响应,甚至可以将捕获的数据存储为 HAR 文件,用于后续的分析和回放。此外,BrowserMob Proxy 还可以模拟各种网络条件,如带宽限制、延迟、丢包等,帮助我们检测网页在不良网络条件下的工作状态。

BrowserMob Proxy 提供了两种启动方式:嵌入式启动模式(Embedded Mode)和独立启动模式(Standalone Mode)。

首先,我们来看如何通过独立启动模式(Standalone Mode)启动 BrowserMob Proxy。

(1)访问页面 https://github.com/lightbody/browsermob-proxy/releases,下载最新发布的版本。

(2)执行命令./browsermob-proxy -port 8080,程序启动后,我们会看到如下的日志信息:

```
[INFO  2024-06-04T16:11:14,133 net.lightbody.bmp.proxy.Main] (main) Starting
BrowserMob Proxy version 2.1.4
[INFO  2024-06-04T16:11:14,169 org.eclipse.jetty.util.log] (main)
jetty-7.x.y-SNAPSHOT
[INFO  2024-06-04T16:11:14,211 org.eclipse.jetty.util.log] (main) started
o.e.j.s.ServletContextHandler{/,null}
[INFO  2024-06-04T16:11:14,332 org.eclipse.jetty.util.log] (main) Started
SelectChannelConnector@0.0.0.0:8080
```

(3)需要注意的是,browsermob-proxy 程序启动之后,并不会自动创建一个真实的代理实例。我们需要通过调用 proxy REST API 来创建一个代理实例,具体命令如下:

```
curl -X POST http://localhost:8080/proxy {"port":8081}
```

有关更多的指令接口,可以查阅相关文档链接: https://github.com/lightbody/browsermob-proxy#rest-api。

(4)编写代码,将 Selenium 与 BrowserMob Proxy 结合使用。具体示例代码如下:

```
System.setProperty(ChromeDriverService.CHROME_DRIVER_EXE_PROPERTY,
"/path/to/chromedriver");
ChromeOptions options = new ChromeOptions();
options.setHeadless(false);
Proxy proxy = new Proxy();
proxy.setHttpProxy("10.1.25.229:8081");
proxy.setSslProxy("10.1.25.229:8081");
options.setProxy(proxy);
ChromeDriver webDriver = new ChromeDriver(options);
webDriver.get("https://www.baidu.com");
Thread.sleep(10000);
webDriver.quit();
```

因为 BrowserMob Proxy 是基于 Java 语言开发的,所以 Java 爬虫程序中使用 BrowserMob Proxy 具有天然的优势。在 Java 爬虫程序中,我们可以直接以嵌入模式(Embedded Mode)来使用

BrowserMob Proxy。具体示例代码如下：

```
// 创建 BrowserMobProxy 代理服务器
BrowserMobProxy proxy = new BrowserMobProxyServer();
proxy.setTrustAllServers(true);
// 启动代理服务实例
proxy.start(8089);
// 转换成 Selenium 代理对象
Proxy seleniumProxy = ClientUtil.createSeleniumProxy(proxy);
ChromeOptions options = new ChromeOptions();
options.addArguments("--ignore-certificate-errors");
options.setProxy(seleniumProxy);
System.setProperty(ChromeDriverService.CHROME_DRIVER_EXE_PROPERTY,
"/path/to/chromedriver");
ChromeDriver chromeDriver = new ChromeDriver(options);
chromeDriver.get("https://www.baidu.com");
Thread.sleep(10000);
chromeDriver.quit();
```

接下来，我们介绍一个 BrowserMobProxy 与 Selenium 结合使用的真实场景。假设现在有一个需求，希望在通过 Selenium WebDriver 框架获取到网页内容的同时，还能获取目标网站响应中的 HTTP Header 值。单纯依赖 Selenium WebDriver 实现这一需求可能会比较困难，因为 Selenium WebDriver 并未提供直接从 HTTP 响应中获取 HTTP Header 值的 API。然而，通过将 Selenium WebDriver 与 BrowserMobProxy 结合使用，这一需求可以轻松实现。相关功能的示例代码如下：

```
BrowserMobProxy proxy = new BrowserMobProxyServer();
proxy.setTrustAllServers(true);
proxy.addResponseFilter((response, contents, messageInfo) -> {
    if(messageInfo.getOriginalUrl().contains("example.com")) {
        System.out.println(response.headers().get("Content-Type"));
    }
});
// 启动代理服务实例
proxy.start(9090);
// 转换成 selenium 代理对象
Proxy seleniumProxy = ClientUtil.createSeleniumProxy(proxy);
ChromeOptions options = new ChromeOptions();
options.addArguments("--ignore-certificate-errors");
options.setProxy(seleniumProxy);
ChromeDriver chromeDriver = new ChromeDriver(options);
chromeDriver.get("https://www.example.com");
chromeDriver.quit();
```

1.6　其他主流 Web 自动化测试框架

目前，除了前面介绍的 Selenium，业界比较流行的 Web 自动化测试框架还有 Puppeteer 和 Playwright 这两款。本节将简单介绍这两款自动化测试框架，感兴趣的读者可以自行深入学习和研究它们。

1.6.1　Puppeteer

Puppeteer 是由 Chrome 开发团队开发的一款面向 Chrome 浏览器的开源 Web 自动化测试框架。Puppeteer 目前只支持在 Node.js 运行环境下使用。Puppeteer 的安装步骤非常简单，只需要执行命令 npm install puppeteer 即可。此外，可能还需要安装 Puppeteer 所需的 Chrome 浏览器二进制文件。具体安装命令为 npx puppeteer browsers install chrome。接下来，我们来看一个 Puppeteer 的简单示例。

```
const puppeteer = require('puppeteer');
// 以异步执行的方式启动一个新的浏览器实例
(async () => {
  const browser = await puppeteer.launch();
  const page = await browser.newPage();
// 访问网页
await page.goto('https://www.baidu.com');
// 进行截图
await page.screenshot({ path: 'baidu_screenshot.png' });
// 在页面中执行 JavaScript
const title = await page.evaluate(() => document.title);
console.log(title);
await browser.close();
})();
```

对 Puppeteer 框架感兴趣的读者可以查阅 Puppeteer 在线文档 https://puppeteer.bootcss.com/，或者其他相关资料。

1.6.2　Playwright

Playwright 是一款提供优秀跨语言和跨浏览器支持的 Web 自动化测试框架。它支持多种编程语言开发环境，例如 Java、Python 和 C#等。同时也支持包括 Chrome、Edge、Safari 在内的多款浏览器平台。Playwright 的架构与 Selenium 的架构类似，它们之间的主要区别是 Selenium WebDriver 通过 HTTP 请求与浏览器进行交互（CDP 命令通过 WebSocket 请求进行交互），而 Playwright 主要通过 WebSocket 请求与浏览器进行交互。接下来，我们将介绍如何搭建基于 Java 语言的 Playwright 开发环境。

步骤 01　在 Maven 工程的 pom.xml 文件中添加 Playwright Java client Library 客户端依赖包。

```
<dependency>
    <groupId>com.microsoft.playwright</groupId>
    <artifactId>playwright</artifactId>
    <version>1.42.0</version>
</dependency>
```

步骤 02　编写相应的爬虫程序。以下是一个简单的示例程序，该程序的功能是访问百度网页，填写搜索词并执行搜索操作，具体实现代码如下：

```
// 创建一个 Playwright 实例
Playwright playwright = Playwright.create();
// 使用 Chromium 浏览器类型，启动一个浏览器实例，设置为可见（非无头）模式
Browser browser = playwright.chromium().launch(new
```

```
BrowserType.LaunchOptions().setHeadless(false));
    // 创建一个新页面
    Page page = browser.newPage();
    // 在页面上导航到指定的 URL，这里是 "https://www.baidu.com"
    page.navigate("https://www.baidu.com");
    // 等待 2 秒，等待页面加载
    Thread.sleep(2000);
    // 根据 CSS 选择器定位搜索输入框，并输入搜索词"Java 网络爬虫精解与实践"
    page.locator("#kw").type("Java 网络爬虫精解与实践");
    // 根据 CSS 选择器定位搜索按钮，并单击
    page.locator("#su").click();
    // 等待 2 秒，等待页面加载
    Thread.sleep(2000);
    // 关闭浏览器
    browser.close();
    // 关闭 Playwright 实例
    playwright.close();
```

感兴趣的读者可以查阅其他有关 Playwright 的资料，本小节就不再详细介绍 Puppeteer 相关内容了。

1.7　本章小结

本章为读者提供了网络爬虫开发的入门指南。首先，介绍了几种流行的开源爬虫框架，帮助读者了解各种框架的特点及其适用场景；接着，介绍了开发环境的搭建过程，确保读者能够顺利安装并配置必要的开发工具。

本章提供了一些 Web 爬虫程序示例，通过实际代码演示了如何抓取和处理网页数据，让读者能够快速掌握基本的爬虫编写技巧。此外，我们还介绍了 WebDriver 的选项配置，这对于优化爬虫性能和应对复杂的网页行为尤为重要。

最后，本章还简要介绍了其他几种主流的 Web 自动化测试框架，为读者提供了更多的学习和应用选择。通过本章的学习，读者应该能够建立起网络爬虫开发的基础知识框架，并为进一步探索更高级的主题和技术打下坚实的基础。

1.8　本章练习

1. 根据页面元素展示执行不同的操作

任务需求：假设我们遇到一个网页，该网页上有一个元素会随机展示或隐藏。网页内容如下：

```html
<!DOCTYPE html>
<html lang="en">
<head>
<meta charset="UTF-8">
<title>Random Display</title>
<script>
    window.onload = function() {
```

```
    var shouldDisplay = Math.random() < 0.5;
    var element = document.getElementById('randomElement');
    if (shouldDisplay) {
        element.style.display = 'block';
    } else {
        element.style.display = 'none';
    }
};

function sawElement() {
    alert('我看到隐藏元素了!');
}

function didNotSeeElement() {
    alert('我没有看到隐藏元素!');
}
</script>
</head>
<body>
    <div id="randomElement" style="display: none;">
        <h1>Hello, World!</h1>
        <p>这个元素你不一定可以看到哦</p>
    </div>
    <button onclick="sawElement()">看到隐藏元素</button>
    <button onclick="didNotSeeElement()">没有看到隐藏元素</button>
</body>
</html>
```

请使用 Selenium WebDriver 框架，根据页面上的具体展示结果，控制浏览器执行相应的单击操作以选择不同的按钮。

2. Selenium WebDriver 框架显式等待功能练习

任务需求：假设我们遇到一个网页，其中有一个元素的加载时间非常不稳定。我们希望在爬取数据的过程中等待该元素 5 秒。如果在 5 秒内该元素未加载完成，则选择放弃爬取该元素的内容。网页代码如下：

```
<!DOCTYPE html>
<html lang="en">
<head>
<meta charset="UTF-8">
<title>Delayed Element Addition</title>
<script>
    window.onload = function() {
        var delay = Math.floor(Math.random() * 20000) + 1000;
        setTimeout(function() {
            var element = document.createElement('div');
            element.innerHTML = '<p id="delay-elem">This element was added after a random
delay.</p>';
            document.body.appendChild(element);
```

```
        }, delay);
    };
</script>
</head>
<body>
    <h1>Welcome to the Page</h1>
</body>
</html>
```

请使用 Selenium WebDriver 框架的显式等待功能完成上述需求。

3. 利用 BrowserMob Proxy 动态修改 HTTP 请求

任务需求：测试一个网站上不同登录用户的返回结果。我们可以获得多个用户的 Cookie 信息，但无法获取用户的用户名和密码。请结合 Selenium WebDriver 框架和 BrowserMob Proxy，动态设置用户的 Cookie 信息，以实现用户的动态切换功能。

第2章

网页内容解析与提取

第 1 章主要介绍了基于 Selenium 自动化框架的 Web 网络爬虫开发。在编写 Web 网络爬虫程序的过程中，经常涉及网页内容的定位和解析。本章将系统讲解如何对网页内容进行定位、解析和提取，内容包括 Selenium 常见元素定位器、基于正则表达式的内容解析与提取，以及基于 JsonPath 表达式的内容解析与提取。

2.1　Selenium 元素定位器

Selenium 框架支持 8 种类型的元素定位器，分别是 ID 定位器、Name 定位器、ClassName 定位器、TagName 定位器、LinkText 定位器、PartialLinkText 定位器、CSS Selector 定位器和 XPath 定位器。这些元素定位器都依赖于 Web 元素自身的结构、属性以及该元素在 DOM 树中的位置。假设现在我们有一个网页元素 a，它的具体信息如图 2-1 所示。

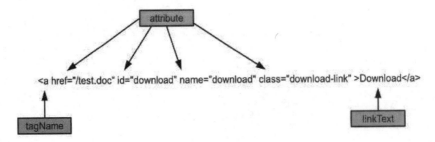

图 2-1　Web 元素示例

利用 Selenium 框架中的 8 种元素定位器对上述 Web 元素进行定位，具体操作如图 2-2 所示。

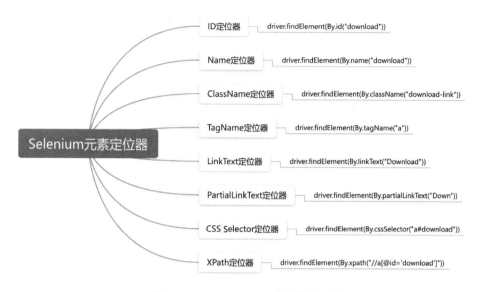

图 2-2　Selenium 元素定位器使用示例

接下来，将详细解析如何使用不同类型的 Selenium 元素定位器来定位该网页元素。

1. ID 定位器

代码实现如下：

```
WebElement element = driver.findElement(By.id("download"));
```

ID 定位器是效率最高的元素定位器，它依赖 HTML 网页元素的 id 属性来定位网页元素。由于 id 属性在 HTML 网页元素中具有唯一性，因此这种类型的定位器效率最高，也是最安全。

2. Name 定位器

代码实现如下：

```
WebElement element = driver.findElement(By.name("download"));
```

Name 定位器根据网页元素的 name 属性来查找和定位元素。因为 name 属性并不像 id 属性那样具有唯一性，所以当网页中有多个 name 属性值为 download 的元素时，上述代码会返回第一个找到的元素。

3. ClassName 定位器

代码实现如下：

```
WebElement element = driver.findElement(By.className("download-link"));
```

ClassName 定位器根据网页元素的 class 属性值来定位网页元素，与 name 属性一样，class 属性值也不是唯一的。因此，当网页中有多个 class 属性值为 download-link 的元素时，上述代码会返回第一个找到的元素。

使用 ClassName 定位器时，需特别注意 By.className 方法中使用的 class 属性值不能包含空格，因为该方法期望传递的 class 属性值是单一属性值。如果传递的 class 属性值包含多个属性值，那么

ClassName 定位器将无法正确识别该元素。

4. TagName 定位器

代码实现如下：

```
WebElement element = driver.findElement(By.tagName("a"));
```

TagName 定位器根据网页元素的标签名称来定位网页元素。

5. LinkText 定位器

代码实现如下：

```
WebElement element = driver.findElement(By.linkText("Download"));
```

LinkText 定位器只能用于定位超链接元素，即<a>标签元素。

6. partialLinkText 定位器

代码实现如下：

```
WebElement element = driver.findElement(By.partialLinkText("Down"));
```

partialLinkText 定位器通过链接文本的部分内容来定位超链接元素。当超链接的文本较长或包含动态部分时，partialLinkText 定位器可以帮助定位到符合部分文本条件的链接元素。

7. CSS Selector 定位器

代码实现如下：

```
WebElement element = driver.findElement(By.cssSelector("a#download"));
WebElement element = driver.findElement(By.cssSelector(".download-link"));
WebElement element = driver.findElement(By.cssSelector("a[name='download'] "));
```

CSS Selector 定位器基于 CSS 规则来查找和定位网页元素，因此理解和掌握 CSS 规则是灵活使用 CSS Selector 定位器的关键。

8. XPath 定位器

代码实现如下：

```
WebElement element = driver.findElement(By.cssSelector("//*[@id='download'] "));
```

XPath 元素定位器主要根据 XPath 表达式来定位网页元素。XPath 表达式主要有两种形式，分别是 Absolute XPath 和 Relative XPath。

Absolute XPath 需要详细给出从 HTML 根节点元素开始到目标定位元素的完整路径。例如：/html/body/div[1]/div/div[3]/table/tbody/tr/td[3]/ul/div/div/ul/li/a。Absolute XPath 在面对网页结构变化时表现得不够灵活。任何网页结构上的变更都可能导致 Absolute XPath 表达式失效。

Relative XPath 则以双斜杠（//）开始，表示可以从文档中的任何位置开始搜索，而不必从根节点开始。例如：//*[@id="app"]/ul/li/div/div/h3/a。相对于 Absolute XPath，Relative XPath 表达式更加简短，也更加灵活。因为它不依赖元素的完整路径来进行定位，所以它对网页结构变化具有更好的适应性。

灵活、准确地应用各种元素定位器需要读者在平时多加练习。以下是一些利用 Selenium 定位器进行 Web 元素定位操作时的注意事项。

（1）在 Selenium 的 8 种元素定位器中，只有 ID 元素定位器可以明确地定位到唯一一个元素。其他元素定位器则有可能定位到多个元素，如果有多个元素满足要求，Selenium 的 findElement 方法会返回第一个匹配到的元素。

（2）从性能上来看，定位器的效率排序为：ID 定位器 > 属性定位器 > CSS Selector 定位器 > XPath 定位器。

（3）XPath 表达式分为绝对路径表达式和相对路径表达式两种形式。绝对路径表达式从 HTML 根节点开始对元素进行查找和定位，以"/"作为表达式的开头，例如/html/body/…/a[@id="download"]。相对路径表达式从任意位置开始查找元素，以"//"作为开头，例如//a[@id="download"]。

2.2　基于正则表达式的内容解析与提取

正则表达式是爬虫程序中经常使用的一种内容解析与提取技术。本节将主要介绍正则表达式的相关知识和应用。

2.2.1　正则表达式的基础语法

正则表达式是一种用于匹配和查找文本的强大工具。它由一系列字符和特殊字符组合而成，用于描述要匹配的文本模式。

正则表达式中的字符分为普通字符和特殊字符两类。

普通字符（也称为字面字符）指的是那些在模式匹配中代表它们自身的字符。例如，大小写字母和数字等。

特殊字符（也称为元字符）具有特定的含义，而非字符的字面意思。特殊字符通常用于构建复杂的匹配模式。例如，字符"."匹配除换行符外的任意单个字符。

在正则表达式中，特殊字符又可以分为转义字符、字符集合、定位字符、字符类、量词、逻辑字符和分组字符。

1. 转义字符

在正则表达式中，反斜杠"\"用作转义字符。转义字符可以使特殊字符被解释为字面意义上的字符，同时可以赋予普通字符特殊的意义。

2. 字符集合

在正则表达式中，字符集合由中括号"[]"表示。例如，[abc]匹配字母 a、b、c 中的任意一个。[0-9]则匹配数字 0~9 中的任意一个数字。

3. 定位字符

- ^: 匹配输入字符串的开始。
- $: 匹配输入字符串的结束。

- \b: 匹配一个单词边界。
- \B: 匹配非单词边界。

4. 字符类

在编写正则表达式时，我们经常需要在同一表达式中频繁且多次匹配某些字符（例如数字）。为了简化正则表达式的编写，正则表达式语法中引入了字符类的概念。常用的字符类以及对应的字符集合表达式如表 2-1 所示。

表 2-1　常用的字符类以及对应的字符集合表达式

字　符　类	描　　　述	对应的字符集合表达式
.	匹配除换行符外的任意单个字符	[^\r\n]
\d	匹配一个数字字符	[0-9]
\D	匹配一个非数字字符	[^0-9]
\s	匹配任何空白字符	[\f\n\r\t\v]
\S	匹配任何非空白字符	[^\f\n\r\t\v]
\w	匹配字母、数字、下画线	[A-Za-z0-9_]
\W	匹配非字母、数字、下画线	[^A-Za-z0-9_]

5. 量词

在编写正则表达式的过程中，我们可能需要多次匹配某种类型的数字。例如，要匹配数字 3 次，可以编写表达式"\d\d\d"。如果要匹配 11 位的手机号码，则需要编写表达式"\d\d\d\d\d\d\d\d\d\d\d"，这看起来是一件令人感到恐怖的事情。幸运的是，量词为我们简化了这类表达式。例如，上面的表达式"\d\d\d\d\d\d\d\d\d\d\d"可以使用量词简写为"\d{11}"。正则表达式中常用的量词如下。

- *: 匹配前面的子表达式零次或多次。
- +: 匹配前面的子表达式一次或多次。
- ?: 匹配前面的子表达式零次或一次。
- {n}: 匹配前面的子表达式恰好 n 次。
- {n,}: 匹配前面的子表达式至少 n 次。
- {n,m}: 匹配前面的子表达式至少 n 次，但不超过 m 次。

6. 逻辑字符

在正则表达式中，逻辑运算符"|"用于表示逻辑或。例如，表达式"x|y"表示匹配 x 或者 y。

7. 捕获分组

在正则表达式中，捕获分组（capture group）指的是圆括号"()"中的子表达式。

- (…): 捕获括号，匹配括号内的表达式，可以捕获此数据以供后续使用。
- (?:…): 非捕获括号，匹配括号内的表达式，但不捕获匹配的数据。

下面的 Java 代码示例展示了如何引用捕获分组来提取匹配的子字符串。

```
String text = "Hello, my email address is zhangkai108@qq.com";
```

```
// 定义正则表达式模式，捕获电子邮件前缀
String regex = "\\b([a-zA-Z0-9._%+-]+)@[a-zA-Z0-9.-]+\\.[a-zA-Z]{2,}\\b";
// 编译正则表达式模式
Pattern pattern = Pattern.compile(regex);
// 创建 Matcher 对象
Matcher matcher = pattern.matcher(text);
// 查找匹配的子字符串
if (matcher.find()) {
    // 获取整个正则表达式匹配的子字符串
    String email = matcher.group();
    System.out.println("Email found: " + email);
    // 获取第一个捕获分组
    String prefix = matcher.group(1);
    System.out.println("Prefix: " + prefix);
}
```

在上面的示例中，我们使用正则表达式来匹配电子邮件地址，并通过捕获分组提取电子邮件地址中的域名部分。在 matcher.group(1)中，我们引用了第一个捕获分组来获取电子邮件地址的域名部分。

除了通过编号引用捕获分组外，我们还可以为捕获分组设置名称，并通过名称引用它。具体实现方式如下：

```
String text = "Hello, my email address is zhangkai108@qq.com";
// 定义正则表达式，使用命名捕获组
String regex = "\\b(?<prefix>[a-zA-Z0-9._%+-]+)@[a-zA-Z0-9.-]+\\.[a-zA-Z]{2,}\\b";
// 编译正则表达式模式
Pattern pattern = Pattern.compile(regex);
// 创建 Matcher 对象
Matcher matcher = pattern.matcher(text);
// 查找匹配的子字符串
if (matcher.find()) {
    // 获取整个正则表达式匹配的子字符串
    String email = matcher.group();
    System.out.println("Email found: " + email);
    // 获取命名捕获组的值
    String prefix = matcher.group("prefix");
    System.out.println("Prefix: " + prefix);
}
```

2.2.2　正则表达式的高级应用技巧

在前面的内容中，我们介绍了正则表达式的基础语法。本小节将介绍一些正则表达式的高级应用技巧。

1. 零宽断言

零宽断言是正则表达式中的一种高级应用技巧。它们是一种特殊的匹配规则，本身表达式不匹配任何字符（即匹配零个字符，所以被称为零宽），而是用于判断字符串是否满足某种条件（即断言）。零宽断言通常以"（?…）"的形式出现在正则表达式中，其中"…"是具体的断言内容。零宽断言的工作方式有 4 种，如表 2-2 所示。

表 2-2　零宽断言类型

类　　型	描　　述	示　　例
正向先行断言	匹配表达式前面的位置	Hello(?=World)，匹配后面跟着 World 的 Hello
正向后顾断言	匹配表达式后面的位置	(?<=Hello)World，匹配前面是 Hello 的 World
负向先行断言	匹配非表达式内容前面的位置	Hello(?!World)，匹配后面不跟着 World 的 Hello
负向后顾断言	匹配非表达式内容后面的位置	(?<!Hello)World，匹配前面不是 Hello 的 World

2. 非贪婪模式

非贪婪模式是正则表达式中的一个高级应用技巧。在正则表达式中，贪婪模式是指匹配尽可能多的字符，直到无法继续匹配或达到结尾。相反，非贪婪模式（也称为懒惰模式）是指匹配尽可能少的字符，只要满足匹配条件即可。非贪婪模式通常通过在量词后面添加 "？" 来实现。

假设现在有一段 HTML 代码片段，其内容为<div><p>Hello</p><p>World</p></div>，需求是提取出所有的<p>标签元素列表。

如果我们编写如下代码，得到的打印结果会是<p>Hello</p><p>World</p>，而不是<p>标签元素列表。

```
String htmlText = "<div><p>Hello</p><p>World</p></div>";
// 定义正则表达式模式
String regex = "<p>(.*)</p>";
// 编译正则表达式模式
Pattern pattern = Pattern.compile(regex);
// 创建 Matcher 对象
Matcher matcher = pattern.matcher(htmlText);
// 存储匹配结果
List<String> pTags = new ArrayList<>();
// 查找匹配的子字符串
while (matcher.find()) {
  // 获取匹配的子字符串
  String pTag = matcher.group(1);
  pTags.add(pTag);
}
// 输出提取的<p>标签元素列表
for (String pTag : pTags) {
  System.out.println("<p>" + pTag + "</p>");
}
```

非贪婪模式可以帮助我们解决这个问题，我们只需要将正则表达式从<p>(.*)</p>修改成<p>(.*?)</p>即可。常用的非贪婪模式表达式如表 2-3 所示。

表 2-3　非贪婪模式表达式

表 达 式	描　　述
*?	零次或多次，尽可能少地匹配
+?	一次或多次，尽可能少地匹配
??	零次或一次，尽可能少地匹配
{n, m}?	至少 n 次，但不超过 m 次，尽可能少地匹配

3. 反向引用

正则表达式中的反向引用功能可以帮助我们在表达式的后面部分引用前面部分已经匹配的子表达式。

在正则表达式中，我们可以通过圆括号"()"来创建捕获分组（子表达式），然后通过"\n"（n为正整数）的形式来引用这些捕获分组。n代表捕获分组的顺序，例如"\1"引用第一个捕获分组，"\2"引用第二个捕获分组，以此类推。

假设我们需求检查文本中是否存在连续重复的单词。这个需求可以借助正则表达式的反向引用功能来实现。具体示例代码如下：

```
String text = "This is is a test test example.";
// 正则表达式，使用反向引用匹配重复的单词
Pattern pattern = Pattern.compile("\\b(\\w+)\\b \\1\\b");
Matcher matcher = pattern.matcher(text);
while (matcher.find()) {
    System.out.println("Duplicate word found: " + matcher.group(1));
}
```

上面的示例代码通过反向引用功能查找字符串中的重复单词，"\\1"引用了第一个捕获组(\\w+)，这表示它会匹配与第一个捕获组相同的单词。

2.2.3　正则表达式的应用场景

在爬虫程序中，正则表达式是一种常用的内容解析与提取工具。其主要应用场景如下。

1. 数据清洗和过滤

在爬虫程序中，正则表达式通常用于清洗和筛选爬取到的数据。例如，去除多余的标签、空格或特殊字符，筛选出我们需要的内容。

假设我们有一个需求，目标是过滤掉一个HTML网页源码中的所有script标签元素和style标签元素。对于这个需求，可以通过正则表达式来实现。具体实现代码如下:

```
/**
 * 匹配 script 标签的正则表达式
 **/
private static final String REGEX_SCRIPT = "<script[^>]*>[\\s\\S]*?<\\/script>";
/**
 * 匹配 style 标签的正则表达式
 **/
private static final String REGEX_STYLE = "<style[^>]*>[\\s\\S]*?<\\/style>";
public static String removeHTMLTags(String htmlContent) {
    // 删除 script 标签
    Pattern scriptPattern = Pattern.compile(REGEX_SCRIPT, Pattern.CASE_INSENSITIVE);
    Matcher scriptMatcher = scriptPattern.matcher(htmlContent);
    htmlContent = scriptMatcher.replaceAll("");
    // 删除 style 标签
    Pattern stylePattern = Pattern.compile(REGEX_STYLE, Pattern.CASE_INSENSITIVE);
    Matcher styleMatcher = stylePattern.matcher(htmlContent);
    htmlContent = styleMatcher.replaceAll("");
```

```
    return htmlContent.trim();
  }
```

上面的代码片段逻辑简单，下面我们主要解析一下上述正则表达式语句。

正则表达式\<script[^>]*>[\\s\\S]*?<\/script>用于匹配 script 标签及其包含的内容，具体解析如下：\<script[^>]*>匹配 script 标签元素的起始内容，例如\<script>或\<script type="application/javascript">。

[\\s\\S]*?以非贪婪模式匹配任意字符 0 次或多次。注意，这里使用的是正则表达式中的非贪婪模式。在默认情况下，正则表达式采用贪婪匹配模式，即尽可能匹配最长的字符串。如果匹配到多个符合要求的字符串，它最终会选择最长的字符串。而在非贪婪模式下，正则表达式会匹配尽可能短的字符串。在正则表达式中，量词后面添加问号表示非贪婪模式。

举例来说，假设现在有一段 HTML 文本为：\<script>alert(1)\</script>\<div>test\</div>\<script>alert(2)\</script>。正则表达式\<script[^>]*>[\\s\\S]*?<\/script>会找到两个匹配字符串\<script>alert(1)\</script>和\<script>alert(2)\</script>，但是\<script[^>]*>[\\s\\S]*<\/script>会匹配到整个 HTML 文本字符串。

2. 链接提取

一般来说，我们可以通过 Selenium 中的元素定位器来提取网页链接。不过，有些网站的跳转链接并没有体现在 HTML 元素的 href 属性中，而是通过 JavaScript 脚本来实现网页的跳转操作。例如下面这段 HTML 代码：

```
<div onclick=showArticleDetail('8a81f6d88cf', 'abc')>文章 1</div>
<div onclick=showArticleDetail('8a81f6d88ef', 'abd')>文章 2</div>
<script>
  function showArticleDetail(id1, id2) {
    var url = "https://www.example.com?id1=" + id1 + "&id2=" + id2;
    window.location.href = url;
  }
</script>
```

针对上面的 HTML 代码，可以采用正则表达式提取网页的跳转链接。具体实现思路可以参考下面的 Java 代码：

```
// 定义正则表达式，用于匹配 showArticleDetail 函数的参数
String regexPattern = "onclick=showArticleDetail\\('([0-9a-z]+?)', '([0-9a-z]+?)'";
// 编译正则表达式，并且忽略字母大小写
Pattern compile = Pattern.compile(regexPattern, Pattern.CASE_INSENSITIVE);
// 创建 Matcher 对象并使用正则表达式匹配 articleElement(就是 div 元素)
Matcher matcher = compile.matcher(articleElement);
// 获取匹配分组
String[] groups = new String[matcher.groupCount()];
if (matcher.find()) {
    for (int i = 1; i <= matcher.groupCount(); i++) {
        groups[i - 1] = matcher.group(i);
    }
    // 拼接跳转链接
    String url = String.format("https://www.example.com?id1=%s&id2=%s", groups);
}
```

　　上述代码片段展示了如何在 Java 中使用正则表达式提取并构建基于 JavaScript 动态生成的 URL。这种方法适用于网页内容动态生成且链接不直接出现在 HTML href 属性中的情况。正则表达式能够提取那些通过 JavaScript 动态生成的链接。当然，这也要求我们对页面的 JavaScript 代码逻辑有一定的理解，以便正确地构建正则表达式并提取链接。

　　需要注意的是，依赖正则表达式提取网页跳转链接时，需要定期检查网页结构的变化，因为页面结构的变化可能会导致正则表达式失效。后续还会介绍其他提取动态生成网页跳转链接的方法。

3. 格式化内容提取

　　在网页内容中，有很多格式相对固定的信息。例如，文章的多级标题、招聘文章中的报名时间等。现在，我们以文章中的多级标题内容提取为例，演示正则表达式如何在格式化内容提取功能中发挥作用。

　　假设我们现在有一批网页文章，需求是提取出这批网页文章中的一级标题、二级标题和三级标题内容。如果文章内容中的标题级别不足三级，则展示的优先级为一级标题>二级标题>三级标题。

　　当面对这种需求时，可以利用多优先级正则表达式来完成。

　　首先，我们要做的第一项任务是统计样本文章的各级标题样式。假设统计的样本文章各级标题格式化内容如表 2-4 所示。

表 2-4　标题格式统计结果

标题级别	标题格式	样本数量
一级标题	一、*****	57
一级标题	一、*****。	40
二级标题	（二）*****	30
三级标题	三是*****。	20

　　根据上面的统计结果，我们可以构建如下的优先级正则表达式列表：

```
[
  {
    "patternStr": "^[一二三四五六七八九]、(.*)[^。]$",
    "priority": 1
  },
  {
    "patternStr": "^[一二三四五六七八九]、(.*?)。",
    "priority": 2
  },
  {
    "patternStr": "^[（(][一二三四五六七八九十][)）)](.*)[^。]$",
    "priority": 3
  },
  {
    "patternStr": "^。[一二三四五六七八九]是(.*?)。",
    "priority": 4
  }
]
```

　　根据上面的正则表达式 JSON 数组，可以编写代码如下：

```java
List<String> firstLevelTitles = Lists.newArrayList();
List<String> secondLevelTitles = Lists.newArrayList();
List<String> thirdLevelTitles = Lists.newArrayList();
// 按照优先级从高到低，遍历优先级正则表达式列表
for(PriorityRegex regex : patterns) {
    List<String> tempTitles = Lists.newArrayList();
    // 遍历文章所有段落，查找符合要求的标题文本
    for(String para : paras) {
        para = para.trim();
        Matcher matcher = regex.getPattern().matcher(para);
        if(matcher.find()) {
            tempTitles.add(matcher.group());
        }
    }
    // 按照一级标题 > 二级标题 > 三级标题的优先级顺序存储标题内容
    if(firstLevelTitles.isEmpty()) firstLevelTitles.addAll(tempTitles);
    else if(secondLevelTitles.isEmpty()) secondLevelTitles.addAll(tempTitles);
    else if(thirdLevelTitles.isEmpty()) thirdLevelTitles.addAll(tempTitles);
}
```

正则表达式还有很多其他的应用场景，例如数据验证、关键词匹配等。因为篇幅原因，这里不再一一列举，读者在日常使用中注意灵活运用。

2.3　基于 JsonPath 的内容解析与提取

大部分情况下，我们可以通过网页跳转链接或 JavaScript 函数动态加载直接获取 HTML 网页内容。但是，个别网站会返回 JSON 结构数据，这时我们需要对 JSON 结构数据进行处理，从中解析和提取内容。

在大规模分布式爬虫程序中，我们可能会同时处理上万个网站。因此，找到一种便捷高效的 JSON 结构数据处理方式是十分必要的。

JsonPath 是一种用于在 JSON 结构中定位和提取特定内容的查询语言，类似于 XPath 对 XML 文档的定位和提取功能。它让我们可以通过表达式配置的方式，从 JSON 数据中找到需要的内容。

JsonPath 语法与 XPath 语法类似，因此，如果我们已经有了 XPath 表达式的编写经验，那么很快就可以掌握 JsonPath 表达式的语法规则。JsonPath 的基础描述符如表 2-5 所示。

表 2-5　JsonPath 的基础描述符

描 述 符	描述符的作用
$	表示 JSON 对象的根节点
.	用于访问子节点，也就是访问 JSON 对象的属性
*	通配符，可以代表任意节点或数组元素
..	递归搜索，筛选出所有符合条件的子节点
[n]	根据数组索引获取数组元素
[start:end]	获取索引范围的所有数组元素
?(regular expression)]	根据正则表达式筛选数组元素
[@.key=='value']	根据键-值对（Key-Value Pair）匹配节点

接下来，我们通过一个简单的例子来演示如何使用 JsonPath 表达式从 JSON 结构数据中提取所需的内容。

假设网站接口请求返回的 JSON 结构数据如下：

```
{
    "accessPath": null,
    "actionErrors": [],
    "actionMessages": [],
    "dataList": null,
    "dataMap": {
        "id": "20240312000000014551",
        "title": "文章标题",
        "tag": null,
        "content": "文章内容",
        "image": null,
        "url": null,
        "writeTime": "2024-03-12",
        "showcount": 851,
        "origin": null
    },
    "errorMessages": [],
    "errors": {},
    "fieldErrors": {},
    "locale": "zh_CN",
    "maid": null,
    "maidentify": null,
    "message": null,
    "oldPath": null,
    "page": "1",
    "pmaid": null,
    "state": null,
    "texts": null,
    "total": "0",
    "totalpage": "1"
}
```

我们需要编写程序来获取文章的标题和内容信息。

针对这个需求，我们可以通过 JsonPath 表达式来实现。具体实现思路如下：

```
import com.jayway.jsonpath.JsonPath;
public class JsonPathExample {
    public static void main(String[] args) {
        // 利用 JsonPath 从上面的 JSON 结构数据中提取 title 和 content
        String title = JsonPath.read(json, "$.dataMap.title");
        Double content = JsonPath.read(json, "$.dataMap.content");
        // 打印文章标题和内容
        System.out.println("Title: " + title);
        System.out.println("Content: " + content);
    }
}
```

2.4   本章小结

本章介绍了网页内容解析与提取的几种关键技术，这些技术对于数据清洗尤为重要。

首先，介绍了使用 Selenium 进行网页元素定位的方法。Selenium 提供了多种元素定位器，如 ID、类名、标签名、XPath 和 CSS 选择器等，这些工具使我们能够有效地与网页交互并提取所需的信息。

接着，介绍了基于正则表达式的内容解析与提取技术。正则表达式是一种强大的文本处理工具，适用于提取具有明确模式的数据，如电话号码、电子邮件地址等。通过实例，我们展示了如何构建有效的正则表达式来定位和提取网页中的特定数据。

最后，讨论了基于 JsonPath 的内容解析与提取方法。在处理 JSON 格式的数据时，JsonPath 提供了一种简便的方式来访问复杂的 JSON 结构，类似于 XML 的 Xpath。这部分内容对于理解如何从 RESTful API 响应中提取信息尤为重要。

通过本章的学习，读者能够掌握多种网页内容解析与提取技术，这些技术在许多应用场景中都非常实用。每种技术都有其适用场景和优势，合理选择和使用这些工具将大大提高数据处理的效率和准确性。

2.5   本章练习

1. 遍历 DOM 树中的所有元素

请利用 Jsoup 库对 DOM 树进行深度优先遍历和广度优先遍历。

2. 正则表达式实践练习

请利用正则表达式将一串数字的展示格式转换成货币格式，即从右向左数，每三个数字添加一个逗号。

3. 使用 JsonPath 检索 JSON 字符串

假设我们有一个内容为书籍列表的 JSON 字符串，字符串内容如下：

```
{
  "books": [
    {
      "title": "Java 网络爬虫精解与实践",
      "author": "张凯"
    },
    {
      "title": "Effective Java",
      "author": "Joshua Bloch"
    },
    {
      "title": "深入理解 Java 虚拟机",
      "author": "周志明"
    },
    {
```

```
        "title": "Clean Code",
        "author": "Robert C. Martin"
      }
   ]
}
```

请使用 JsonPath 表达式来筛选出名称中包含"Java"且作者为"张凯"的书籍名称。

## 第 3 章

验证码绕过与识别

本章将深入讲解如何自动化处理验证码，内容主要包括验证码介绍、绕过、生成和识别 4 个主要方面。首先介绍验证码的类型和发展历程，然后讨论验证码绕过的技术和策略，接着介绍验证码的生成方法，包括常见的文本验证码和图形验证码生成技术，最后介绍验证码识别技术，特别是利用机器学习和图像处理技术来识别和解析验证码的方法。

3.1 验证码介绍

CAPTCHA（Completely Automated Public Turing test to tell Computers and Humans Apart，区分计算机和人类的完全自动化公共图灵测试）验证码技术是一种阻止自动化程序访问网站的保护措施。因为 CAPTCHA 验证码技术的主要目的是区分程序和真实人类，本质上是一种挑战-应答机制，所以 CAPTCHA 验证码技术在实现上一般遵循的原则是：易于人类识别与处理，但自动化程序不容易识别与处理。目前，很多网站在不同阶段使用 CAPTCHA 验证码技术来保护自身的正常业务流程免受自动化程序的影响。例如，在用户登录阶段，使用 CAPTCHA 验证码技术防止恶意软件暴力破解用户密码；在提交表单时，使用 CAPTCHA 验证码技术确保表单数据来自真实用户。

实际上，类似于 CAPTCHA 算法的思想在互联网应用的早期就已经被广泛使用。在 20 世纪 80 年代，互联网论坛成为人们交流讨论的热门场所。当讨论敏感话题时，用户担心论坛的自动监控系统会根据关键词进行内容过滤或屏蔽，因此他们开始采用视觉上相似的字符来替换原文字母。这种字符替换使得自动过滤系统难以识别这些变形词，而人类用户却能够正常阅读和理解这些内容。这种使用替代字符的写法后来被称作 Leetspeak。

Gausebeck-Levchin 测试是一种早期的验证码系统，最早由 Max Levchin 和 Peter Gausebeck 于 1997 年开发。该测试旨在区分人类用户和计算机程序，以防止自动化软件对网站进行恶意攻击或滥用。这种测试要求用户识别和输入扭曲的文本或图像中的字符，以证明使用者是真实的人类而非自动程序。

2000 年，idrive.com 成为首家商业网站采用 Gausebeck-Levchin 测试来保护它的注册页面，使它免受恶意活动的影响。2001 年，PayPal 将此类测试作为它预防欺诈策略的一部分。

随后，Gausebeck-Levchin 测试被广泛应用于各种网站和在线服务中，成为防止机器人和恶意软件攻击的重要工具之一。

2003 年，来自卡内基梅隆大学的研究团队完善了相关的验证码算法和理论，并且正式将它命名为 CAPTCHA。

自从验证码技术首次被创建并应用以来，它的实现技术和形式一直在不断完善和改进。

目前，基于文本识别的验证码、基于图片识别的验证码和基于声音识别的验证码是当前三种主流的验证码实现技术。除上述三种传统的验证码技术外，Google 公司还开发了基于用户行为分析的智能验证码。

3.1.1　基于文本识别的验证码

文本验证码是一种传统的验证码形式，其表现形式通常要求用户根据一串扭曲变形的数字或字母图形输入对应的文本字符，如图 3-1 所示。

图 3-1　文本验证码示例

文本验证码中的字符通常包含扭曲变形、旋转、缩放等特性，有些文本验证码中还会包含背景噪声和干扰线条等，以进一步阻碍自动化程序的识别。

3.1.2　基于图片识别的验证码

基于图片识别的验证码近年来开始流行，形式多样。在基于图片识别的验证码中，用户通常会看到一系列图片，要求他们执行特定的任务，例如识别图片中的物体、滑动图片完成拼图任务、选择与特定主题相关的图片等。用户需要根据提示完成这些任务，以证明自己为真实人类。

基于图片识别的验证码不仅提高了安全性，还提升了用户体验，因为相比传统的文本验证码，用户更容易理解和完成与图片相关的任务，如图 3-2 所示。这种验证码系统在当前互联网应用中被广泛使用。

图 3-2　多种类型的图片验证码

3.1.3　基于语音识别的验证码

在基于语音识别的验证码中，用户通常会收到一个包含语音指令或短语的音频文件，要求他们听取并正确识别其中的内容。用户需要在规定的时间内听取并输入正确的语音内容，以证明其为真实人类。播放的音频内容通常包含背景噪声，从而加大了自动化程序识别处理的难度。

3.1.4　基于行为识别的智能验证码

NoCAPTCHA 是由 Google 推出的一种验证码系统，旨在提高用户体验并减少对用户的干扰。与传统的验证码系统不同，NoCAPTCHA 采用了一种更简单、更直观的验证方式，使用户能够更轻松地通过验证而无须输入复杂的文本或执行复杂的任务。

NoCAPTCHA 的核心特点是"点选复选框"（Click-based Checkbox），用户只需简单地点击一个复选框来证明自己是真实的人类用户，而无须输入任何文本或执行其他任务。这个复选框通常会伴随着一条简短的提示，例如 I'am not a robot，如图 3-3 所示。

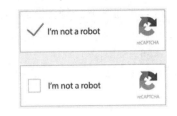

图 3-3　NoCAPTCHA

在用户点击复选框后，NoCAPTCHA 会通过复选框后面的隐藏机制来验证用户的真实性。如果系统认为用户的点击行为符合真实用户的特征，验证过程将顺利通过，而如果系统怀疑用户可能是机器人，则会要求用户进一步进行验证，例如通过图像识别或其他方式。

3.2　避免 CAPTCHA 验证码触发

CAPTCHA 验证码技术的广泛使用对爬虫程序的正常运行带来了比较大的挑战。那么，爬虫程序应该如何应对这一挑战呢？一般来讲，我们可以将 CAPTCHA 验证码的应对策略分为两类：避免触发 CAPTCHA 验证码和识别 CAPTCHA 验证码。本节将探讨在网络爬虫程序运行的过程中如何避免触发 CAPTCHA 验证码。

CAPTCHA 验证码会影响爬虫程序的处理效率，甚至可能导致整个数据采集流程中断。很多网站为了兼顾真实用户体验和规避自动化程序访问，会基于对自动化程序的预判策略弹出 CAPTCHA 验证码，以进一步判断访问者是自动化程序还是真实用户。因此，如果我们能够规避这些自动化程序检测策略，就能避免去处理麻烦的 CAPTCHA 验证码。规避自动化程序检测策略通常可以采用以下几种方法。

1. 避免使用单一固定 IP 地址

如果爬虫程序持续使用单一固定 IP 地址频繁访问某个网站，那么该网站很有可能会检测到这一异常行为，从而触发 CAPTCHA 弹窗验证。因此，在进行数据采集时，爬虫程序应尽量避免频繁访问同一个网站。如果确实需要频繁访问某个网站，最好通过代理 IP 池来进行访问。

2. 避免蜜罐陷阱

有些网站会在网页上添加一些隐藏内容，这些内容对真实用户是不可见的，但对爬虫程序却是可见的。举例来讲，网站可以将页面链接的元素样式设置为 diplay:none 或 visibility:hidden。如果爬虫程序点击了该链接元素，网站可能会根据 IP 地址、用户带来（useragent）、用户 ID 或设备 ID 对访问来源进行标记。标记之后，网站可能会进一步通过 CAPTCHA 验证码进行验证。假设某个网页的内容如下：

```html
<!DOCTYPE html>
<html>
<head>
    <style>
        /* 通过 ID 选择器选择列表元素并添加 display: none;样式 */
        #hiddenItem {
            display: none;
        }
    </style>
</head>
<body>
    <ul>
        <li id="hiddenItem"><a href="https://www.example.com/hidden-elem">隐藏元素
</a></li>
        <li><a href="https://www.example.com/item-1">可见元素 1</a></li>
        <li><a href="https://www.example.com/item-2">可见元素 2</a></li>
    </ul>
</body>
</html>
```

现在，我们来尝试获取列表中可见元素的文本内容，同时跳过隐藏元素的采集。在具体实现中，可以通过 Selenium 框架中的 JavaScriptExecutor 对象执行 JavaScript 脚本来获取元素的样式信息。相关代码实现如下：

```java
ChromeOptions chromeOptions = new ChromeOptions();
ChromeDriver chromeDriver = new ChromeDriver(chromeOptions);
chromeDriver.get("${local_path}/hiddendemo.html");
List<WebElement> elements = chromeDriver.findElements(By.xpath("//li"));
for (WebElement element : elements) {
    //执行 JavaScript 脚本返回元素的样式信息
    String computedStyle = (String) chromeDriver.executeScript("return
window.getComputedStyle(arguments[0]).display", element);
        if (!computedStyle.trim().contains("none")) {
            System.out.println(element.getText());
        }
}
chromeDriver.quit();
```

3. 使用 Cookie 跳过登录流程

Cookie 是服务器发送到用户浏览器并保存在本地的一小块数据。浏览器会存储 Cookie 并在下次向同一服务器发起请求时携带并发送给服务器。目前，Cookie 通常用于保持用户的登录状态。登录流程通常比较烦琐，涉及各种类型验证码的填写。如果我们能够收集到一些合法的 Cookie 信息，就可以跳过复杂的登录处理流程。

3.3   CAPTCHA 验证码生成

在很多应用场景中，如果我们遇到无法绕过的 CAPTCHA 验证码，依然可以通过识别验证码来解决问题。本节将选择几种主流的 CAPTCHA 验证码讲解验证码，讲解它们的生成与识别原理和过程，主要包括文本验证码、滑块验证码、图片选择验证码和手机验证码等类型。

在讲解验证码识别技术之前，我们先来看看主流验证码的生成原理。基本上，所有类型的传统验证码都遵循图 3-4 的处理流程。

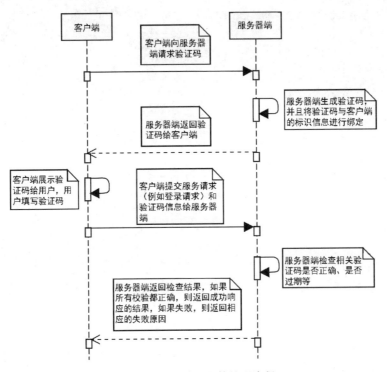

图 3-4   验证码的处理流程

3.3.1   文本验证码的生成

文本验证码是一种比较原始且目前仍在广泛使用的技术。目前，用于生成文本验证码的开源代码库还是比较多的，但基本上都基于相似的生成逻辑，相关生成逻辑大致如下：

步骤 01   生成随机字符串。字符串可以包含数字、字母和特殊字符。

步骤 02   创建包含验证码文本的图片。根据指定的高度和宽度创建图片，并将文本渲染到图片上。

步骤 03   为验证码图片添加背景和噪声。为了提高验证码的破解和识别难度，通常会在图片中添加背景和噪声。

接下来，我们以 Google 公司开源的验证码生成工具 Kaptcha 为例来演示如何生成文本验证码。

首先，在项目中添加 Kaptcha 依赖包。因为我们使用 Maven 构建工程，所以需要添加 Maven 依赖包：

```
<dependency>
    <groupId>com.github.penggle</groupId>
    <artifactId>kaptcha</artifactId>
    <version>2.3.2</version>
</dependency>
```

接下来，需要注意的是，Kaptcha 提供了很多可配置属性。通过配置这些属性，我们可以指定验证码的图片大小、支持的字符集以及噪声干扰程度等。表 3-1 列举了 Kaptcha 支持的一些配置属性及其作用。

表 3-1　Kaptcha 主要配置属性

属性名称	属性作用
kaptcha.textproducer.char.string	生成验证码的字符集合，默认为 abcde2345678gfynmnpwx
kaptcha.textproducer.char.length	设置验证码长度，默认是 5
kaptcha.noise.impl	设置验证码噪声干扰实现类，默认是 com.google.code.kaptcha.impl.DefaultN
kaptcha.noise.color	设置验证码噪声干扰颜色，默认值为 black
kaptcha.image.width	设置验证码图片宽度，默认值是 200
kaptcha.image.height	设置验证码图片高度，默认值是 50

接下来，我们来看具体的代码实现及其效果。

```
// 创建 Kaptcha 实例
DefaultKaptcha kaptcha = new DefaultKaptcha();
// 创建 Kaptcha 配置
Properties properties = new Properties();
// 设置验证码字符范围
properties.setProperty("kaptcha.textproducer.char.string", "0123456789");
Config config = new Config(properties);
kaptcha.setConfig(config);
// 生成验证码文本
String text = kaptcha.createText();
// 创建验证码图片
BufferedImage image = kaptcha.createImage(text);
// 保存验证码图片
ImageIO.write(image, "png", new File("captcha.png"));
```

上述代码成功运行之后，我们就会得到一幅验证码图片，具体效果如图 3-5 所示。

图 3-5　文本验证码生成样例

3.3.2　滑块验证码的生成

近几年，以滑块验证码为代表的行为式验证码被越来越多的平台采用，不仅提高了机器破解的难度，还提升了用户体验。滑块验证码的工作原理和流程如下：

步骤 01　生成验证码图片。

（1）从服务器随机选择一幅背景图片和滑块模板图片，随机生成滑块所在的 x、y 坐标。

（2）使用选定的背景图片和滑块模板图片生成两幅新的图片。

● 滑块图片：只包含被抠出的区域图像的图片。

● 新的背景图片：包含标记抠图区域的背景图片。

步骤02 保存校验信息并发送滑块验证码给客户端。

（1）将滑块在背景图片的坐标信息与 session_id 进行绑定并存储。

（2）将包含两幅图片和 session_id 的数据返回给客户端。

步骤03 记录用户对滑块验证码的操作行为。

（1）用户在客户端进行滑块验证时，记录用户的操作轨迹和最终滑动位置坐标。

（2）客户端将滑动位置坐标、操作轨迹等行为数据和 session_id 发送到服务器端进行验证。

步骤04 服务器端验证用户提交的行为数据。

（1）服务器端根据接收到的 session_id 从存储中检索出相应的滑块验证码校验信息，然后将用户提交的行为数据与预先存储的校验信息进行对比，并根据预定义的阈值判断验证是否通过。

（2）（可选操作）服务器端在检查用户提交的行为数据时可能会添加反作弊检查，例如滑块拖动轨迹是否合理、滑块移动速度是否合理等。

在开始编写实现代码之前，我们还需要了解有关图片 RGBA 颜色模型的基础知识。相较于 RGB 颜色模型，RGBA 颜色模型多了 Alpha 通道，Alpha 通道表示像素的透明度，其取值范围通常为 0（完全透明）~255（完全不透明）。无论是在滑块验证码的生成还是识别过程中，都会使用到 RGBA 中的 Alpha 通道。

现在，正式开始编写滑块验证码生成的示例代码。本次实验的示例代码只会生成滑块验证码的背景图片和滑块图片，不会涉及滑块验证码的验证逻辑。

```
// 1. 从服务器随机选择一幅背景图片和一幅滑块模板图片，并且生成抠图区域的 x、y 坐标
BufferedImage originalImage = ImageIO.read(selectedImage);
BufferedImage sliderTemplateImage = ImageIO.read(selectedSlider);
Random random = new Random();
// 随机生成的 x 坐标
int x = random.nextInt(originalImage.getWidth() - sliderTemplateImage.getWidth());
int y = random.nextInt(originalImage.getHeight() - sliderTemplateImage.getHeight());
// 随机生成的 y 坐标
// 2. 使用选定的图片和抠图区域，生成两幅图像
// 2.1 滑块图片
BufferedImage sliderImage = new BufferedImage(sliderTemplateImage.getWidth(),
sliderTemplateImage.getHeight(), BufferedImage.TYPE_INT_ARGB);
    for(int i = 0; i < sliderTemplateImage.getWidth(); i++) {
        for(int j = 0; j < sliderTemplateImage.getHeight(); j++) {
            int rgb = sliderTemplateImage.getRGB(i, j);
            // 如果滑块模板图片的像素点 Alpha 通道值大于 100，就使用原始图片的像素点，否则使用滑块模板
            // 图片的像素点
            if((rgb & 0xFF000000) >>> 24 > 100) {
```

```
                    sliderImage.setRGB(i, j, originalImage.getRGB(x + i, y + j));
                } else {
                    sliderImage.setRGB(i, j, rgb);
                }
            }
        }
    // 2.2 去掉滑块图片的背景图片
    Graphics2D g2d = originalImage.createGraphics();
    g2d.drawImage(sliderTemplateImage, x, y, sliderTemplateImage.getWidth(),
sliderTemplateImage.getHeight(),null);
    g2d.dispose();
    // 3. 保存两幅图像
    ImageIO.write(originalImage, "png", new File("shadow.png"));
    ImageIO.write(sliderImage, "png", new File("cutout.png"));
```

上述代码成功执行后，就会生成滑块验证码的两幅图片，分别是背景图片和滑块图片，效果如图 3-6 和图 3-7 所示。

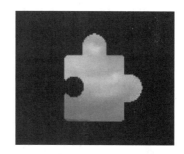

图 3-6　滑块验证码背景图片　　　　　　图 3-7　滑块验证码滑块图片

3.3.3　点选验证码的生成

点选验证码（Click-based CAPTCHA）是一种常见的验证码形式，其目的是通过用户的点击行为来验证其身份。对于自动化程序来讲，点选验证码的识别复杂性要高于文本验证码和滑块验证码。因为相对于文本验证码和滑块验证码，自动化程序通常更难理解人类在点选验证码上的点击行为。点选验证码一般分为文字点选验证码和图标点选验证码。相关验证码的展示效果如图 3-8 所示。

图 3-8　点选验证码示例图

接下来介绍文字点选验证码的生成流程和实现思路。文本点选验证码的具体工作流程如下：

（1）从图库中随机选择一幅图片作为点选验证码的背景图片。

（2）从字库或词库中随机选择指定数量的文字。

（3）为每个文字随机生成在背景图片上的坐标位置。

（4）随机选择字体颜色和样式。

（5）在背景图片上绘制文字。

（6）记录文字的顺序和坐标位置并与 session_id 进行绑定，用于后续验证用户点击行为的正确性。

（7）将写入文字的背景图片发送给客户端。

（8）用户按照要求点击图片中的文字。

（9）客户端将用户的点击行为数据发送给服务器端。

（10）服务器端验证用户点击行为的正确性。

根据上述流程，用于生成文字点选验证码实现代码如下（仅包含文字点选验证码的图片部分，不包含其他处理逻辑）：

```java
int NUM_TEXTS = 4;
File backgroundFile = new File("$IMAGE_PATH/backgound_image.jpeg");
BufferedImage backgroundImage = ImageIO.read(backgroundFile);
String[] texts = {"爬","虫","系","统"};
Graphics2D graphics = backgroundImage.createGraphics();
int areaWidth = backgroundImage.getWidth() / 4;
for (int i = 0; i < NUM_TEXTS; i++) {
    String text = texts[i];
    int x = areaWidth * i + random.nextInt(areaWidth);
    int y = random.nextInt(backgroundImage.getHeight() - 20) + 10;
    Color color = new Color(random.nextInt(256), random.nextInt(256),
random.nextInt(256));
    Font font = new Font("Arial", Font.BOLD, 36 + random.nextInt(10));
    graphics.setColor(color);
    graphics.setFont(font);
    graphics.drawString(text, x, y);
}
ImageIO.write(backgroundImage, "jpeg", new File("click_captcha.jpeg"));
```

上述代码成功执行之后，我们会看到对应的点选验证码图片，如图 3-9 所示。

图 3-9   点选验证码背景图片

3.4　CAPTCHA 验证码识别

在了解了各种类型验证码的生成流程后，我们开始探讨如何对验证码进行识别操作。本节将分别介绍文本验证码、滑块验证码和点选验证码的识别方法。

3.4.1　文本验证码识别方案 1

文本验证码有着"悠久"的使用历史，针对这种类型验证码的研究也相当丰富。虽然不同研究者或机构在识别模型的实现方法不尽相同，但总体上可分为两大类。其中一种方法包括预处理、文本字符切割、单字符识别等步骤来处理，它的基本处理步骤如图 3-10 所示。

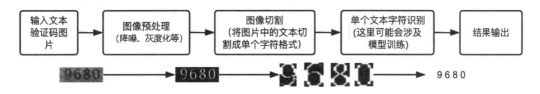

图 3-10　文本验证码识别步骤

接下来，我们将逐一介绍各个处理步骤中的主要技术。首先，我们来看图像预处理技术。图像预处理技术有很多种，下面简单列举一些常用的技术和相关示例代码。在这些示例代码中，我们使用图像处理库 OpenCV 进行处理。

1. 灰度化处理

灰度化处理是将彩色图像转换为灰度图像的过程，通常是图片预处理的第一步。在灰度图像中，每个像素仅表示亮度信息，而不包含颜色信息。彩色图像通常由红色（R）、绿色（G）、蓝色（B）三个颜色通道组成。灰度化处理就是将这三个通道的信息综合，转换成单一的灰度值。常用的灰度化方法说明如下：

（1）加权平均法（Luminosity Method）：这是最常用的一种灰度化方法，根据人眼对不同颜色的敏感度给予不同的权重，公式为：$Gray = 0.299*R + 0.587*G + 0.114*B$。

（2）平均法（Average Method）：简单地取三个颜色通道的平均值作为灰度值，公式为：$Gray = (R + G + B) / 3$。

（3）最大值法（Max Method）：取三个颜色通道中的最大值作为灰度值，公式为：$Gray = max(R, G, B)$。

借助 OpenCV 库，我们可以轻松实现验证码图片的灰度化处理，相关示例代码如下：

```
Mat image = Imgcodecs.imread("文本验证码.jpeg");
Mat grayImage = new Mat();
Imgproc.cvtColor(image, grayImage, Imgproc.COLOR_BGR2GRAY);
Imgcodecs.imwrite("gray.jpeg", grayImage);
```

2. 二值化处理

图像二值化处理是图像预处理中的一种基本技术，它将图像中的像素值转换为 0 或 255，从而将彩色图像转换为仅包含黑白两种颜色的图像。这种处理方法适用于去除图像的背景噪声、分离前景和背景，以及在图像分析（如文字识别、边缘检测）前进行的预处理步骤。

二值化处理的基本原理是选取一个阈值（Threshold），然后将图像中的每个像素与这个阈值进行比较。如果像素值大于阈值，该像素点就被设置为一个值（通常是 255，表示白色）；如果像素值小于或等于阈值，则被设置为另一个值（通常是 0，表示黑色）。通过这种方式，原始图像被转换成一个二值图像。

在二值化处理过程中，选择合适的阈值至关重要。下面介绍一些常用的阈值选择方法和技巧：

（1）全局阈值法：选择一个全局阈值对整个图像进行二值化。该全局阈值可以通过反复试验获得，也可以通过目标像素与背景像素的比较差异来获得。在比较像素差异时可以考虑使用大律法。

（2）自适应阈值法：对于每个像素，阈值是根据像素周围小区域的值动态计算的。

以下是使用 OpenCV 库实现图像灰度化和二值化处理的示例代码：

```
Mat image = Imgcodecs.imread("文本验证码.jpeg");
// 灰度化处理
Mat grayImage = new Mat();
Imgproc.cvtColor(image, grayImage, Imgproc.COLOR_BGR2GRAY);
// 二值化处理
Mat binary = new Mat();
Imgproc.threshold(grayImage, binary, 0, 255, Imgproc.THRESH_BINARY_INV +
Imgproc.THRESH_OTSU);
    Imgcodecs.imwrite("binary.jpeg", binary);
```

针对图片的预处理技术还有很多，例如使用高斯模糊图像处理技术可以使图像变得更加平滑，从而减少图像中的噪声。感兴趣的读者可以自行深入调研，这里不再一一列举。

3. 字符切割算法

介绍完图像预处理技术后，接下来介绍如何对文本验证码中的字符进行切割。因为现有的图像识别技术在识别单个字符时具有较高的准确率，所以很多解决方案倾向于将整体文本切割成单个字符后再进行识别。基于这一点，字符切割算法的准确性变得尤为重要。

一种常见的切割算法是垂直投影技术，其主要思想是对二值化后的图像在垂直方向上进行投影，统计每一列的像素值之和。字符区域的列像素值之和通常比非字符区域（即背景）要高。通过分析垂直投影的结果，可以找到字符之间的间隙，这些间隙通常表现为连续的列，其像素值之和接近 0。这些低值区域的边界即为字符的切割点。

另一种常见的切割算法是连通域分析法。连通域分析是一种基于图像区域的方法，它可以识别图像中相互连接的像素块。在二值化处理后的图像中，可以通过寻找连通的前景像素来识别单个字符。

以下是使用 OpenCV 库基于垂直投影算法对文本验证码字符进行切割的示例代码：

```
Mat image = Imgcodecs.imread("文本验证码.jpeg");
// 灰度化处理
Mat grayImage = new Mat();
Imgproc.cvtColor(image, grayImage, Imgproc.COLOR_BGR2GRAY);
// 二值化处理
```

```
    Mat binary = new Mat();
    Imgproc.threshold(grayImage, binary, 0, 255, Imgproc.THRESH_BINARY_INV +
Imgproc.THRESH_OTSU);
    Imgcodecs.imwrite("binary.jpeg", binary);
    // 垂直投影
    Mat verticalProjection = new Mat();
    // Core.reduce 方法用于在矩阵的某个维度上进行降维操作
    Core.reduce(binary, verticalProjection, 0, Core.REDUCE_SUM, CvType.CV_32S);
    // 找到字符分割线
    List<Integer> cutPoints = new ArrayList<>();
    boolean inCharacter = false;
    for (int i = 0; i < verticalProjection.cols(); i++) {
        double[] val = verticalProjection.get(0, i);
        if (val[0] > 0) {
            if (!inCharacter) {
                cutPoints.add(i);
                inCharacter = true;
            }
        } else {
            if (inCharacter) {
                cutPoints.add(i);
                inCharacter = false;
            }
        }
    }
    // 根据分割线切割字符
    for (int i = 0; i < cutPoints.size() - 1; i = i + 2) {
        int start = cutPoints.get(i);
        int end = cutPoints.get(i + 1);
        Mat character = new Mat(binary, new Range(0, binary.rows()), new Range(start, end));
        Imgcodecs.imwrite("char_" + i + ".jpg", character);
    }
```

成功执行上面的代码之后，可以得到切割后的单个字符文件列表。

4. 字符识别

现在，我们进入文本验证码识别的最后一个步骤——单体字符的识别。要对前面切割出来的单个字符进行识别，通常需要使用机器学习模型。一般的处理过程如下：

（1）准备训练数据：收集或生成大量的字符图像，并为每个图像标注正确的字符。这些图像应覆盖你想要识别的所有字符。

（2）训练模型：使用或创建一个适合的机器学习模型来识别图像中的字符。

（3）应用模型进行字符识别：将切割出的字符图像输入训练好的模型中，模型将输出每个图像最可能对应的字符。

现在，我们将简单演示如何训练一个字符识别模型，并最终将它应用到我们的 Java 爬虫程序中。

首先，需要准备训练数据。真实场景中的相关训练数据可以通过多次访问目标网站的验证码生成的 API 获得。将准备好的训练数据放置到标准的目录结构下，相关目录结构如下：

```
- training_data/
  - class1/
    - image1.jpg
    - image2.jpg
    - ...
  - class2/
    - image1.jpg
    - image2.jpg
    - ...
  - class3/
    - image1.jpg
    - image2.jpg
    - ...
  - ...
```

接下来，搭建模型训练环境。因为大部分模型训练框架都是基于 Python 语言环境的，所以这里也将使用基于 Python 环境的 TensorFlow 框架来训练模型。

安装和配置 Python 语言开发环境的方式有多种。笔者推荐使用 Anaconda 工具来配置和管理 Python 语言开发环境。Anaconda 是一个用于数据科学、机器学习和科学计算的开源包管理工具。Anaconda 提供了强大的包管理系统，包含超过 1500 个常用的数据科学和机器学习包，用户可以轻松地安装、更新和管理这些包。笔者认为，Anaconda 工具最吸引人的功能是允许用户创建多个独立的 Python 环境，每个环境可以拥有不同的 Python 版本和安装包，从而在不同项目中使用不同的环境，避免包冲突问题。

因为本次实验的主要目的是演示字符识别模型的训练过程，所以选择了 MobileNet 这个轻量级的卷积神经网络模型。MobileNet 专为移动和边缘设备上的应用而设计，以实现高效的图像分类和相关视觉任务。MobileNet 的核心是使用深度可分离卷积（Depthwise Separable Convolution），这种方法可以显著减少模型的大小和计算复杂度，同时保持较高的性能。

相关的模型训练示例代码如下：

```python
from tensorflow.keras.applications import MobileNet
from tensorflow.keras.models import Model
from tensorflow.keras.layers import Dense, GlobalAveragePooling2D
from tensorflow.keras.optimizers import Adam
from tensorflow.keras.preprocessing.image import ImageDataGenerator
# 加载在 ImageNet 数据集上预训练的 MobileNet 模型，设置 include_top=False 表示不包含顶部的全连
接层，因为我们将要添加自定义输出层
base_model = MobileNet(weights='imagenet', include_top=False)
# 添加自定义输出层，包括全局平均池化层、全连接层和 softmax 层
x = base_model.output
x = GlobalAveragePooling2D()(x)
x = Dense(1024, activation='relu')(x)
predictions = Dense(10, activation='softmax')(x)
# 构建最终模型
model = Model(inputs=base_model.input, outputs=predictions)
# 冻结预训练模型的所有层，只训练自定义的输出层，保持预训练模型的参数不变和模型的泛化能力
for layer in base_model.layers:
    layer.trainable = False
```

```
# 编译模型，配置模型训练过程中使用的优化器和参数
model.compile(optimizer=Adam(), loss='categorical_crossentropy',
metrics=['accuracy'])
# 使用 ImageDataGenerator 创建图像数据生成器，该生成器会对图像数据进行增强处理和归一化处理等
train_datagen = ImageDataGenerator(rescale=1./255, rotation_range=20,
width_shift_range=0.2, height_shift_range=0.2, shear_range=0.2, zoom_range=0.2,
horizontal_flip=True)
# 使用新创建的图像数据生成器加载训练数据集
train_generator = train_datagen.flow_from_directory('$traindata_path/training_data',
target_size=(224, 224), batch_size=32, class_mode='categorical')
# 对模型进行训练，迭代训练 20 轮
model.fit(train_generator, epochs=20)
# 保存训练好的模型
model.save('single_char_model.h5')
```

成功执行上述代码后，将得到一个训练好的模型。随机输入一幅切割好的单字符图片，该模型可以给出相应的识别结果。利用该模型进行预测的示例代码如下：

```
import tensorflow as tf
from PIL import Image
import numpy as np
model = tf.keras.models.load_model('single_char_model.h5')
def load_and_prepare_image(image_path):
    img = Image.open(image_path)
    img = img.resize((224, 224))
    # 确保图像为三通道，如果原图是灰度图，将它转换为 RGB 图
    if img.mode != 'RGB':
        img = img.convert('RGB')
    img = np.array(img) / 255.0  # 归一化
    img = np.expand_dims(img, axis=0)  # 添加批次维度
    return img
# 对图像进行分类预测
def predict_image_class(image_path, model):
    image = load_and_prepare_image(image_path)
    prediction = model.predict(image)
    predicted_class_index = np.argmax(prediction)
    return predicted_class_index
predicted_class_index = predict_image_class('single_char.jpg', model)
print(predicted_class_index)
```

如果我们希望在 Java 爬虫程序中使用训练好的神经网络模型，可以借助一些 Java 支持的机器学习算法库来实现，例如 Deeplearning4j。Deeplearning4j 是一个用于在 Java 开发环境下构建、训练和部署深度学习模型的开源库。通过 Deeplearning4j 中的 KerasModelImport 模块，我们可以将在 Keras 中训练或保存的模型加载到 Deeplearning4j 中，从而实现在 Deeplearning4j 环境中部署和使用已经训练好的 Keras 模型。以下是使用 Keras 训练模型识别单字符图片内容的 Java 示例代码：

```
// 加载 Keras 模型
String modelPath = "single_char_model.h5";
ComputationGraph model = KerasModelImport.importKerasModelAndWeights(modelPath);
System.out.println(model.summary());
```

```
// 读取和预处理图像数据
NativeImageLoader loader = new NativeImageLoader(224, 224, 3);
String imageFilePath = "single_char.jpg";
INDArray imageArray = loader.asMatrix(new File(imageFilePath));
imageArray.divi(255.0);
//NOTE: 可能需要对数据格式进行转换
imageArray = imageArray.reshape(1, 224, 224, 3);
// 对图像进行分类预测
INDArray output = model.outputSingle(imageArray);
int predictedClassIndex = output.argMax(1).getInt(0);
System.out.println("Predicted class index: " + predictedClassIndex);
```

3.4.2　文本验证码识别方案 2

随着验证码技术的不断发展，字符扭曲和粘连使得字符之间的距离变为零甚至是负数。这种字符样式的变化使得字符的切割操作变得越来越困难和烦琐。与此同时，复杂的干扰线也变得越来越难以去除。在这种情况下，研究人员越来越倾向于借助强大的机器学习模型进行端到端训练，即直接进行从原始图像到最终字符序列的训练过程，避免了烦琐的预处理和字符分割步骤。

接下来演示如何训练 AOCR（Attention based OCR，基于注意力机制的光学字符识别）模型来识别文本验证码。该模型结合了卷积神经网络（Convolutional Neural Network，CNN）和循环神经网络（Recurrent Neural Network，RNN）以及注意力机制（Attention Mechanism），以处理图像中的文本识别任务。AOCR 模型的基本处理架构如图 3-11 所示。

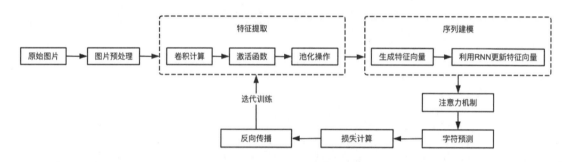

图 3-11　AOCR 模型的处理架构

图 3-11 所示的 AOCR 模型处理架构中包含一些机器学习领域常用的术语，下面对这些术语进行简要解释。

卷积计算是机器学习领域常用的一种数学运算，通常用于从图像数据中提取特征。如果将一幅图像中的数据转换成一维向量输入到神经网络模型中，那么图像数据中的空间信息将会丢失。通过卷积计算提取图像中的特征则可以避免这个问题。

卷积计算过程主要涉及三个核心概念。

● 卷积核：一个小型矩阵，用于从输入数据中提取特征。卷积核的大小、形状和数值决定了它可以捕捉的特征类型。

● 滑动步长：卷积核在输入数据上滑动，每次移动一定的步长，每次滑动之后，卷积核与其覆盖的输入数据部分对应元素相乘，并将结果相加，得到卷积的输出值。

- 特征图：卷积计算之后输出的矩阵。将卷积核与输入数据的每个覆盖区域进行元素乘积后，再求和，得到的单个数值构成了输出的特征图中的一个元素。

卷积计算的基本过程如图 3-12 所示。

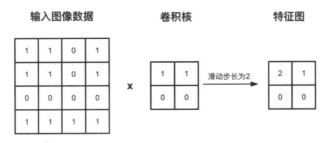

图 3-12　卷积计算过程示意图

激活函数在神经网络模型中发挥着重要作用。激活函数可以对输入信息进行非线性变换，并将非线性变换后的信息传递给神经网络模型的下一层。如果不使用激活函数，神经网络模型中的每一层输出都是上一层输入的线性函数，无论神经网络有多少层，最终的输出都是输入的线性组合。线性函数在很多情况下都无法真实、准确地反映出现实世界中数据的变化，因为现实世界中的数据变化通常是非线性的。因此，在神经网络模型中引入激活函数可以显著提升模型对数据的学习和理解能力。

池化操作是卷积神经网络模型中常用的一种降维技术。池化操作可以对卷积计算后生成的特征图进行下采样（即降低数据维度），同时保留数据的显著特征。合理使用池化操作不仅可以有效提取图像的显著特征，还可以显著降低计算资源的消耗。

注意力机制（Attention Mechanism）在深度学习领域是一种重要技术，它模仿了人类的注意力原理，允许模型在处理信息时聚焦于最重要的部分。这种机制在自然语言处理（Natural Language Processing，NLP）、图像识别、语音识别等多个领域都有广泛的应用。

感兴趣的读者可以通过以下 GitHub 仓库链接阅读该模型的具体实现细节：https://github.com/emedvedev/attention-ocr。

现在，我们来看 AOCR 模型的具体训练步骤。

步骤 01　安装 AOCR 模块。执行以下命令：

```
pip install aocr
```

步骤 02　准备验证码数据集。

利用 3.2.1 节的验证码生成代码，我们可以生成验证码图片数据集合，并将它整理成 AOCR 模型训练所需的数据格式。

示例代码如下：

```
DefaultKaptcha kaptcha = new DefaultKaptcha();
Properties properties = new Properties();
properties.setProperty("kaptcha.textproducer.char.string", "0123456789");
Config config = new Config(properties);
kaptcha.setConfig(config);
```

```
// 生成并存储验证码训练集图片和标签
File trainLabels = new File("trainLabels.txt");
FileWriter trainLabelsWriter = new FileWriter(trainLabels);
for(int i = 0; i < 1000; i++) {
    String text = kaptcha.createText();
    BufferedImage image = kaptcha.createImage(text);
    String fileName = "trainData/" + i + ".png";
    ImageIO.write(image, "png", new File(fileName));
    trainLabelsWriter.write(fileName + " " + text + "\n");
}
trainLabelsWriter.close();
// 生成并存储验证码测试集图片和标签
File testLabels = new File("testLabels.txt");
FileWriter testLabelsWriter = new FileWriter(testLabels);
for(int i = 0; i < 200; i++) {
    String text = kaptcha.createText();
    BufferedImage image = kaptcha.createImage(text);
    String fileName = "testData/" + i + ".png";
    ImageIO.write(image, "png", new File(fileName));
    testLabelsWriter.write(fileName + " " + text + "\n");
}
testLabelsWriter.close();
```

成功执行上述代码后，我们将得到包含 1000 幅验证码图片的训练集（trainData 目录）和包含 200 幅验证码图片的测试集（testData 目录），以及 AOCR 模型训练所需的标签注解文件 trainLabels.txt 和 testLabels.txt。

接下来，我们需要将标签注解文件转换成 TFRecords 格式的文件，执行命令如下：

```
aocr dataset trainLabels.txt trainLabel.tfrecords
aocr dataset testLabels.txt testLabel.tfrecords
```

步骤 03　模型训练。执行以下命令：

```
aocr train trainLabel.tfrecords --max-width=220 --max-height=70
```

上述命令执行完毕后，训练好的模型数据将保存到 checkpoints 目录下。

接下来，执行命令 **aocr test testLabel.tfrecords --max-width=220 --max-height=70** 来测试模型对验证码的识别效果。实际测试结果通常会非常好，具体结果如图 3-13 所示。

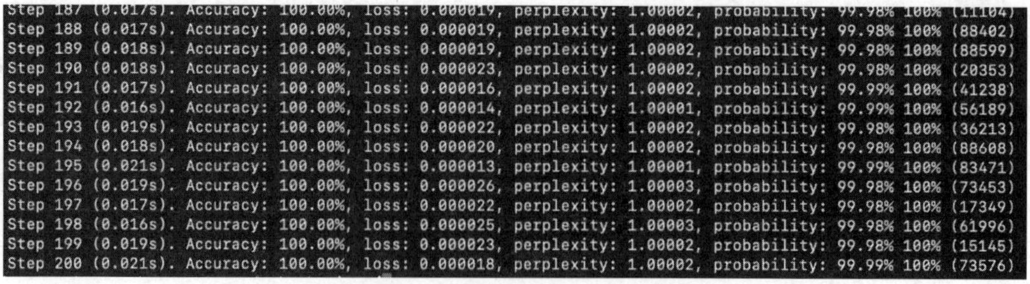

```
Step 187 (0.017s). Accuracy: 100.00%, loss: 0.000019, perplexity: 1.00002, probability: 99.98% 100% (11104)
Step 188 (0.017s). Accuracy: 100.00%, loss: 0.000019, perplexity: 1.00002, probability: 99.98% 100% (88402)
Step 189 (0.018s). Accuracy: 100.00%, loss: 0.000019, perplexity: 1.00002, probability: 99.98% 100% (88599)
Step 190 (0.018s). Accuracy: 100.00%, loss: 0.000023, perplexity: 1.00002, probability: 99.98% 100% (20353)
Step 191 (0.017s). Accuracy: 100.00%, loss: 0.000016, perplexity: 1.00002, probability: 99.99% 100% (41238)
Step 192 (0.016s). Accuracy: 100.00%, loss: 0.000014, perplexity: 1.00001, probability: 99.99% 100% (56189)
Step 193 (0.019s). Accuracy: 100.00%, loss: 0.000022, perplexity: 1.00002, probability: 99.98% 100% (36213)
Step 194 (0.018s). Accuracy: 100.00%, loss: 0.000020, perplexity: 1.00002, probability: 99.98% 100% (88608)
Step 195 (0.021s). Accuracy: 100.00%, loss: 0.000013, perplexity: 1.00001, probability: 99.99% 100% (83471)
Step 196 (0.019s). Accuracy: 100.00%, loss: 0.000026, perplexity: 1.00003, probability: 99.98% 100% (73453)
Step 197 (0.017s). Accuracy: 100.00%, loss: 0.000022, perplexity: 1.00002, probability: 99.98% 100% (17349)
Step 198 (0.016s). Accuracy: 100.00%, loss: 0.000025, perplexity: 1.00003, probability: 99.98% 100% (61996)
Step 199 (0.019s). Accuracy: 100.00%, loss: 0.000023, perplexity: 1.00002, probability: 99.98% 100% (15145)
Step 200 (0.021s). Accuracy: 100.00%, loss: 0.000018, perplexity: 1.00002, probability: 99.99% 100% (73576)
```

图 3-13　AOCR 模型测试结果

步骤 **04**　模型导出与部署。

模型训练成功后，最终需要将模型部署到线上以提供服务。在将模型部署到线上之前，需要将 Checkpoint 格式的模型转换成 SavedModel 格式的模型。执行命令 aocr export aocr_model 之后，将生成一个 aocr_model 目录，该目录中包含 saved_model.pb 文件和 variables 文件夹。aocor_model 文件夹就是以 SavedModel 格式保存的模型。

接下来，我们尝试将该模型部署到 Java 爬虫程序中（当然，也可以使用 TensorFlow Serving 等专用的机器学习模型服务系统，爬虫程序可以通过请求 TensorFlow Serving 提供的接口服务来使用模型）。

如果我们希望将之前训练好的模型部署到爬虫程序中，需要先在 Java 爬虫程序工程中添加 Java TensorFlow API 的依赖包。

```
<dependency>
    <groupId>org.tensorflow</groupId>
    <artifactId>tensorflow</artifactId>
    <version>${tensorflow.version}</version>
</dependency>
```

接下来，我们需要查看相关模型的签名信息以及输入输出信息等。执行 saved_model_cli show 命令后，可以看到模型的具体信息，如图 3-14 所示。

```
MetaGraphDef with tag-set: 'serve' contains the following SignatureDefs:

signature_def['serving_default']:
  The given SavedModel SignatureDef contains the following input(s):
    inputs['input'] tensor_info:
        dtype: DT_STRING
        shape: unknown_rank
        name: input_image_as_bytes:0
  The given SavedModel SignatureDef contains the following output(s):
    outputs['output'] tensor_info:
        dtype: DT_STRING
        shape: unknown_rank
        name: prediction:0
    outputs['probability'] tensor_info:
        dtype: DT_DOUBLE
        shape: unknown_rank
        name: probability:0
  Method name is: tensorflow/serving/predict
```

图 3-14　AOCR 模型的签名信息

根据上面的模型信息，我们可以将模型部署到 Java 爬虫程序中。相关示例代码如下：

```java
String imagePath = "testData/0.png";
byte[] imageBytes = Files.readAllBytes(Paths.get(imagePath));
SavedModelBundle tensorflowModelBundle = SavedModelBundle.load("aocr_model", "serve");
Session session = tensorflowModelBundle.session();
Tensor inputTensor = Tensor.create(imageBytes);
List<Tensor<?>> output = session.runner().feed("input_image_as_bytes:0", inputTensor)
        .fetch("prediction:0")
        .fetch("probability:0")
        .run();
System.out.println("Output prediction: " + new String(output.get(0).bytesValue()));
```

```
System.out.println("Output probability: " + output.get(1).doubleValue());
```

3.4.3 滑块验证码的识别

滑块验证码是近些年来新出现的一种验证码形式。相较于传统的文本验证码，滑块验证码提供了更好的用户体验和安全性。然而，随着机器学习算法和计算机视觉技术的发展，滑块验证码的自动化识别技术也越来越完善。滑块验证码的识别过程主要解决了两个关键问题：

（1）定位滑块验证码中背景图片上的缺口位置。

（2）模拟滑动交互操作，将滑块移动到背景图的缺口位置。

首先，我们来解决第一个问题。通过使用计算机视觉技术中的图像边缘检测技术和模板匹配技术，可以有效地定位滑块验证码背景图片上的滑块缺口位置。

1. 图像边缘检测技术

图像边缘检测技术的目的是识别图像中亮度变化显著的点。这些点通常对应物体的边界、轮廓或其他重要的图像特征。图像边缘检测技术能够突出图像中的结构信息，即物体的轮廓或边界。这些轮廓和边界是物体识别和分类中的重要特征。通过仅关注边缘，可以简化图像内容，使后续的图像处理更加集中于图像的关键结构。此外，经过边缘检测处理后的图像通常只包含边缘信息，大量非边缘区域被简化为背景。这种简化操作减少了图像的数据量，从而降低了后续处理的计算复杂度。

对图片进行边缘检测的处理效果如图 3-15 所示。

边缘检测处理

图 3-15   图片边缘检测技术应用效果

2. 模板匹配技术

图像模板匹配技术是一种在计算机视觉领域常用的图像处理技术。它的基本思路是在较大图像中寻找与给定模板图像最匹配的部分。具体实现时，模板图像在背景图像（或称为源图像）上滑动，通过计算模板图像与它覆盖区域的相似度来识别特定的图像区域。相似度通过使用相关性或差异度来衡量。

在理解了相关技术实现的原理后，我们来看如何具体实现识别滑块缺口在背景图片上位置的代码。

```
String bgImagePath = "background.png";
String sliderImagePath = "slider.png";
// 图片灰度化处理
Mat bgImg = Imgcodecs.imread(bgImagePath, Imgcodecs.IMREAD_GRAYSCALE);
Mat sliderImg = Imgcodecs.imread(sliderImagePath, Imgcodecs.IMREAD_GRAYSCALE);
Mat bgImgEdge = new Mat();
Mat sliderImgEdge = new Mat();
```

```
// 使用边缘检测增强图像特征
Imgproc.Canny(bgImg, bgImgEdge, 50, 150);
Imgproc.Canny(sliderImg, sliderImgEdge, 50, 150);
// 使用模板匹配寻找最佳匹配位置
Mat result = new Mat();
Imgproc.matchTemplate(bgImgEdge, sliderImgEdge, result, Imgproc.TM_CCOEFF_NORMED);
Core.MinMaxLocResult mmr = Core.minMaxLoc(result);
// 计算滑块的顶点位置
Point topLeft = mmr.maxLoc;
Point bottomRight = new Point(topLeft.x + sliderImg.cols(), topLeft.y +
sliderImg.rows());
// 返回滑块缺口的大致位置
System.out.println("缺口位置大致为: " + topLeft + "到" + bottomRight);
Imgproc.rectangle(bgImg, topLeft, bottomRight, new Scalar(255, 0, 0), 2);
HighGui.imshow("result", bgImg);
HighGui.waitKey();
```

成功执行上述代码后，我们将得到滑块缺口在背景图片上的大致位置。具体效果如图 3-16 所示。

图 3-16　滑块缺口定位效果图

解决滑块缺口定位问题后，下一步是确定如何将滑块移动到缺口的正确位置。相对于文本验证码，滑块验证码的验证逻辑不仅依赖于滑块缺口在背景图片中的坐标位置，更关注验证过程中的数据，也就是滑动轨迹。那么，我们如何向验证码服务器端提交正确的请求信息呢？通常有三种解决思路。

第一种思路是阅读网站的 JavaScript 文件源代码。通过分析 JavaScript 文件源代码，我们可以了解网站收集了哪些数据并提交给服务器端进行验证。但是，很多网站会对自己的 JavaScript 文件进行混淆加密处理，因此我们可能需要对 JavaScript 文件进行反混淆操作。这种解决方案的成本相对较高，周期也会更长。

第二种思路是捕获网站 JavaScript 文件发送给网站服务器端的验证请求，从而获取哪些数据被提交到服务器端进行验证操作。然而，如果网站使用 HTTPS 协议加密请求数据，我们仍然需要对 JavaScript 文件进行逆向分析，以获取请求数据的明文信息。

第三种思路是 UI 自动化。使用 Selenium 等自动化框架来模拟滑块的滑动操作，将滑块移动到合适的位置。这种方式相对于逆向处理 JavaScript 文件的成本要低很多。

接下来，我们将展示如何通过 Selenium 框架实现对滑块验证码的自动化处理操作。完整的代码如下：

```
String url = "https://www.somesite.com/login.jsp";
```

```java
    System.setProperty(ChromeDriverService.CHROME_DRIVER_EXE_PROPERTY,
"$chromedriver_path/chromedriver");
    ChromeOptions chromeOptions = new ChromeOptions();
    ChromeDriver chromeDriver = new ChromeDriver(chromeOptions);
    chromeDriver.get(url);
    /** 获取滑块验证码的背景图片和滑块图片 **/
    String base64BgImg =
"iVBORw0KGgoAAAANSUhEUgAAAWgA...1dN4Eq+BG3QF/wqoLpv8DW9Y4Aks33kAAAAAASUVORK5CYII=";
    String base64SliderImg =
"iVBORw0KGgoAAAANSUhEUgAAADw...AAAA8CAYAAAA6/NlyAAAG+0lEQVR42u2aS2xUVRjHWbAw";
    Mat bgMat = base64ToMat(base64BgImg);
    Mat sliderMat = base64ToMat(base64SliderImg);
    double distance = getDistance(bgMat, sliderMat);
    simulateSlide(chromeDriver, (int)distance);
    chromeDriver.quit();
    // 模拟滑动滑块，注意：直接进行滑动操作，没有模拟人类行为
    public static void simulateSlide(ChromeDriver chromeDriver, int distance) {
        WebElement sliderButton = chromeDriver.findElement(By.xpath(SLIDER_BUTTON_XPATH));
        Actions actions = new Actions(chromeDriver);
        actions.clickAndHold(sliderButton);
        actions.moveByOffset((int)distance, 0);
        actions.release();
        actions.perform();
    }
    // 获取滑块图片在背景图片上的缺口位置
    public static double getDistance(Mat bgMat, Mat sliderMat) {
        Mat bgGrayMat = new Mat();
        Mat sliderGrayMat = new Mat();
        Imgproc.cvtColor(bgMat, bgGrayMat, Imgproc.COLOR_BGR2GRAY);
        Imgproc.cvtColor(sliderMat, sliderGrayMat, Imgproc.COLOR_BGR2GRAY);
        // 使用边缘检测增强图像特征
        Mat bgImgEdge = new Mat();
        Mat sliderImgEdge = new Mat();
        Imgproc.Canny(bgGrayMat, bgImgEdge, 50, 150);
        Imgproc.Canny(sliderGrayMat, sliderImgEdge, 50, 150);
        // 使用模板匹配寻找最佳匹配位置
        Mat result = new Mat();
        Imgproc.matchTemplate(bgImgEdge, sliderImgEdge, result, Imgproc.TM_CCOEFF_NORMED);
        Core.MinMaxLocResult mmr = Core.minMaxLoc(result);
        // 计算滑块的顶点位置
        Point topLeft = mmr.maxLoc;
        return topLeft.x;
    }


    public static Mat base64ToMat(String base64Image) {
        byte[] decodedBytes = Base64.getDecoder().decode(base64Image);
        MatOfByte mob = new MatOfByte(decodedBytes);
        return Imgcodecs.imdecode(mob, Imgcodecs.IMREAD_COLOR);
    }
```

需要注意的是，上面的示例代码假设滑块图片默认出现在背景图片的最左侧位置。如果滑块图片的初始位置是随机的，还需要获取滑块图片的实际初始位置。

3.4.4　点选验证码的识别

本小节主要探讨如何自动化识别点选验证码。点选验证码要求用户根据提示在复杂背景图片上点击特定符号，它的主要形式如图 3-17 所示。

图 3-17　文字点选验证码示例

自动化识别点选验证码的过程主要解决两个关键问题：

（1）定位背景图像中所有可能的文字区域。

（2）识别文字区域中的文本信息。

在着手解决这两个关键问题之前，我们先做一个简短的实验说明。本小节的实验将使用自制的文字点选验证码，以便有效控制样本集的数量，并节省数据标注成本和模型训练成本。实验中的点选验证码只展示"网络爬虫"这四个汉字，但汉字的位置和颜色是随机的。虽然样本空间被简化和缩小了，但整体流程在真实场景中依然有效。

1. 数据标注

首先，我们来看如何解决第一个关键问题。要准确定位背景图像中的文字区域，我们必须借助自然场景下的目标检测算法。目前常用的目标检测算法包括 YOLO 算法和 EAST 算法等。无论使用哪种目标检测算法，首先都需要对算法模型进行训练，而训练算法模型的主要前置条件是标注数据。

目前比较流行的开源图像标注工具是 LabelImg。由于系统环境不同，LabelImg 的具体安装方式也会有所不同。读者可以参考官方文档：https://github.com/HumanSignal/labelImg。

现在，我们已经使用前面章节的点选验证码生成示例代码创建了 34 个验证码作为训练和验证样本，并且创建了 2 个验证码作为测试样本。图片创建好之后，可以使用 LabelImg 工具对图像上的文字区域进行标注。LabelImg 工具的操作界面如图 3-18 所示。

图 3-18　LabelImg 工具的操作界面

数据标注完成后，我们会在标注数据的存储目录中看到与被标注图像同名的 TXT 文件，其中包含标注的矩形框类别和坐标等信息。因为我们选择的是 YOLO 模型格式，所以被标注图像的 TXT 文件的内容格式为：<class_id> <center_x> <center_y> <width> <height>，其中<class_id>是目标类别的索引，<center_x>和<center_y>是目标中心点在图像中的相对坐标，<width>和<height>是目标边界框的宽度和高度。这些坐标和尺寸都被归一化到[0,1]范围内。具体示例如图 3-19 所示。

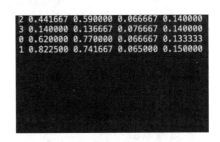

图 3-19　标注数据存储格式

同时，我们还会看到一个 classes.txt 文件，该文件中的每行是一个标注类别。

2. 模型训练

数据标注完毕后，首先尝试训练 YOLO 算法模型来完成目标检测定位的任务。YOLO（You Only Look Once）是目前非常流行的一种目标检测算法。自 2015 年首次被提出后，该算法一直在不断改进和完善。接下来，我们将训练 YOLOv5 算法模型，看看其在图像目标检测任务中的效果。

首先，我们需要配置 YOLOv5 模型训练所需的环境。安装 YOLOv5 并执行如下命令：

```
git clone https://github.com/ultralytics/yolov5.git
cd yolov5
pip install -r requirements.txt
```

配置好 YOLOv5 模型训练所需的环境之后，我们需要将之前标注的数据按照要求放置到相应的目录结构下，基本的目录结构如下：

```
/parent_folder
    /dataset
        /images
            /train
            /val
        /labels
```

```
        /train
        /val
```

images 目录下放置的是图片列表，labels 目录下放置的是标注文件列表。在我们的实验中，共选择了 34 幅图片，其中 30 幅放置到 images/train/ 目录下，对应的标注信息放置到 labels/train/ 目录下。剩下的 4 幅图片作为验证集数据，放置到相应的目录下。

然后，通过 YOLOv5 项目的 release 页面（https://github.com/ultralytics/yolov5/releases）下载预训练模型。在我们的实验中，选择了小型预训练模型 yolov5s.pt。

预训练模型是在大规模数据集上事先训练好的神经网络模型。这些模型通常通过使用大量的标记数据（例如图像、文本或音频数据）进行训练，以学习如何识别特定的模式、特征或关系。预训练模型能够捕捉通用的数据特征，并且具有在其他任务上进行微调的能力。

具体来说，预训练模型的训练通常分为以下两个阶段。

（1）预训练阶段：在大规模数据集上进行训练，例如在包含数百万幅图片的 ImageNet 数据集上进行训练，以识别图像中的物体。

（2）微调阶段：将预训练模型应用于特定的任务，并在相对较小的数据集上进行微调，以适应特定的数据和问题。

预训练模型的优势在于它们能够学习到通用的特征表示，因此在许多不同的任务上都表现良好。通过在特定任务上微调这些模型，可以加快模型收敛的速度，并且通常能够取得比从零开始训练模型更好的效果。

接下来，准备两个 YAML 文件。

第一个 YAML 文件指定了训练数据目录和验证数据目录的位置，以及模型预测类别的数量和名称。在我们的实验中，其内容如下：

```
train: yolov5/dataset/images/train     # 训练数据图片路径
val: yolov5/dataset/images/val          # 验证数据图片路径
nc: 4                                    # 类别数
names: ['pa', 'chong', 'wang', 'luo' ]  # 类别名称
```

第二个 YAML 文件是有关模型架构配置的 YAML 文件。在 yolov5/models/ 目录下已经放置了一些默认的模型架构配置文件。在我们的实验中，使用 yolov5s.yaml 配置文件。将文件的一行修改成 nc: 4。

模型训练环境配置完毕后，就可以执行训练脚本 train.py 对模型进行训练了。相关命令如下：

```
python train.py --img 320 --batch 8 --epochs 200 --data data.yaml --cfg
custom_yolov5s.yaml
    --weights yolov5s.pt --name yolov5s_results
```

上面的命令指定了很多参数，逐一介绍如下：

- --img 320：指定输入图像的大小。
- --batch 8：设置每个批次处理的图像数量。
- --epochs 200：指定训练的迭代次数。每次迭代都会遍历一次全部数据。
- --data data.yaml：指定 train.py 脚本读取数据配置信息的位置和具体信息。
- --cfg yolov5s.yaml：指向一个包含模型架构配置的 YAML 文件。

- --weights yolov5s.pt：指定预训练模型。
- --name yolov5s_results：设置保存训练结果的目录名称。

训练完毕之后，我们可以在/yolov5/runs/train/yolov5s_results 目录下查看相关的训练结果，如图 3-20 所示。

打开 val_batch0_labels.jpg，我们会看到 YOLOv5 模型对验证数据集中的 4 幅图片的文字识别结果，如图 3-21 所示。

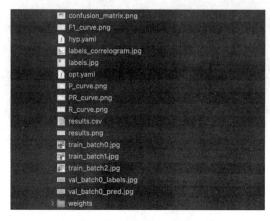

图 3-20　YOLOv5 训练结果示例

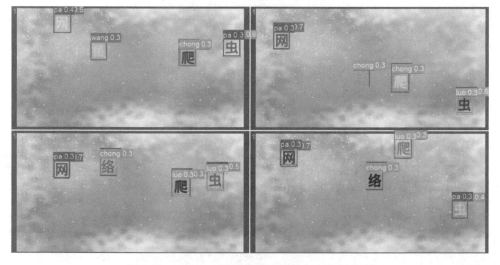

图 3-21　YOLOv5 模型验证数据集文字识别结果

模型训练完毕后，我们再生成两幅图片来测试一下模型的检测效果。具体命令如下：

```
python detect.py --weights runs/train/exp3/weights/best.pt --img 320
--conf 0.3 --source dataset2/images/test
```

上述命令的三个主要参数的含义如下。

- --weights：模型路径。
- --conf：设置接受的置信度范围。

- --source：指定输入的测试图片路径。

在本实验中，测试结果如图 3-22 所示。

图 3-22　YOLOv5 模型测试结果

3. 模型部署

训练完模型之后，我们需要将训练好的模型部署到 Java 爬虫程序中。在之前的章节中，我们已经介绍了两个 Java 开发环境下使用的机器学习库 Deeplearing4j 和 Java TensorFlow API。接下来，我们将介绍一个新兴的开源 Java 深度学习库 DJL（Deep Java Library）。该开源库由亚马逊主导开发，旨在帮助 Java 开发者快速将优秀的 AI 能力集成到自己的 Java 应用中。

首先，需要将训练好的模型从 PyTorch 格式导出为 TorchScript 格式。YOLOv5 项目工程提供了 export.py 脚本来完成模型格式的转换。与 train.py 类似，export.py 有很多命令参数。具体的参数名称和作用，可以在 export.py 文件中查看到。

```
def parse_opt(known=False):
    """Parses command-line arguments for YOLOv5 model export configurations, returning
the parsed options."""
    parser = argparse.ArgumentParser()
    parser.add_argument("--data", type=str, default=ROOT / "data/coco128.yaml",
help="dataset.yaml path")
    parser.add_argument("--weights", nargs="+", type=str, default=ROOT / "yolov5s.pt",
help="model.pt path(s)")
    parser.add_argument("--imgsz", "--img", "--img-size", nargs="+", type=int,
default=[640, 640], help="image (h, w)")
    parser.add_argument("--batch-size", type=int, default=1, help="batch size")
    parser.add_argument("--device", default="cpu", help="cuda device, i.e. 0 or 0,1,2,3
or cpu")
    parser.add_argument("--half", action="store_true", help="FP16 half-precision
export")
    parser.add_argument("--inplace", action="store_true", help="set YOLOv5 Detect()
inplace=True")
    parser.add_argument("--keras", action="store_true", help="TF: use Keras")
    parser.add_argument("--optimize", action="store_true", help="TorchScript: optimize
for mobile")
    parser.add_argument("--int8", action="store_true", help="CoreML/TF/OpenVINO INT8
quantization")
    parser.add_argument("--per-tensor", action="store_true", help="TF per-tensor
quantization")
    parser.add_argument("--dynamic", action="store_true", help="ONNX/TF/TensorRT:
```

```
dynamic axes")
    parser.add_argument("--simplify", action="store_true", help="ONNX: simplify
model")
    parser.add_argument("--opset", type=int, default=17, help="ONNX: opset version")
    parser.add_argument("--verbose", action="store_true", help="TensorRT: verbose
log")
    parser.add_argument("--workspace", type=int, default=4, help="TensorRT: workspace
size (GB)")
    parser.add_argument("--nms", action="store_true", help="TF: add NMS to model")
    parser.add_argument("--agnostic-nms", action="store_true", help="TF: add agnostic
NMS to model")
    parser.add_argument("--topk-per-class", type=int, default=100, help="TF.js NMS:
topk per class to keep")
    parser.add_argument("--topk-all", type=int, default=100, help="TF.js NMS: topk for
all classes to keep")
    parser.add_argument("--iou-thres", type=float, default=0.45, help="TF.js NMS: IoU
threshold")
    parser.add_argument("--conf-thres", type=float, default=0.25, help="TF.js NMS:
confidence threshold")
    parser.add_argument(
        "--include",
        nargs="+",
        default=["torchscript"],
        help="torchscript, onnx, openvino, engine, coreml, saved_model, pb, tflite,
edgetpu, tfjs, paddle",
    )
    opt = parser.parse_known_args()[0] if known else parser.parse_args()
    print_args(vars(opt))
    return opt
```

导出的具体命令如下：

```
python export.py --weights best.pt --img 320
```

模型成功导出后，我们就可以使用 DJL 深度学习库来加载和使用该模型了。

DJL 深度学习库支持多种深度学习框架，包括 TensorFlow、PyTorch 和 MXNet 等，同时还提供了自己的深度学习引擎，使用户能够在不同的框架之间无缝切换。该库还提供了一系列预训练模型和工具，帮助用户快速构建和部署深度学习模型。我们具体使用的 DJL 依赖库如下：

```
<dependency>
    <groupId>ai.djl.pytorch</groupId>
    <artifactId>pytorch-engine</artifactId>
</dependency>
<dependency>
    <groupId>ai.djl.pytorch</groupId>
    <artifactId>pytorch-model-zoo</artifactId>
</dependency>
<dependency>
    <groupId>ai.djl.pytorch</groupId>
    <artifactId>pytorch-native-auto</artifactId>
</dependency>
```

示例代码如下:

```
// 创建管道，对图像进行预处理
Pipeline pipeline = new Pipeline();
pipeline.add(new Resize(320, 320));
pipeline.add(new ToTensor());
// 创建转换器，定义模型的输入输出处理方式
Translator<Image, DetectedObjects> translator = YoloV5Translator
        .builder()
        .setPipeline(pipeline)
        .optSynset(Arrays.asList("pa", "chong", "wang", "luo"))
        .build();
// 配置并加载模型
Criteria<Image, DetectedObjects> criteria = Criteria.builder()
        .setTypes(Image.class, DetectedObjects.class)
        .optModelUrls(YOLOV5Demo.class.getResource("/$model_path").getPath())
        .optModelName("best.torchscript")
        .optTranslator(translator)
        .optProgress(new ProgressBar())
        .optDevice(Device.cpu())
        .build();
ZooModel<Image,DetectedObjects> model = ModelZoo.loadModel(criteria);
// 加载图像，并进行预测
Image img = ImageFactory.getInstance().fromFile(Paths.get("$img_path"));
Predictor<Image, DetectedObjects> predictor = model.newPredictor();
DetectedObjects results = predictor.predict(img);
System.out.println(results);
```

> **注意** 模型训练过程中使用的 PyTorch 版本与模型部署使用的 PyTorch 版本需要保持一致，否则可能导致识别错误。另外，不同的算法模型库在实现细节上的差异也会影响识别结果。

在获取到文字区域的坐标之后，我们可以通过 OCR 模型（例如前面章节中提到的 AOCR 模型）将文字区域的图像转换成文本。具体的训练过程和实现细节，读者可参考前面章节的内容。

3.5 本章小结

本章主要讨论了验证码处理的相关内容。首先，介绍了验证码的类型和发展历程，包括文本验证码、滑块验证码和点选验证码等。接着，探讨了验证码生成的过程，主要涉及文本验证码、滑块验证码和点选验证码等。最后，深入研究了验证码识别的方法和技术。针对不同类型的验证码，我们介绍了相应的识别算法，包括基于图像处理的文本验证码识别、滑块验证码的滑块位置识别以及点选验证码的目标识别等。这些方法涵盖了传统的图像处理技术和现代的深度学习方法，以提高验证码识别的准确性和健壮性。

通过本章的学习，我们了解了验证码的基本概念、发展历程以及生成和识别的关键技术。

对于验证码的识别和处理，如果为了节省时间，可以考虑使用打码平台来识别验证码，或通过接码平台接收手机短信验证码，从而实现自动化登录和验证的功能。但是，务必选择合法的打码平

台和接码平台服务提供商。

3.6　本章练习

1. 文本验证码识别实战

调研并使用其他的端到端模型来识别文本验证码，比较你选择的模型与 AOCR 模型在识别准确度和资源消耗方面的差异。

2. 用户操作滑块验证码合法性检测

基于 3.2.2 节中的内容，实现在服务器端对用户操作滑块验证码的合法性进行判断。

3. 图片点选验证码识别

参考 3.3.4 节中的内容，实现一个图片点选验证码识别 Demo。

## 第 4 章

网络抓包与对抗

4

在前面的章节中,我们学习了如何开发基于 Selenium Webdriver 的爬虫程序。在开发爬虫程序的过程中,记录和分析网络请求是不可避免的,尤其是在采集移动端 App 数据时,抓包分析显得尤为重要。对于 Web 网页的网络请求,我们可以通过浏览器的开发者工具来获取。然而,对于移动端 App 的网络请求,我们需要借助抓包工具来获取相关的网络请求。

网络抓包工具通常分为两种类型。第一种类型的网络抓包工具通过监听网卡接口,捕获所有通过该接口收发的数据包,并对这些数据包进行解析和分析。此类工具的代表包括 Wireshark 和 Tcpdump 等。第二种类型的网络抓包工具通过设置一个中间人进程来负责抓包,每次目标进程之间的会话都先与中间人进程通信,再进行转发。其主要工作流程包括两个步骤:①使用抓包工具截获客户端发起的网络请求,佯装客户端向真实的服务器发起请求;②使用抓包工具截获真实服务器返回的信息,佯装真实服务器向客户端发送数据。第二种类型的代表性工具包括 Fiddler 和 Charles 等。

本章首先介绍几款目前流行的抓包工具及其使用技巧,然后举例说明抓包过程中常见的疑难问题及其解决方案。

4.1 Fiddler

Fiddler 是一款 Windows 操作系统下非常流行的免费 HTTP 协议抓包工具与 Web 请求调试工具。Fiddler 的功能非常强大,它不但可以拦截网络请求和响应,还可以模拟网络状况进行性能测试和安全测试,甚至可以对网络请求和响应进行修改。

4.1.1 Fiddler 的安装配置与基础功能使用

首先,下载并安装 Fiddler 软件。安装完成后,打开 Fiddler 软件即可看到它的主界面,如图 4-1 所示。

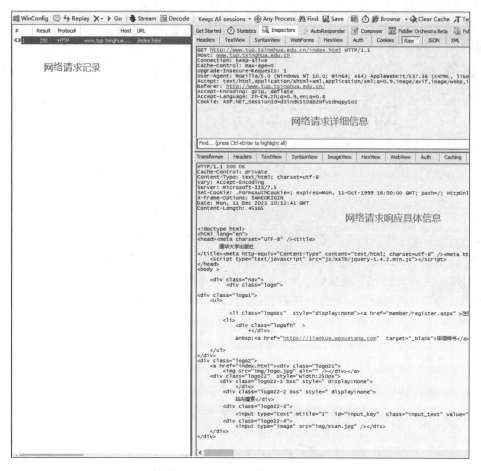

图 4-1　Fiddler 软件的主界面

　　Fiddler 软件提供了两种方式来开启或关闭截获网络数据包的功能。一种方式是通过选择 File 菜单中的 Capture Traffic 选项进行设置，另一种方式是单击软件界面左下角的快捷按钮来切换状态，如图 4-2 所示。

　　默认情况下，Fiddler 不会显示 HTTPS 协议的网络请求数据内容，因为 HTTPS 网络请求数据已经过加密处理。如果我们想要查看 HTTPS 的网络请求信息，需要进行一些配置。首先，在 Fiddler 软件界面依次单击 Tools→Options→HTTPS，然后勾选 Capture HTTPS CONNECTS 和 Decrypt HTTPS traffic 复选框。此外，还需要安装并信任 Fiddler 的根证书。完成这些设置后，Fiddler 即可解密并显示 HTTPS 网络请求的详细内容，具体配置如图 4-3 所示。

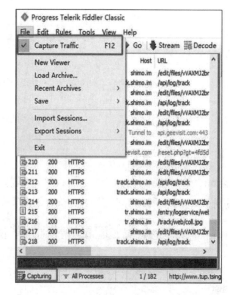

图 4-2　Fiddler 软件网络抓包的开启按钮

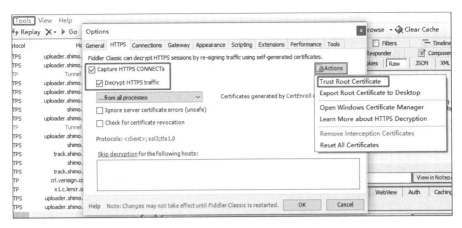

图 4-3　Fiddler 配置抓取 HTTPS 网络请求数据包

接下来，我们来看如何捕获来自移动设备的网络请求。为了使 Fiddler 能够捕获这些请求，我们需要把 Fiddler 设置为允许远程设备连接。在 Fiddler 软件界面依次单击 Tools→Options→Connections，并勾选 Allow remote computers to connect 复选框，相关操作界面如图 4-4 所示。

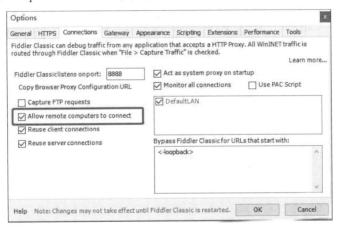

图 4-4　将 Fiddler 设置为允许远程设备连接

完成 Fiddler 软件界面的设置之后，还需要在移动端进行配置。在移动端设置 WiFi 代理的具体操作步骤可能因设备不同而有所差异，读者可以查看手机的使用说明书或搜索相关教程进行设置。代理地址设置为 Fiddler 所在设备的 IP 地址，端口号则设置为 Fiddler 的监听端口号（默认为 8888）。配置好代理后，Fiddler 就可以捕获 HTTP 请求了。但如果我们想捕获 HTTPS 请求，还必须将 Fiddler 生成的证书安装到移动设备上。安装 Fiddler 根证书到移动设备的主要步骤如下：

步骤 01　在浏览器中打开链接：http://ipv4.fiddler:8888。

步骤 02　下载 Fiddler 证书到移动设备。

步骤 03　在移动设备上安装证书。

证书安装完毕并生效后，就可以使用 Fiddler 来捕获 HTTPS 请求了（在 Android 7.0 及更高版本的系统中，默认情况下不再信任用户安装的证书。对于这种情况的处理方法将在后续内容中详细介绍）。

4.1.2　Fiddler 的高级特性

前面介绍了使用 Fiddler 捕获网络请求的常规设置和基础功能使用。实际上，除了前面介绍的网络数据包抓取功能外，Fiddler 还有一些在数据抓取领域非常有用的高级特性。例如，通过响应数据修改功能，可以进行 JavaScript Hook 脚本的注入操作。本节将介绍 Fiddler 中的这些高级特性。

1. Automatic Breakpoints

Fiddler 的 Automatic Breakpoints（自动断点）功能是一个强大的调试工具，它可以帮助我们在特定的条件下自动触发断点，以便对网络请求和响应进行进一步的分析和调试。接下来，我们来看如何使用 Fiddler 中的自动断点功能。

在 Fiddler 软件界面中，选择 Rules 菜单中的 Automatic Breakpoints 选项，会看到三个子命令 Before Requests、After Responses 和 Disable，如图 4-5 所示。

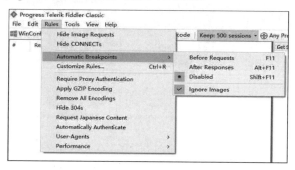

图 4-5　Automatic Breakpoints 的子菜单

其中三个子命令的功能如下：

- Before Requests：在请求发送之前设置断点，对所有请求生效。
- After Responses：在接收到远程服务的响应数据后设置断点，对所有响应生效。
- Disable：关闭自动断点功能。

启用自动断开功能后，会在会话列表中看到会话暂停标记，如图 4-6 所示。

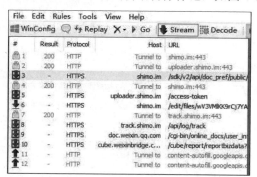

图 4-6　启动 Automatic Breakpoints 功能的会话列表

单击暂停状态的会话，进入 Inspectors 选项卡，可以看到请求和响应的具体信息（假设我们启用了 After Responses 自动断点模式），具体样式如图 4-7 所示。

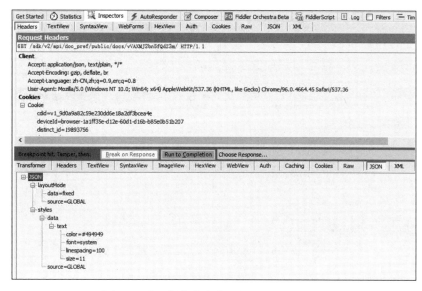

图 4-7　进入暂停状态会话的 Inspectors 窗口

我们可以在 Inspectors 窗口修改响应数据，并通过单击 Run to Completion 按钮将修改后的响应数据返回给相应的应用程序。

上面的自动断点设置适用于所有会话请求。如果我们希望指定特定的生效条件，可以通过命令行的方式进行设置。Fiddler 中有 4 个自动断点设置命令，具体如表 4-1 所示。

表 4-1　自动断点设置命令

命　　令	描　　述
bpu url	在指定 URL 上设置请求断点。例如，bpu baidu.com 命令可以在 baidu.com 上设置断点。只输入 bpu 命令会清除相应的断点
bpm method	在指定请求方法上设置断点。例如，bpm post 命令表示仅在 POST 请求上设置断点。只输入 bpm 命令会清除相应的断点
bps status	在接收到指定 HTTP 响应状态码时设置断点。例如 bps 304 命令表示在收到状态码 304 时设置断点。只输入 bps 命令会清除相应的断点
bpafter url	在指定 URL 上设置响应断点。只输入 bpafter 命令会清除相应的断点

2. AutoResponder

接下来介绍 AutoResponder 功能。在 Fiddler 软件界面中切换至 AutoResponder 选项卡，我们会看到如图 4-8 所示的界面。

在此界面中，有一行提示："Fiddler can return previously generated responses instead of using the network."，这表示 Fiddler 可以模拟服务端把数据返回给请求客户端。如果要开启 AutoResponder 功能，需要勾选 "Enable rules" 和 "Unmatched requests passthrough" 两个复选框。只有勾选 "Enable rules" 复选框，AutoResponder 功能才会启动。勾选 "Unmatched requests passthrough" 复选框后，不符合匹配规则的请求会直接透传；如果不勾选该复选框，不符合匹配规则的请求会直接返回 404 错误代码。"透传" 是网络术语中的一个概念，指的是将数据包或请求从一个节点传递到另一个节点，而不对其内容进行修改或处理。透传通常意味着当请求不符合预设的规则时，系统会将该请求直接转发到后端服务或目标服务器，而不会进行任何拦截或替代响应处理。简单来说，透传就是将数据原封不动地传递给下一环节。

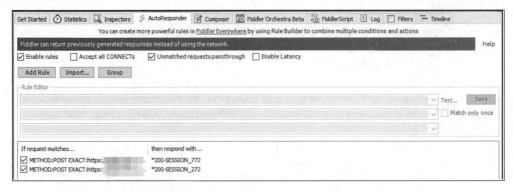

图 4-8　AutoResponder 选项卡界面

接下来，我们需要向 AutoResponder 中添加规则。规则中可以设置网络请求的匹配条件，同时设置相关网络请求的响应内容。现在举一个例子来说明一下，我们现在想对百度搜索主页进行修改，将搜索按钮的文案"百度一下"修改成"搜索一下"。具体操作步骤如下：

步骤 01 访问百度搜索首页，并在会话列表中找到该请求，将该请求拖动到 AutoResponder 规则列表中，如图 4-9 所示。

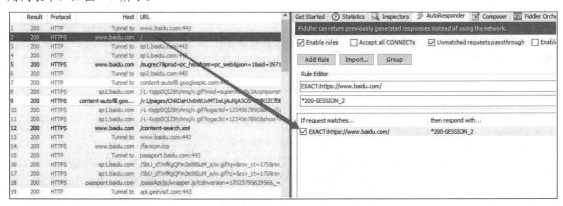

图 4-9　添加会话到 AutoResponder 规则列表

步骤 02 右击 AutoResponder 中这条新增的规则，选择"Edit Response"选项并修改保存请求的响应信息。

步骤 03 重新请求百度搜索主页，即可看到修改之后的效果。

3. Customized Rules

除了前面介绍的 Automatic Breakpoints 功能和 AutoResponder 功能外，Fiddler 还提供了一个脚本来帮助修改网络请求和响应数据。该脚本的名称为 CustomRules.js，我们可以通过在 Fiddler 软件界面的 Rules 菜单中选择"Customize Rules"选项来打开 CustomRules.js 文件。

CustomRules.js 文件的类名称为 Handlers，该类中有两个主要方法可以实现对网络请求数据和响应数据的修改操作，这两个方法分别是 OnBeforeRequest 和 OnBeforeResponse。

现在通过一个简单的示例来演示一下自定义规则（Customized Rules）功能。假设我们希望将网络请求中的 HTTP Header User-Agent 属性值修改为 BaiduSpider，可以采用如下方式对 CusomRules.js 脚本进行修改。

找到 OnBeforeRequest 方法，在方法体内部添加如下代码块：

```
if(oSession.RequestHeaders.Exists("User-Agent") {
oSession.RequestHeaders.Remove("User-Agent");
oSession.RequestHeaders.Add("User-Agent", "BaiduSpider");
}
```

在代码生效之后，所有网络请求的 User-Agent 属性值都会被修改成 BaiduSpider。

4.2　Charles

Charles 是一个多平台操作系统下常用的网络抓包工具，其工作原理与 Fiddler 类似。Charles 是收费软件，但可以免费试用 30 天。Charles 的主要功能包括：

- 捕获 HTTP 和 HTTPS 网络请求。
- 支持重发网络请求。
- 支持对网络请求进行动态修改。
- 支持模拟慢速网络。

首先需要下载和安装 Charles 软件。登录 Charles 的官方网站下载新版的 Charles 安装包，并按照提示操作完成安装。安装完成后，打开 Charles 软件，就可以看到 Charles 软件的主界面，如图 4-10 所示。

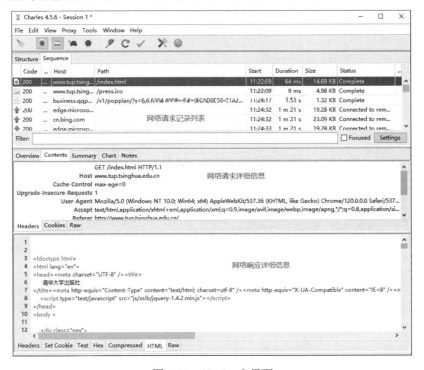

图 4-10　Charles 主界面

Charles 主要提供了"Structure 视图"和"Sequence 视图"两种查看网络请求的视图。Structure 视图将网络请求按访问的域名分类。而 Sequence 视图则将网络请求按访问的时间排序。此外，Charles 还提供了网络请求的筛选（Filter）功能，可以通过输入关键字来快速筛选出 URL 中带有指定关键字的网络请求。单击网络请求的单条记录，可以查看该记录详细的请求内容和响应内容。如果想要使用 Charles 捕获 HTTPS 协议的网络请求，则必须在相应设备上安装 Charles 证书。具体的证书安装方法可以在 Charles 软件的 Help 菜单中的 SSL Proxying 选项中找到。

证书的安装和配置与 Fiddler 类似，这里不再赘述。与 Fiddler 类似，Charles 也支持动态修改响应内容的功能。Charles 提供了三种方式来实现对响应内容的修改，分别是 Map、Rewrite 和 Breakpoints。Map 功能可以将网络请求的响应内容重定向到其他的远程地址或本地文件；Rewrite 功能可以对网络请求和响应内容进行模式匹配的替换。Breakpoints 功能允许在拦截网络请求和响应时可以对网络请求和响应进行临时修改。本节主要演示如何使用 Map 功能来修改响应内容。例如修改百度搜索主页的搜索按钮。

首先，在 Charles 的网络请求列表中找到访问百度网站首页的请求，用鼠标右击该请求，在弹出的快捷菜单中选择"Save Response"选项，将相关响应内容保存到本地文件中。然后，打开该本地文件，修改响应内容并保存。

接下来，在 Charles 软件界面的 Tools 菜单中选择"Map Local…"选项，如图 4-11 所示。打开"Map Local Settings"对话框，在对话框中勾选"Enable Map Local"复选框，如图 4-12 所示。接下来，单击 Add 按钮添加一个 Mapping 设置并保存。

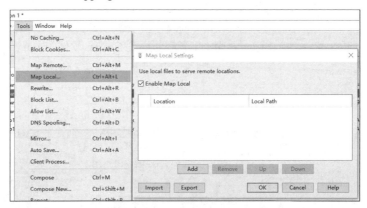

图 4-11   开启 Map Local 功能

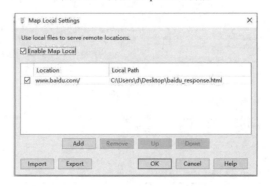

图 4-12   "Map Local Settings"对话框

这时，回到浏览器中请求百度网站的首页，就会看到改动已经生效。

4.3 Wireshark

Wireshark 是一个使用非常广泛的开源网络抓包工具。与前面介绍的 Fiddler 和 Charles 相比，Wireshark 在功能上有较大的区别，主要区别如下：

- 支持的协议范围不同。Wireshark 支持几乎所有网络协议的分析，包括传输层和应用层协议。它可以显示和分析各种协议的数据包，如 HTTP、TCP、UDP、IP、DNS 等。而 Fiddler 和 Charles 主要关注 HTTP 和 HTTPS 协议。
- 功能的侧重点不同。Wireshark 主要专注于数据包的分析和过滤，帮助开发人员分析和诊断网络问题。Fiddler 和 Charles 则倾向于对 HTTP 流量的捕获和修改，帮助开发人员分析和调试 HTTP 协议的请求。

由于一些 App 的网络通信并不依赖 HTTP 协议，而是使用 TCP 协议或基于 TCP 协议开发的自定义协议。因此，Wireshark 对网络协议的广泛支持对我们非常有帮助。接下来将展示如何利用 Wireshark 采集移动端 App 的网络通信数据包。

利用 Wireshark 采集移动端 App 的网络通信数据包有多种方法，基本原理相同。Wireshark 通过监听网卡通信来捕获数据包的。因此，我们需要确保移动设备上的 App 与远程服务器端的通信能够通过 Wireshark 监听的网卡进行。这里采用的方法是在计算机上同时安装 Charles 和 Wireshark，利用 Charles 软件作为移动设备的网络代理，使移动设备上的 App 通过计算机网卡与远程服务进行通信。此时，我们再启动 Wireshark 程序监听对应的网卡，就可以捕获到来自移动设备的网络通信数据包。

在本次实验中，我们的移动设备 IP 地址是 10.1.22.34，在 Wireshark 中开启网络流量捕获功能，就可以看到移动设备与远程服务的通信记录，如图 4-13 所示。

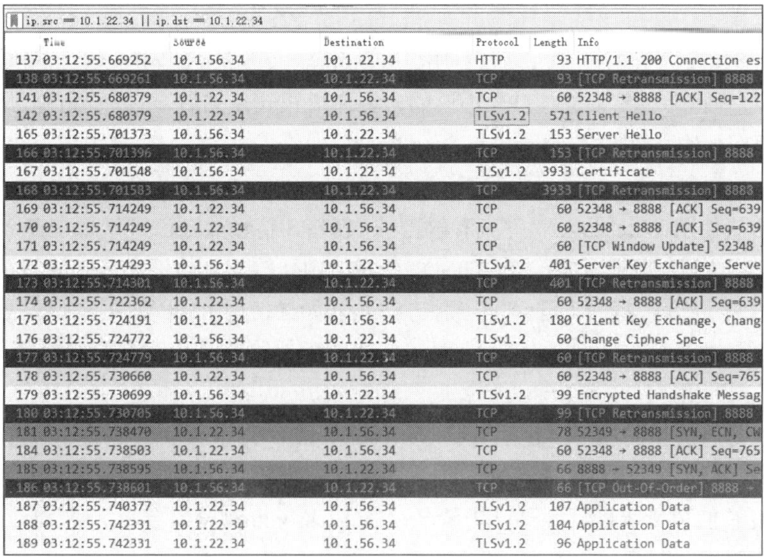
ip.src == 10.1.22.34 || ip.dst == 10.1.22.34

	Time	Source	Destination	Protocol	Length	Info
137	03:12:55.669252	10.1.56.34	10.1.22.34	HTTP	93	HTTP/1.1 200 Connection es
138	03:12:55.669261	10.1.56.34	10.1.22.34	TCP	93	[TCP Retransmission] 8888
141	03:12:55.680379	10.1.22.34	10.1.56.34	TCP	60	52348 → 8888 [ACK] Seq=122
142	03:12:55.680379	10.1.22.34	10.1.56.34	TLSv1.2	571	Client Hello
165	03:12:55.701373	10.1.56.34	10.1.22.34	TLSv1.2	153	Server Hello
166	03:12:55.701396	10.1.56.34	10.1.22.34	TCP	153	[TCP Retransmission] 8888
167	03:12:55.701548	10.1.56.34	10.1.22.34	TLSv1.2	3933	Certificate
168	03:12:55.701583	10.1.56.34	10.1.22.34	TCP	3933	[TCP Retransmission] 8888
169	03:12:55.714249	10.1.22.34	10.1.56.34	TCP	60	52348 → 8888 [ACK] Seq=639
170	03:12:55.714249	10.1.22.34	10.1.56.34	TCP	60	52348 → 8888 [ACK] Seq=639
171	03:12:55.714249	10.1.22.34	10.1.56.34	TCP	60	[TCP Window Update] 52348
172	03:12:55.714293	10.1.56.34	10.1.22.34	TLSv1.2	401	Server Key Exchange, Serve
173	03:12:55.714301	10.1.56.34	10.1.22.34	TCP	401	[TCP Retransmission] 8888
174	03:12:55.722362	10.1.22.34	10.1.56.34	TCP	60	52348 → 8888 [ACK] Seq=639
175	03:12:55.724191	10.1.22.34	10.1.56.34	TLSv1.2	180	Client Key Exchange, Chang
176	03:12:55.724772	10.1.56.34	10.1.22.34	TLSv1.2	60	Change Cipher Spec
177	03:12:55.724779	10.1.56.34	10.1.22.34	TCP	60	[TCP Retransmission] 8888
178	03:12:55.730660	10.1.22.34	10.1.56.34	TCP	60	52348 → 8888 [ACK] Seq=765
179	03:12:55.730699	10.1.56.34	10.1.22.34	TLSv1.2	99	Encrypted Handshake Messag
180	03:12:55.730705	10.1.56.34	10.1.22.34	TCP	99	[TCP Retransmission] 8888
181	03:12:55.738470	10.1.22.34	10.1.56.34	TCP	78	52349 → 8888 [SYN, ECN, CW
184	03:12:55.738503	10.1.22.34	10.1.56.34	TCP	60	52348 → 8888 [ACK] Seq=765
185	03:12:55.738595	10.1.56.34	10.1.22.34	TCP	66	8888 → 52349 [SYN, ACK] Se
186	03:12:55.738601	10.1.56.34	10.1.22.34	TCP	66	[TCP Out-Of-Order] 8888 →
187	03:12:55.740377	10.1.22.34	10.1.56.34	TLSv1.2	107	Application Data
188	03:12:55.742331	10.1.22.34	10.1.56.34	TLSv1.2	104	Application Data
189	03:12:55.742331	10.1.22.34	10.1.56.34	TLSv1.2	96	Application Data

图 4-13　Wireshark 流量捕获记录

需要注意的是，图 4-13 中的 10.1.56.34 并不是真正的远程服务，而是我们搭建的 Web 代理地址，该地址会将相应的数据包转发到真正的远程服务。

从图 4-13 中还可以看到很多 TLSv1.2 协议的数据包，这些数据包代表了 HTTPS 在正式通信之前建立加密传输通道的握手过程，以及随后的加密数据传输过程。在 Wireshark 中，完整的 HTTPS 通信过程如图 4-14 所示。

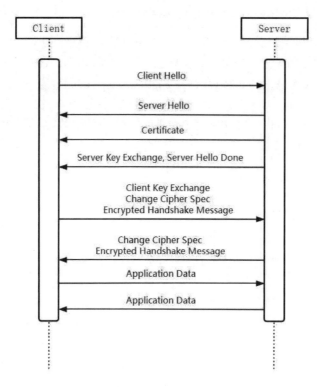

图 4-14　HTTPS 通信过程

从 Wireshark 捕获的数据包记录可以看出，Wireshark 能够展示出更加详细的网络通信过程，但相对而言，分析过程也会更复杂。HTTPS 协议的传输通道正式建立后，可以看到包含 Application Data 信息的数据包正在传输。这些 Application Data 数据包是在 HTTPS 加密隧道内部，即客户端与服务器端之间传输的数据包。

如果我们希望使用 Wireshark 软件查看解密的 HTTPS 传输数据，则需要在 Wireshark 软件中配置对应的会话密钥，只有这样才能查看 TLS 加密隧道中传输的具体信息。Wireshark 官方文档提供了两种解密 HTTPS 传输数据的方法。第一种方法是，如果使用 RSA 算法交换数据加密密钥，需要将服务器端的私钥配置到 Wireshark 软件中，具体的配置路径是依次选择"编辑"→"首选项"→Protocols→TLS，如图 4-15 所示。

第二种方法是将会话的加密密钥配置到 Wireshark 中。为了获取会话的加密密钥，我们可以利用 Chrome 浏览器的一个特性来完成。Chrome 浏览器在工作时会检查系统中是否存在名为 SSLKEYLOGFILE 的环境变量。如果该变量名存在，Chrome 浏览器会将 TLS 协议的会话密钥存储到该文件中。下面我们来演示具体的操作过程。

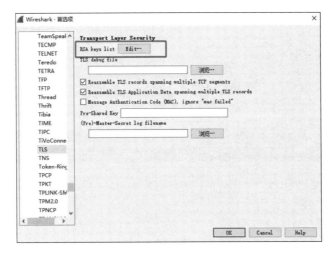

图 4-15　在 Wireshark 软件中配置 RSA 私钥

步骤 01　添加 SSLKEYLOGFILE 环境变量和对应的文件存储路径，如图 4-16 所示。

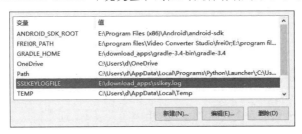

图 4-16　添加 SSLKEYLOGFILE 环境变量

步骤 02　重启 Chrome 浏览器，并再次访问想要访问的网站，这里以 www.baidu.com 为例进行说明。访问该网站后，我们会在 SSLKEYLOGFILE 环境变量的配置目录下看到新生成的 sslkey.log 文件，将这个文件配置到 Wireshark 中。配置路径依然是"编辑"→"首选项"→Protocols→TLS，如图 4-17 所示。

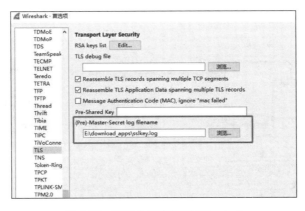

图 4-17　配置会话密钥到 Wireshark

步骤 03　配置完成之后，重新启动 Wireshark，即可以看到解密之后的 HTTPS 请求和响应数据，如图 4-18 所示。

```
> Flags: 0x018 (PSH, ACK)
    Window: 1024
    [Calculated window size: 262144]
    [Window size scaling factor: 256]
    Checksum: 0x4575 [unverified]
    [Checksum Status: Unverified]
    Urgent Pointer: 0
> [Timestamps]
> [SEQ/ACK analysis]
    TCP payload (2564 bytes)
v Transport Layer Security
  v TLSv1.2 Record Layer: Application Data Protocol: Hypertext Transfer Protocol
      Content Type: Application Data (23)
      Version: TLS 1.2 (0x0303)
      Length: 2559
      Encrypted Application Data [truncated]: 0000000000000005c08bb804a717215f9faab2aa9c060e6e7ca10e6db1c805dd8ae15d1db24bef036c1c354e367ca4e3311773:
      [Application Data Protocol: Hypertext Transfer Protocol]
v Hypertext Transfer Protocol
  > [truncated]GET /5bU_dTmfKgOFm2e88IuM_a/w.gif?rsv_ct=84&-sv_cst=10&rsv_clk_extra={%22type%22:%22show%22,%22action%22:%22gp-peopleintro-tab-show%2
    Host: sp1.baidu.com\r\n
    Connection: keep-alive\r\n
    sec-ch-ua: " Not A;Brand";v="99", "Chromium";v="96", "Google Chrome";v="96"\r\n
    sec-ch-ua-mobile: ?0\r\n
    User-Agent: Mozilla/5.0 (Windows NT 10.0; Win64; x64) AppleWebKit/537.36 (KHTML, like Gecko) Chrome/96.0.4664.45 Safari/537.36\r\n
    sec-ch-ua-platform: "Windows"\r\n
    Accept: image/avif,image/webp,image/apng,image/svg+xml,image/*,*/*;q=0.8\r\n
    Sec-Fetch-Site: same-site\r\n
    Sec-Fetch-Mode: no-cors\r\n
    Sec-Fetch-Dest: image\r\n
    [truncated]Referer: https://www.baidu.com/s?wd=test&rsv_spt=1&rsv_iqid=0xb34d80f200012f32&issp=1&f=8&rsv_bp=1&rsv_idx=2&ie=utf-8&tn=baiduhome_pg
    Accept-Encoding: gzip, deflate, br\r\n
    Accept-Language: zh-CN,zh;q=0.9,en;q=0.8\r\n
  > [truncated]Cookie: BIDUPSID=06DEDC40C426C3583BC46883DCBE9962; PSTM=1714986037; BAIDUID=06DEDC40C426C358942AB2614C87FA1A:FG=1; ZFY=yS3bkZ:A7t:B:A
    \r\n
    [Full request URI [truncated]: https://sp1.baidu.com/5bU_dTmfKgOFm2e88IuM_a/w.gif?rsv_ct=84&rsv_cst=10&rsv_clk_extra={%22type%22:%22show%22,%22ac
    [HTTP request 5/5]
    [Prev request in frame: 7381]
```

图 4-18　在 Wireshark 中查看解密的 HTTPS 通信数据

4.4　SSL Pinning 保护机制下的网络数据抓包

SSL Pinning 是一种有效的安全技术，用于防止中间人攻击。通常情况下，当客户端通过 HTTPS 协议与服务器建立连接并进行通信时，它会检查服务器提供的数字证书。客户端会验证该证书是否由受信任的证书颁发机构（Certificate Authority，CA）签名，以确保服务器的合法性，并给网络通信数据加密。

SSL Pinning 技术进一步强化了对服务器身份的验证。其核心原理是，在 TLS 协议的握手阶段，客户端不仅依赖 CA 的签名，还会将服务器返回的证书与客户端应用中预设的特定值进行比较，以验证服务器的身份。这种方法不盲目信任任何带有 CA 签名的证书，从而提高了安全性。SSL Pinning 的工作原理如图 4-19 所示。

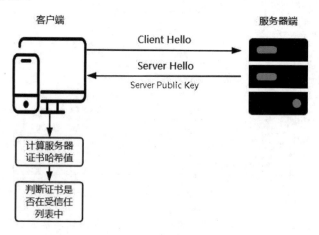

图 4-19　SSL Pinning 的工作原理

在日常的网络通信抓包过程中,我们可能会遇到由于 SSL Pinning 保护机制导致的两种抓包问题。第一种情况出现在类似 iOS 系统上的 App Store 应用,这类应用通常内置了 SSL Pinning 保护机制,它们仅信任应用内部预置的 CA 证书列表。因此,即使我们在 iOS 系统中将抓包软件的证书配置为受信任的 CA 证书,App Store 应用仍然无法与远程服务器建立正常的 HTTPS 连接。

第二种抓包失败的情况主要出现在较高版本的 Android 系统中。从 Android Nougat 版本开始,用户安装的 CA 证书不再被系统自动信任。这实质上相当于 Android 系统为所有 Android 应用增加了一定程度的 SSL Pinning 保护。因此,这限制了通过传统方法抓取这些应用的 HTTPS 流量。

本节将介绍几种常见的绕过 SSL Pinning 保护机制的网络数据抓包方案,这些方案可以帮助我们在面对 SSL Pinning 时,更有效地进行网络通信的监控和分析。

4.4.1　配置自定义 CA 证书

默认情况下,在较高版本的 Android 系统中,所有安装的应用程序仅信任系统预装的 CA 证书。然而,通过修改系统的网络配置,我们可以扩展或改进这一默认信任设置。下面演示这一操作过程。

通过豌豆荚应用市场(豌豆荚应用市场可以下载 App 的历史版本,App 的某些历史版本可能比新版本更适合逆向分析)随机下载一个 App,并将它安装到一款高版本的 Android 系统手机上。通过 Charles 软件抓包后会发现,即使我们在手机上安装并配置了 Charles 证书,并已将它设置为受信任的 Charles 证书,依然无法成功查看相应的 HTTPS 请求和响应的具体信息,如图 4-20 所示。

Name	Value
URL	
Status	Failed
Failure	SSL handshake with client failed: An unknown issue occurred processing the certificate (certificate_unknown)
Notes	You may need to configure your browser or application to trust the Charles Root Certificate. See SSL Proxying in the Help menu.
Response Code	200 Connection established
Protocol	HTTP/1.1
⊟ **TLS**	TLSv1.2 (TLS_ECDHE_RSA_WITH_AES_256_GCM_SHA384)
⊞ Protocol	TLSv1.2
Alert Code	certificate_unknown (46) - An unknown issue occurred processing the certificate
⊞ Session Resumed	No
⊞ Cipher Suite	TLS_ECDHE_RSA_WITH_AES_256_GCM_SHA384
⊞ ALPN	http/1.1
Client Certificates	-
⊞ Server Certificates	2
⊞ Extensions	

图 4-20　SSL Pinning 保护机制下的抓包信息展示

现在,我们将对刚刚下载的 APK 安装包进行修改。对 APK 安装包进行修改,需要提前安装一些必要的工具。第一个使用的工具是 Apktool,这是一款开源的 Android 应用程序逆向工程工具。Apktool 能够将 Android 应用程序的 APK 文件进行反编译,并还原成可读的源代码和资源文件。利用 Apktool,开发者可以对已发布的应用程序进行研究和逆向工程分析。

通过 Apktool 的官方网站可以查看针对不同平台的安装教程。安装 Apktool 工具之后,在其目录下执行以下指令:

```
.\apktool.bat d test.apk
```

其中,d 是 decode 的缩写,代表反编译操作。

执行该命令后,可以看到相应的输出信息。反编译完成后,会生成一个 test 文件夹,该文件夹中的内容就是使用 Apktool 从 test.apk 文件中提取出来的源码文件和资源文件,如图 4-21 所示。

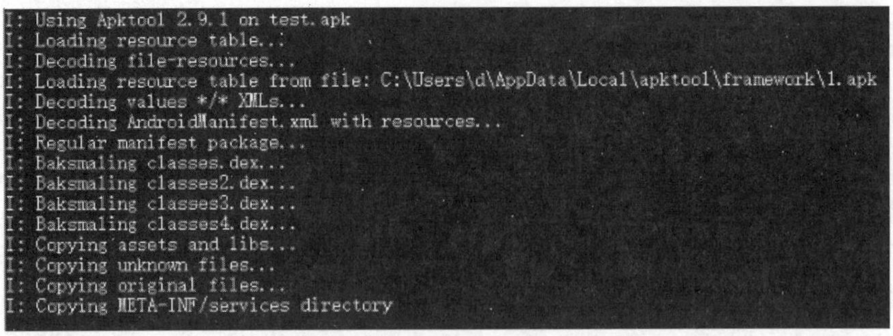

图 4-21　Apktool 反编译日志

接下来，在 test 文件夹下打开 res/xml 目录，查看该目录下是否存在网络安全配置文件 network_security_config.xml。如果没有该文件，则需要创建它。打开 network_security_config.xml 文件并进行编辑，添加如下内容：

```
<network-security-config>
  ...
  <base-config>
   <trust-anchors>
     <certificates src="system"/>
     <certificates src="user"/>
   </trust-anchors>
  </base-config>
  ...
</network-security-config>
```

通过在网络安全配置文件中设置自定义信任锚，可以指定哪些渠道安装的 CA 证书能够被应用程序信任。

接下来，在 test 目录下找到 AndroidManifest.xml 文件。该文件又被称为清单文件，是每个 Android 应用程序必须包含的重要文件。它位于应用的根目录中，充当应用的唯一标识符并包含 App 的关键配置信息。

打开 AndroidManifest.xml 文件，设置网络安全配置文件，以使用刚刚创建或修改的 network_security_config.xml 文件。具体配置信息如下：

```
<application ... android:networkSecurityConfig="@xml/network_security_config" ...>
```

接下来，重新编译 test 目录下的文件，并将它打包成一个新的 APK 文件。

```
cd .\test\
..\apktool.bat b -f
```

其中，-b 表示批量处理，-f 表示强制覆盖已存在的同名文件。

执行上述命令后，我们将在 test 目录下发现一个新创建的 dist 文件夹，新生成的 APK 文件就位于此目录中。在修改应用程序并准备发布到应用市场之前，我们通常需要完成两个关键步骤：APK 包对齐优化和 APK 包签名。

APK 包对齐优化是指根据特定规则重新排列 APK 文件中的代码、数据和资源，目的是提升应用程序的性能和加载速度。虽然在我们抓包的场景中，这个步骤不是必需的，但依然推荐读者执行，以优化应用性能。

APK 包签名是发布应用的必要过程，它确保了应用的安全性和完整性。Android 系统要求所有 APK 安装包在安装前必须经过数字证书签署。

接下来，我们将探讨如何具体执行 APK 包对齐优化和 APK 包签名操作。

要对 APK 安装包进行对齐优化，可以利用 Android Studio 中的 SDK 工具 zipalign。你可以通过访问 Android DevTools 下载适合自己操作系统的 Android SDK 工具套件压缩包。以本次实验为例，笔者使用的是 Windows 操作系统，但其他操作系统的步骤大同小异。下载并解压 SDK 工具套件后，运行其中的 SDK Manager.exe，选择安装新版本的 Android SDK Build-tools，如图 4-22 所示。

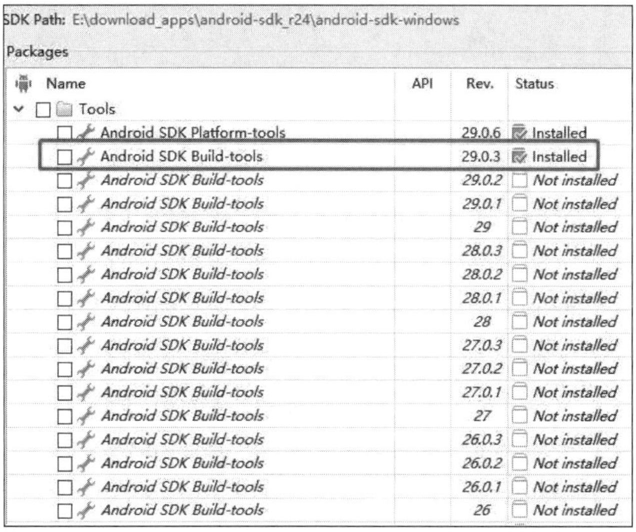

图 4-22　Android SDK Build-tools 安装界面

安装完成后，可以在 build-tools/29.0.3 目录下找到 zipalign.exe 文件。

接下来，我们使用 zipalign.exe 对 APK 安装包执行对齐优化操作。执行如下命令即可：

```
zipalign.exe -p -v 4 test-bypass.apk test-bypass-aligned.apk
```

命令参数解释如下。

- -p：表示保留原始 APK 文件中的包名、版本号等信息。
- -v 4：表示使用 4 字节边界进行对齐，这是一种常见的对齐方式。
- test-bypass.apk：表示要处理的原始 APK 文件路径。
- test-bypass-aligned.apk：表示对齐后的 APK 文件输出路径。

接下来，我们需要生成一个私钥来对刚刚生成的 test-bypass-aligned.apk 文件进行签名。我们可以借助 JDK 中 bin 目录下的 keytool 工具来生成私钥。进入 keytool 工具所在目录后，执行如下命令：

```
keytool -genkey -v -keystore demo_key.keystore -alias demo_key -keyalg RSA -keysize 2048
-validity 300
```

命令参数解释如下：

- -genkey：表示生成一个新的密钥。

- -v: 表示显示详细的输出信息。
- -keystore demo_key.keystore: 表示要生成的密钥库文件名为 demo_key.keystore。
- -alias demo_key: 表示生成的密钥别名为 demo_key。
- -keyalg RSA: 表示使用 RSA 算法生成密钥。
- -keysize 2048: 表示生成的密钥长度为 2048 位。
- -validity 300: 表示生成的密钥有效期为 300 天。

生成密钥之后，就可以对 APK 安装包进行签名操作了。在 Android SDK 工具套件中，可以在 build-tools/29.0.3 目录下找到批处理脚本文件 apksigner.bat 执行签名操作。

```
./apksigner.bat sign --ks demo_key.keystore --in test-bypass-aligned.apk --out
test-bypass-aligned-signed.apk
```

命令参数说明如下：

- sign: 表示执行签名操作。
- --ks demo_key.keystore: 表示使用名为 demo_key.keystore 的密钥库文件进行签名。
- --in test-bypass-aligned.apk: 表示要签名的 APK 文件。
- --out test-bypass-aligned-signed.apk: 表示签名后的 APK 文件输出路径。

在签名之后，在 Android 手机上重新安装该 App，这时就可以在 Charles 软件上看到相应的 HTTPS 流量信息。

4.4.2   添加抓包软件证书到系统信任的 CA 证书列表

根据之前的介绍，自 Android Nougat 版本开始，用户安装的 CA 证书不再被 Android 系统信任。那么，我们有没有可能将抓包软件的证书添加到系统信任的证书列表中呢？

受系统信任的证书列表保存在/system/etc/security/cacerts/目录下，如图 4-23 所示。

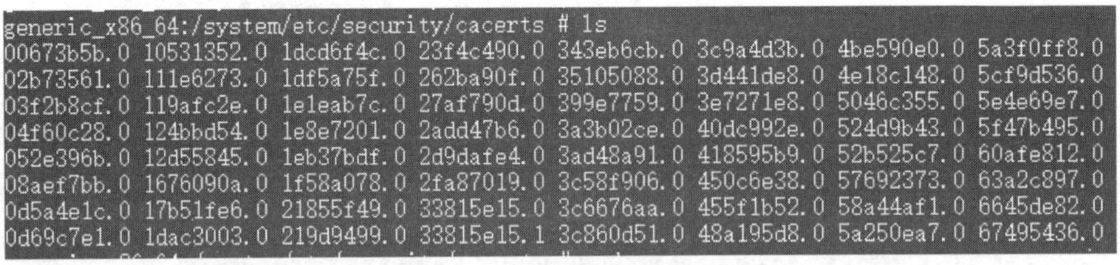

图 4-23   系统信任的证书列表

可以看到，目录下的每个文件都是一个 CA 证书，文件的名称是证书的哈希值。使用证书的哈希值作为证书文件的文件名是常用的证书标识手段。

我们只需将抓包软件的证书添加到该目录中，系统便会信任该证书。由于向/system 目录下写入文件需要 root 权限，为了兼顾安全性和成本，我们可以使用 Android 模拟器来完成本次实验。在本次实验中，我们使用了 Android Studio Emulator。

首先，从官网下载并安装 Android Studio，如图 4-24 所示。

接下来，启动 Android Studio，使用 Virtual Device Manager 创建一个 Android 模拟器，选择 Android 7.0 版本的模拟器镜像。模拟器创建成功后，通过命令行启动 Android 模拟器。首先，切换到 emulator

可执行文件所在的目录，不同操作系统的安装目录略有不同。例如，在 Mac 系统下，emulator 可执行文件位于/Users/{username}/Library/Android/sdk/目录下，而在 Windows 系统下，该文件位于 C:\Users\{username}\AppData\Local\Android\Sdk\目录下。

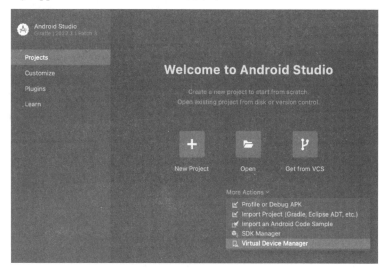

图 4-24　Android Studio 模拟器启动界面

接下来，使用 **emulator -avd -list-avds** 命令查看已创建的 Android 虚拟设备列表，选择刚刚创建的虚拟设备，并执行以下启动命令：

```
emulator -avd Pixel_2_XL_API_24 -writable-system
```

命令参数说明如下：

- -avd Pixel_2_XL_API_24：指定启动的虚拟设备名称。
- -writable-system：表示将模拟器的系统分区设置为可写模式。

接下来，下载 Charles 抓包软件的根证书到本地环境，并计算出该证书的哈希值。我们可以使用 OpenSSL 工具计算出证书文件的主题哈希值，并使用该哈希值重命名 Charles 根证书的文件名。

```
openssl x509 -subject_hash_old -in charles.pem
```

接下来，通过 ADB（Android Debug Bridge）命令将新生成的证书安装到 Android 模拟器中。ADB 是 Android SDK 工具集的一部分，它是一个命令行工具，用于与 Android 设备进行通信和调试。在开发和调试过程中，ADB 使我们能够与 Android 设备进行高效的交互。具体的操作步骤如下：

```
adb root             #获取模拟器的 root 权限
adb remount          #重新挂载设备的文件系统，将系统分区从只读模式切换为可读写模式
adb push e:\c3144708.0 /system/etc/security/cacerts/    #上传 Charles 根证书文件
```

执行上述命令后，打开 Android 模拟器的系统证书目录，可以发现 Charles 根证书已经被系统信任，并且可以正常捕获 HTTPS 流量信息，如图 4-25 所示。

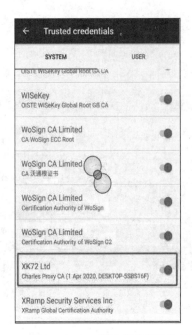

图 4-25　添加 Charles 根证书到系统信任列表

4.4.3　使用 Hook 技术

除了前面介绍的两种方式外，我们还可以使用 Hook 技术绕过 SSL Pinning 保护机制来完成网络通信数据的抓包工作。

在讲解具体的操作步骤之前，需要给读者介绍一个曾经在 Android 系统中非常流行的 Hook 框架——Xposed。遗憾的是，该框架目前已经停止更新，官方网站也无法正常访问了。尽管如此，Xposed 框架的实现原理仍然非常值得我们学习。

Xposed 是一个强大的工具，可以在 Android 系统上进行 Hook 操作，它允许用户在不修改应用程序源代码的情况下，定制和修改 Android 操作系统及应用程序的行为。Xposed 框架通过 Hook 技术实现对 Android 系统的修改，它在应用程序运行时劫持特定的函数调用，并将它替换为自定义代码，从而改变应用程序的行为。Xposed 采用模块化设计理念，允许用户在 Xposed 框架上开发和加载自定义模块。用户可以选择下载和安装各种现有的 Xposed 模块，或者自己开发模块以实现特定的功能和进行特定的修改。在本节的实验中，我们将使用一个非常流行的 Xposed 模块——JustTrustMe，来帮助我们绕过 SSL Pinning 保护机制以完成抓包工作。

在使用 Xposed 框架时，必须获得 root 权限才能实现对 Android 系统调用的修改和劫持。在本次实验中，我们仍然通过 Android Studio Emulator 来完成实验（关于如何获取 root 权限的操作以及如何对/system 目录设置写操作，可参考前面的章节，此处不再赘述）。

步骤 **01**　执行 adb root 命令以获取模拟器的 root 权限。

步骤 **02**　下载并安装 Xposed Installer 到 Android 模拟器中。读者可以自行查找并下载 Xposed Installer，使用 adb install 命令安装 Xposed-Install.apk。

步骤 **03**　安装成功之后，启动 Xposed Installer 程序时，可能会显示"Could not load available ZIP files. Pull down to try again."。出现此提示的原因是无法从 dl.xposed.info 远程下载 Xposed Framework

文件。若遇到这种情况，我们需要手动将 Xposed Framework 文件安装到本地模拟器中。Xposed Framework 根据 Android 系统版本和 CPU 架构的不同有而有所不同，我们需要下载对应版本。在 Xposed Install 程序中，可以查看对应的 Android 系统信息，如图 4-26 所示。

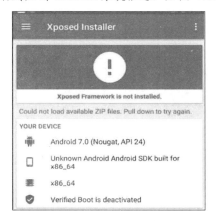

图 4-26　Xposed Framework 未安装时的界面

对于不同版本的 Android 操作系统，我们需要下载并安装对应版本的 Xposed Framework。Xposed Framework 与 Android 操作系统版本的对应关系如表 4-2 所示。

表 4-2　Xposed Framework 与 Android 系统版本的对应关系

Android 系统版本	CPU 架构	XPosed Framework 版本
Android 5.0	ARM/ARM64	xposed-v87-sdk21-arm/arm64.zip
	x86	Xposed-v87-sdk21-x86..zip
Android 6.0	ARM/ARM64	xposed-v87-sdk23-arm/arm64.zip
	x86	xposed-v87-sdk23-x86.zip
Android 7.0	ARM/ARM64	xposed-v88-sdk24-arm/arm64.zip
	x86	xposed-v88-sdk24-x86.zip
Android 7.1	ARM/ARM64	xposed-v88-sdk25-arm/arm64.zip
	x86	xposed-v88-sdk25-x86.zip

根据图 4-26 显示的系统信息，我们需要下载的 Xposed Framework 版本是 xposed-v88-sdk24-x86.zip。下载完成后，解压缩文件并按照以下步骤将 Xposted Framework 文件安装到模拟器中：

```
adb push xposed-v88-sdk24-x86/ /system/  #上传解压文件
adb shell #远程连接到模拟器
# 切换到 xposed 目录下，在该目录下执行 flash-script.sh 脚本，完成 Xposed Framework 的安装
cd /system/xposed-v88-sdk24-x86/
sh META-INF/com/google/android/flash-script.sh
```

接下来，重启 Android 模拟器，可以看到 Xposed Framework 已经安装成功，如图 4-27 所示。

为了测试 Xposed 相关模块的有效性，我们下载并安装 certificate-pinning-demo.apk 到模拟器。该应用程序可以发送非证书绑定（Certificate Unpinned）模式下的 HTTPS 请求，也可以发送证书绑定（Certificate Pinning）模式下的 HTTPS 请求。测试结果显示，当前的实验环境能够正常捕获非证书绑定模式下的 HTTPS 请求信息，但无法捕获证书绑定模式下的 HTTPS 请求信息，如图 4-28 所示。

图 4-27   Xposed Framework 安装成功后的提示窗口

图 4-28   证书模式下请求失败

接下来，下载并安装 JustTrustMe 模块。JustTrustMe 是一个基于 Xposed 框架的 Android 模块，可以帮助我们绕过 Android 应用程序的 SSL 证书验证，从而进行网络数据包抓取等操作。安装 JustTrustMe 模块后，需要进行激活，激活后即可生效。

再次打开 certificate-pinning-demo 应用程序进行测试，我们会发现，在 Http Client Pinned 模式下无法正常通信的问题已经得到解决，通信已恢复正常，如图 4-29 所示。

图 4-29   JustTrustMe 模块绕过证书绑定限制

4.5   JustTrustMe 的工作原理

在前面的实验中，我们提到 JustTrustMe 模块是基于 Hook 技术来帮助我们绕过 SSL Pinning 检查的。那么，这种 Hook 技术究竟是如何工作的呢？带着这个问题，我们先来看看在 Android 客户端中 SSL Pinning 功能是如何实现的。

4.5.1   SSL Pinning 机制的实现

我们首先对前面章节中使用的 certificate-pinning-demo 应用程序进行反编译操作，以了解它是如何实现证书绑定功能的。为了更好地查看 certifcate-pinning-demo 应用程序的实现方法，我们使用 Jadx 对该应用程序进行反编译操作。Jadx 是一款用于 Android 应用程序的反编译工具，它可以将已编译的 Android 应用程序转换回可读的源代码形式，方便开发者对应用程序进行分析。Jadx 使用非常方便，可以直接到 GitHub 网站下载，链接地址为：https://github.com/skylot/jadx/releases/tag/v1.4.7。根据不同的操作系统环境下载对应的安装包即可。经过 Jadx 的反编译操作后，我们可以直观地看到 certificate-pinning-demo 应用程序是如何实现证书绑定功能的，如图 4-30 所示。

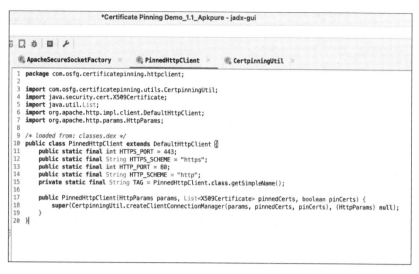

图 4-30　反编译后的 PinnedHttpClient 源代码

阅读相关源代码后,我们发现相关实现机制并不复杂,主要步骤如下:

步骤 01 将信任的证书列表内置到应用程序中,如图 4-31 所示。

图 4-31　内置证书列表到应用程序中

步骤 02 实例化 X509TrustManager 接口,重点实现该接口中的 checkServerTrusted 方法,如图 4-32 所示。

步骤 03 创建一个 SSLContext 实例,将前面创建的 SecureTrustManager 对象添加到 SSLContext 实例中。SSLContext 是 JDK 中提供的安全套接字协议实现类。在 SSLContext 实例中,开发人员对 trustmanager、keymanager 等进行配置。然后,将 SSLContext 实例封装到 Apache SSLSocketFactory(SSL 安全套接字管理器)中。

步骤 04 将 SSLSocketFactory 实例绑定到 ClientConnectionManager(远程连接管理器)中。

步骤05 创建带有相应 ClientConnectionManager 配置的 Apache HTTPClient 实例。

```java
public class SecureTrustManager implements X509TrustManager {
    private static final String TAG = SecureTrustManager.class.getSimpleName();
    boolean pinCerts;
    List<X509Certificate> pinnedCerts;

    public SecureTrustManager(List<X509Certificate> pinnedCerts, boolean pinCerts) {
        this.pinnedCerts = pinnedCerts;
        this.pinCerts = pinCerts;
    }

    @Override // javax.net.ssl.X509TrustManager
    public void checkClientTrusted(X509Certificate[] chain, String authType) throws CertificateException {
    }

    private TrustManagerFactory getTrustManagerFactory(KeyStore keyStore) {
        TrustManagerFactory tmf = null;
        try {
            tmf = TrustManagerFactory.getInstance(TrustManagerFactory.getDefaultAlgorithm());
            tmf.init(keyStore);
            return tmf;
        } catch (Exception e) {
            Log.e(TAG, "Trustmanager instantiation failed", e);
            return tmf;
        }
    }

    @Override // javax.net.ssl.X509TrustManager
    public void checkServerTrusted(X509Certificate[] chain, String authType) throws CertificateException {
        TrustManager[] trustManagers;
        Log.d(TAG, "Cheking if client is trusted. Pinning enabled : " + this.pinCerts);
        if (this.pinCerts) {
            if (this.pinnedCerts == null || this.pinnedCerts.size() == 0) {
                Log.e(TAG, "Pinning enabled but no pinned certs provided");
                throw new CertificateException("No certificates provided for pinning");
            } else if ((chain == null || chain.length < 1) && (this.pinnedCerts == null || this.pinnedCerts.si
                Log.e(TAG, "No certificates received in chain");
                throw new CertificateException("No certificates received in chain");
            } else if (!this.pinnedCerts.contains(chain[0])) {
                throw new CertificateException("Pinned certificate not matching with pinned X509Certificate ce
            } else {
                return;
```

图 4-32   重写 checkServerTrusted 方法

除了前面介绍的证书绑定实现方法外，Android 客户端还可以通过 OkHttp 库和 HttpsURLConnection 库来实现证书绑定功能。其实现思路和基于 Apache HTTPClient 库的实现方法大同小异。例如，基于 OkHttp 库的实现方式也是先创建一个 X509TrustManager 实例对象，最终将它绑定到对应的 OkHttpClient 对象中。具体流程在此不再赘述。

目前，许多 App 的界面不再仅仅使用原生 Android 界面，而是采用基于 WebView 的 Hybrid App 模式，通过 Web 页面展示内容给用户。这种方式的优势在于显著提升了开发效率并降低了开发成本，因为基于 Web 的实现方法允许同一套代码在多个平台上运行。对于通过 WebView 实现的网络请求，如果需要进行 SSL 证书绑定，应该如何操作呢？通常，Android 客户端通过 WebView 对象和 WebViewClient 对象来访问和展示 Web 页面。虽然这两个对象并不直接支持 SSL Pinning 的直接配置，但我们可以通过 Android 的网络安全配置来实现 SSL Pinning。例如，如果想为针对百度域名的网络请求添加 SSL 证书绑定配置，可以在 network_security_config.xml 文件中进行如下配置：

```xml
<?xml version="1.0" encoding="utf-8"?>
<network-security-config>
    <domain-config>
        <domain includeSubdomains="true">www.baidu.com</domain>
        <trust-anchors>
            <certificates src="@raw/cert_for_baidu"/>
        </trust-anchors>
    </domain-config>
</network-security-config>
```

配置完成后，所有针对 baidu.com 域名的 HTTPS 请求都会校验服务器端返回的证书与本地配置的证书是否一致。

4.5.2　JustTrustMe 模块 Hook 操作的实现原理

在了解了 Android 客户端如何在发送 HTTPS 请求时实现 SSL Pinning 机制之后，接下来学习 JustTrustMe 模块的工作原理。JustTrustMe 的源代码可以在 GitHub 网站上直接下载，下载地址为 https://github.com/Fuzion24/JustTrustMe。查看源代码后，我们可以发现其实现相对简单，所有的 Hook 逻辑主要集中在 just.trust.me.Main 类中。这个类实现了 Xposed 框架的 IXposedHookLoadPackage 回调接口，该接口在应用程序加载时被调用，允许开发者执行一些自定义操作。在 JustTrustMe 模块中，Main 类通过重写 handleLoadPackage 方法来实现它的 Hook 操作，具体的注入点可以参考图 4-33。

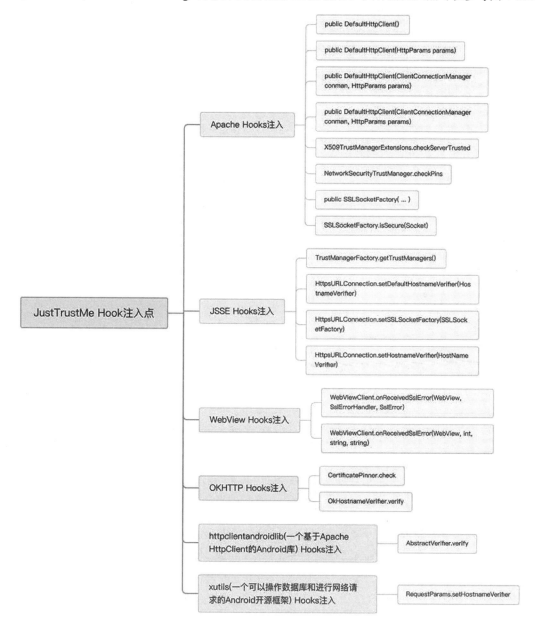

图 4-33　JustTrustMe 模块实现注入点列表

接下来，通过一个更具体的例子，来看 JustTrustMe 模块是如何对 Apache DefaultHttpClient 进行 Hook 操作并绕过证书绑定检查的。以下代码逻辑已添加注释。

```
/* Apache Hooks */
/* Hook 操作定义在 org.apache.http.impl.client.DefaultHttpClient 类中 */
/* public DefaultHttpClient() 构造方法的 Hook */
if (hasDefaultHTTPClient()) {
    Log.d(TAG, "Hooking DefaultHTTPClient for: " + currentPackageName);
    // 使用 Xposed 框架的 findAndHookConstructor 方法来 hook DefaultHttpClient 类的构造方法
    findAndHookConstructor(DefaultHttpClient.class, new XC_MethodHook() {
        @Override
        protected void afterHookedMethod(MethodHookParam param) throws Throwable {
            // 在构造方法执行后，把 DefaultHttpClient 对象的 defaultParams 字段修改为 null
            setObjectField(param.thisObject, "defaultParams", null);
            // 同时将 DefaultHttpClient 对象的 connManager 字段设置为自定义的连接管理器对象
            setObjectField(param.thisObject, "connManager", getSCCM());
        }
    });
}


// 检查 DefaultHttpClient 类是否已被加载到当前应用中
public boolean hasDefaultHTTPClient() {
    try {
        Class.forName("org.apache.http.impl.client.DefaultHttpClient");
        return true;
    } catch (ClassNotFoundException e) {
        return false;
    }
}
```

这段代码首先定义了一个检查 DefaultHttpClient 类是否存在的方法 hasDefaultHTTPClient。如果该类存在，就使用 Xposed 的 findAndHookConstructor 方法来 Hook 它的构造方法。在构造方法被调用后，通过 afterHookedMethod 回调方法，修改了实例的 defaultParams 和 connManager 字段，其中 connManager 被设置为一个自定义的连接管理器对象。通过这个定义的 connManager 对象，我们就可以绕过 SSL Pinning 限制。

4.6　本章小结

本章详细讲解了网络抓包工具和相关对抗技术。首先，我们详细介绍了三种主流的抓包工具 Fiddler、Charles 和 Wireshark，然后介绍了 SSL Pinning 保护机制下的抓包处理方案，接着分析了 Xposed 框架下的 JustTrustMe 模块的工作原理。网络抓包技术的灵活应用可以帮助爬虫程序开发者理解目标网站的网络请求和响应过程，这对于设计高效且能模拟正常用户行为的爬虫至关重要。

4.7　本章练习

1. 绕过 SSL Pinning 保护机制的网络数据抓包实践

请从应用商店中下载一款 App，将它安装在 Android 7.0 以上版本的操作系统中。使用 Charles 或 Fiddler 等代理抓包软件完成对该 App 的网络抓包操作。

2. 抓包工具插件开发

本章介绍了多款网络抓包工具，这些抓包工具通常都允许开发者开发插件以扩展其功能。现在，请为 Charles 抓包工具开发一款插件，使其可以自动在 HTTP 请求头中添加"userid: 10086"这个请求头信息。

3. Xposed Module 实战

查阅资料了解 Xposed 的工作原理，并开发一个自己的 Xposed Module，利用该 Module 实现对某个 App 中的方法的 Hook 操作。

第5章

JavaScript 逆向分析技术

在第 4 章中，我们介绍了基于 Selenium 自动化框架的爬虫程序开发。与 HttpClient 等基于网络请求的爬虫相比，Selenium 能够模拟用户操作，为各种网站的数据抓取提供了一种通用解决方案，有效避免了解析加密参数等复杂问题。然而，自动化框架的网络数据采集性能通常低于直接发送 HTTP 请求的方法。

一些读者可能会认为，只要能够接受自动化框架带来的性能损失，就无须学习 JavaScript 逆向分析技术。但事实上，即使使用了 Selenium 等自动化处理框架，也不能保证万无一失。许多网站能够检测到基于自动化框架的无头浏览器，并可能通过 JavaScript 逻辑将爬虫重定向到异常处理路径，从而阻止爬虫获取正常网页内容。即使读者尝试直接查看 JavaScript 代码以规避这些问题，也可能会发现代码经过混淆加密，难以阅读。

本章将首先介绍网站的反爬虫机制和策略，并探讨如何绕过这些机制。随后，将深入讲解浏览器指纹的概念、工作原理，以及如何绕过浏览器指纹的检测。正如《孙子兵法》的"谋攻篇"所云："故知己知彼，百战不殆"，因此，本章还将介绍 JavaScript 代码保护技术，包括阻止断点调试、基于 DevTools 的检测技术以及代码混淆技术。接下来，将探讨 JavaScript Hook 技术，为分析和解密 JavaScript 处理逻辑打下基础。最后，通过实战练习，本章将指导读者进行 JavaScript 逆向分析。

5.1 常见的反爬虫策略及其应对方案

本节将介绍常见的反爬虫策略及其应对方案。了解这些策略及其工作原理对于开发高效且适应各种环境的爬虫程序至关重要。

5.1.1 基于访问频率的检查与访问限制

访问频率指的是客户端在单位时间内向服务器发送网络请求的次数。正常情况下，用户浏览网页的频率不会像爬虫程序那样频繁，而且具有不同的访问特征。科学研究显示，真实人类以天为周期访问网站的次数 y 与时间 x 大致满足：$y=a + k \times x^b$（$0<b<1$, $a, k>0$）。其中 a、k 为调节常量，如

图 5-1 所示。

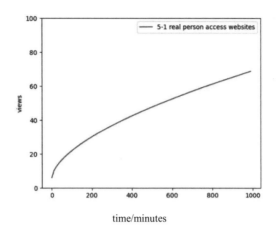

图 5-1　真实人类访问网站的次数与时间的关系

而爬虫访问网站的次数与时间大致呈线性关系，通常可以表示为 $y=k\times x$，其中 k 为大于 0 的常量，如图 5-2 所示。

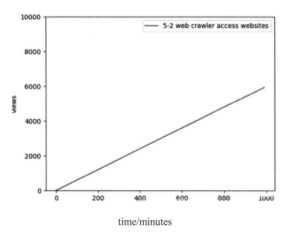

图 5-2　爬虫程序访问网站的次数与时间的关系

结合图 5-1 和图 5-2 可以看出，爬虫与人类访问网站的最大区别在于，人类对网站的访问会在较短时间内完成，并收敛于某个时刻，而爬虫对网站的周期访问量则是线性递增的。因此，很多网站采用基于访问频率限制的反爬虫策略。这种策略的主要前提是识别出客户端的身份标识。客户端身份标识一般会通过 IP 地址、用户设备信息和用户登录后的 Cookie、Token 等用户凭证信息来建立。一旦确定了客户端的身份标识，网站服务器端就可以监控每个客户端的访问量与时间的关系，并实施基于访问频率限制的反爬虫策略。例如，可以在特定的时间范围内限制单个客户端对网站的访问总量。具体而言，可以根据真实用户访问频率曲线来判断某个客户端的访问是否来自真实人类用户。

针对基于访问频率限制的反爬虫策略，如果对数据爬取的性能要求不高，可以通过随机暂停（sleep）一段时间来避免被网站检测到，就像下面这样：

```
Thread.sleep(random.nextInt(1000));
```

更普遍的解决方案是采取代理池技术。代理池技术通过收集并维护大量的可用 IP 地址或用户登录凭证信息，以供需要访问网络资源的应用程序使用。

另外，不要在深夜进行频繁、大规模的数据采集任务，这样很容易让目标网站的风控系统识别出来。

5.1.2　基于请求参数和请求头信息的反爬虫技术

基于 HTTP 请求头信息来区分正常用户和爬虫程序是一项非常基础的爬虫检测手段，其中 User-Agent 和 Referer 是两个尤其需要注意的请求消息头。User-Agent 用于标记使用的浏览器类型和版本，Referer 表明请求目标网站的来源。为了避免请求被目标网站阻止，在发送 HTTP 请求时，最好将 User-Agent 和 Referer 设置得更加人性化一些，例如：

```
User-Agent: Mozilla/5.0 (Macintosh; Intel Mac OS X 10_15_7) AppleWebKit/537.36 (KHTML,
like Gecko) Chrome/117.0.0.0 Safari/537.36
Referer: https://www.baidu.com/
```

基于加密参数的接口保护机制是当前服务器端 API 常用的防护手段之一。许多云服务厂商的公共接口采用这种参数加密（签名）的方式对接口进行保护。它的基本工作流程如下：

步骤 01　客户端将请求参数按照一定规则进行排序，形成有序的参数列表。

步骤 02　将排序后的参数列表按照一定格式(如 key1=value1&key2=value2&…)拼接成字符串。

步骤 03　使用加密算法对拼接好的字符串进行加密（签名），生成唯一的加密（签名）值。

步骤 04　将加密（签名）值和其他请求参数一起发送给服务器。

步骤 05　服务器收到请求后，使用相同的加密算法和密钥对请求参数进行验证。

通常，JavaScript 作为脚本语言，它的源代码需要下载到本地浏览器中进行编译和运行。因此，我们应能看到目标网站使用的加密算法和加密密钥等信息。然而，很多网站现在增强了对 JavaScript 的保护，对 JavaScript 代码进行加密和混淆处理，使得代码逻辑的可读性大大降低。即使是非常简单的代码逻辑，也可能变得异常复杂难懂。以下是一个 JavaScript 混淆的示例代码。

```
//普通的 JavaScript 代码段
const myWebsite = "https://helloworld.com"
//混淆之后的 JavaScript 代码段
var _cs=["com","d.","s:/","orl","tp","ow","/h","ell","ht"];
const _g0 = _cs[8]+_cs[4]+_cs[2]+_cs[6]+_cs[7]+_cs[5]+_cs[3]+_cs[1]+_cs[0]
```

对于加密参数的接口保护机制，一般有两种处理方式。第一种是使用 Selenium 等自动化处理框架，这样我们可以跳过对加密参数的分析，也不必理会混淆之后晦涩难懂的 JavaScript 代码。第二种是逆向分析 JavaScript 代码，获取相关参数的加密算法和密钥。第一种处理方式在前面的章节中已经介绍过。本章后续内容将带领读者一起学习如何逆向分析加密混淆后的 JavaScript 代码。

5.1.3　基于蜜罐机制的反爬虫技术

反爬虫的蜜罐技术有多种实现方式，基本原理相似。这些蜜罐技术会设置一些诱饵内容，引诱爬虫程序进行访问，但这些内容对正常用户却是不可见的。例如，有些网站为了干扰爬虫程序对网页内容的访问，会给一些元素添加 display:none 和 visibility:hidden 等属性信息，甚至将相关元素的

color 设置成#FFFFFF。因此，在爬取数据时，要注意设置元素的可见性检查。

```
public static boolean isHiddenElement(Element element) {
    if (element == null) return false;
    String display = element.attr("display");
    String visibility = element.attr("visibility");
    String color = element.attr("color");
    return "none".equals(display) || "hidden".equals(visibility) ||
"#FFFFFF".equals(color);
    }
```

5.1.4　隐藏网页的跳转链接

有些网站会将网页元素的跳转链接隐藏起来，导致爬虫程序无法通过 HTML 直接获取网页元素的跳转链接。例如，下面的网页结构中隐藏了目标元素的跳转链接，从它的 HTML 页面内容中，我们无法直接获取这些跳转链接。目标元素的跳转链接（内容获取链接）是通过 JavaScript 动态计算生成的。

```
<tbody>
  <tr class="el-table__row" style="height: 52px;">
    <td rowspan="1" colspan="1" class="el-table_1_column_1 is-left " style="padding:
0px;">
      <div class="cell">
        <li>
          <a class="el-tooltip el-link el-link--default" aria-describedby=
"el-tooltip-4006" tabindex="0" style="font-size: 16px; color: rgb(255, 0, 0);">
            <span class="el-link--inner">目标元素 1</span></a>
      </div>
    </td>
  </tr>
  <tr class="el-table__row" style="height: 52px;">
    <td rowspan="1" colspan="1" class="el-table_1_column_1 is-left " style="padding:
0px;">
      <div class="cell">
        <li>
          <a class="el-tooltip el-link el-link--default" aria-describedby=
"el-tooltip-4012" tabindex="0" style="font-size: 16px; color: rgb(255, 0, 0);">
            <span class="el-link--inner">目标元素 2</span></a>
      </div>
    </td>
  </tr>
</tbody>
```

对于这种类型的网站，我们可以模拟用户的单击操作来获取目标元素的链接地址。另一种方法是分析 JavaScript 代码的计算方式，模拟 JavaScript 代码的操作来获取链接地址。

对于如何分析 JavaScript 代码逻辑，我们将在后续章节中介绍。现在，我们先来看看如何通过自动化框架模拟用户的点击操作来获取对应的目标元素的链接地址。

在 Selenium WebDriver 中，每个新建的窗口或选项卡都有一个唯一的标识符 windowHandle。通过不断切换 WindowHandle，可以获取不同窗口下的网页地址链接。

以下是通过模拟用户的单击行为获取网页地址链接的代码示例:

```
List<String> targetUrls = Lists.newArrayList();
WebDriver webDriver = WebDriverFactory.createWebDriver(false);
//起始列表页面
String url = "http://startup-list.com";
webDriver.get(url);
//webdriver 打开的第一个窗口是父窗口,其他窗口是它的子窗口
String originWindow = webDriver.getWindowHandle();
List<WebElement> elements = webDriver.findElements(By.xpath("{xpath_expression}"));
int length = elements.size();
for(int index = 0; index < length; index++) {
    elements = webDriver.findElements(By.xpath("{xpath_expression}"));
    WebElement element = elements.get(index);
    element.click();
    Set<String> windowHandles = webDriver.getWindowHandles();
    for(String windowHandle : windowHandles) {
        webDriver.switchTo().window(windowHandle);
    }
    targetUrls.add(webDriver.getCurrentUrl());
    //关闭当前窗口
    webDriver.close();
    webDriver.switchTo().window(originWindow);
}
webDriver.quit();
```

5.2　浏览器指纹识别与修复

在前面的章节中,我们多次使用 Selenium 自动化框架爬取数据。Selenium 自动化框架可以方便地采集异步动态加载的网页内容,模拟用户操作以获取隐藏的 href 属性的网页元素链接,即使遇到带有加密参数的接口,也可以跳过具体加密逻辑的分析,直接获取访问数据。不幸的是,类似 Selenium WebDriver 这样的自动化框架会暴露很多特征,这些特征足以让目标网站区分正常用户和爬虫程序。

这就涉及浏览器指纹识别(Browser Fingerprinting)。接下来,将介绍浏览器指纹识别的概念,以及浏览器指纹识别在反爬虫领域的工作原理。

5.2.1　浏览器指纹识别的工作原理

浏览器指纹识别通过分析浏览器的配置和设置信息来识别 Web 客户端。例如,尽管每天有数亿用户通过不同的设备和浏览器访问百度网站,但通过收集特定的信息,可以对用户进行区分。以笔者为例,使用的操作系统是 Macintosh; Intel Mac OS X 10_15_7,浏览器版本为 Chrome/118.0.0.0,屏幕分辨率为 1440×900,IP 地址显示归属地为北京。结合 Canvas、AudioContext、WebRTC 和 WebGL 等高级指纹信息,可以显著提高识别浏览器客户端的准确性。研究显示,浏览器指纹识别技术能够以 99.24%的准确率唯一标识用户。这些指纹信息可以通过 HTTP 请求头或通过 JavaScript 从本地浏

览器环境中获取。

浏览器指纹识别技术的应用广泛：

（1）基于浏览器指纹对 Web 客户端具有高区分度的特性，可以应用于个性化推荐系统。

（2）通过读取 Web 客户端的地理位置和语言信息，可以改善用户体验。

（3）根据浏览器的指纹信息制定反爬虫策略。

下面我们将重点探讨浏览器指纹识别技术在反爬虫领域发挥的作用。

5.2.2 浏览器指纹泄露

通常，反爬虫技术可以通过两种策略利用浏览器指纹识别技术来完成反爬虫的工作。

第一种策略是利用无头浏览器的指纹泄露来实现反爬虫功能。爬虫程序通过自动化框架驱动的浏览器一般都是无头浏览器，这些浏览器与正常用户使用的浏览器有很多不同的特征点。网站可以通过这些特征点来判断当前的访问者是爬虫程序还是正常用户。

第二种策略是利用浏览器指纹的高区分度来实现反爬虫功能。网站可以通过浏览器指纹追踪 Web 客户端的访问路径，如果一个 Web 客户端建立了过多的非自然连接，或者以非人类的速度访问网页内容，那么该 Web 客户端就极有可能被网站标记为爬虫程序。

例如，当使用自动化工具（如 Selenium）时，最常见的指纹泄露问题之一是 navigator.webdriver 的泄露。在常规浏览器中，这个属性通常是 false 或 undefined，但在使用自动化工具驱动的浏览器中，这个属性会被设置为 true。因此，网站可以通过 JavaScript 在页面加载时检查 Navigator 对象的 webdriver 属性，以判断客户端是否由自动化程序驱动。如果发现客户端具有 webdriver 属性，网站通常会将它视为爬虫并采取限制措施；如果未检测到该属性，客户端则被视为正常用户。

此外，还有基于浏览器版本特征的检测方法。例如，如果一个 Web 客户端在其 UserAgent 中声明浏览器版本为 Chrome 114，但网站通过 JavaScript 检测发现该浏览器缺少 Chrome 114 应有的关键特征，这种不一致也可能导致该客户端被判定为爬虫程序。类似的指纹泄露还有很多，可以在诸如 https://bot.sannysoft.com/ 等网站上找到更多关于浏览器自动化工具的指纹泄露项。图 5-3 是笔者当前使用的浏览器的检测结果示例。

Test Name		Result
User Agent	(Old)	Mozilla/5.0 (Windows NT 10.0; Win64; x64) AppleWebKit/537.36 (KHTML, like Gecko) Chrome/118.0.0.0 Safari/537.36
WebDriver	(New)	missing (passed)
WebDriver Advanced		passed
Chrome	(New)	present (passed)
Permissions	(New)	prompt
Plugins Length	(Old)	5
Plugins is of type PluginArray		passed
Languages	(Old)	zh-CN,zh,en
WebGL Vendor		Google Inc. (Google)
WebGL Renderer		ANGLE (Google, Vulkan 1.3.0 (SwiftShader Device (Subzero) (0x0000C0DE)), SwiftShader driver)
Broken Image Dimensions		16x16

图 5-3 浏览器指纹检测结果

5.2.3　浏览器指纹泄露修复

通过前面的学习，我们已经了解了浏览器指纹泄露的基本原理，那么应该如何来防止浏览器中的指纹特征被检测到呢？

其中一个有效的解决方案是在页面刚刚加载时，执行自定义的 JavaScript 脚本，对浏览器中的指纹特征值进行修改。

举例来说，如果我们想要修补 ChromeDriver 驱动的 Chrome 浏览器中的 Navigator.webdriver 指纹泄露问题，可以采用如下方式实现：

```
Map<String, Object> params = Maps.newHashMap();
params.put("source", "if (navigator.webdriver !== false && navigator.webdriver !==
undefined) {delete Object.getPrototypeOf(navigator).webdriver}");
chromeDriver.executeCdpCommand("Page.addScriptToEvaluateOnNewDocument", params);
```

一些指纹泄露的特征信息基本上是公开的，目前有很多公开库可以处理这些指纹特征信息的泄露问题。我们可以下载 stealth.min.js，并在网页加载时执行该脚本，从而隐藏一些众所周知的浏览器自动化工具指纹。

处理完浏览器指纹泄露的信息后，我们可以通过一些浏览器指纹识别网站来检查指纹信息泄露防范效果。

对于那些已知的浏览器指纹泄露问题，我们可以采取一些相对简单的预防措施。但遗憾的是，主流浏览器更新迭代迅速，新版本可能会包含一些新的指纹泄露问题。而与之对应的是，指纹泄露处理的开源库更新并不总是同步。这就需要了解网站是如何检测我们使用的浏览器指纹信息的。网站为了阻止爬虫程序发现网站采用的检测方法，会想方设法地保护自己的 JavaScript 代码。这就像我们小时候玩的捉迷藏游戏，双方的对抗没有尽头。

接下来，我们将学习一些 JavaScript 代码保护技术，了解这些技术是如何工作的。

5.3　JavaScript 代码保护技术

相信本书的读者对 JavaScript 有一定的了解或开发经验。即便如此，这里还是简要介绍一下 JavaScript 的工作原理。JavaScript 是一种解释型语言，这意味着它的源代码从本质上来讲是完全公开的。它的基本加载工作机制如图 5-4 所示。

图 5-4　JavaScript 代码的加载工作机制

当用户浏览网页时，JavaScript 代码必须首先加载到本地浏览器，然后才能执行。因此，理论上讲，任何网页访问者都能够访问 JavaScript 的全部源代码。这就引出了一个问题：JavaScript 代码的开发者如何保护他们的代码呢？

为了防止代码逻辑被逆向工程分析，或者为了隐藏潜在的恶意功能，JavaScript 开发者通常会采取措施，防止他人分析其源代码。源代码分析主要分为两种方式：静态分析和动态分析。

为了抵御静态分析，开发者通常会对 JavaScript 代码执行加密和混淆处理，使得直接阅读源代码变得困难。而为了防御动态分析，开发者可能会采用 JavaScript 代码反调试技术，并在代码运行时采取措施防止篡改。

接下来，我们将探讨目前广泛使用的 JavaScript 代码反调试技术。

5.3.1　JavaScript 代码反调试技术

JavaScript 代码的反调试技术能够显著增加动态分析的难度。例如，开发者可以在 JavaScript 代码中策略性地插入随机断点，这样的做法可以干扰分析者执行常规的调试操作。此外，通过重新定义全局函数，可以改变调试器的预期行为。开发者还可以实现检测机制，以识别访问者是否正在使用开发者工具进行调试，或者是否有人在尝试对 JavaScript 代码进行反混淆处理。

1. 浏览器开发者工具简介

大部分读者应该对使用浏览器开发者工具进行调试（Debug）操作并不陌生。目前，几乎所有浏览器都集成了功能强大的开发者工具，简称为 DevTools。

以 Chrome 浏览器为例，它目前集成了 20 余项功能选项卡，每个选项卡都侧重不同的功能点。对于 JavaScript 代码分析者来说，使用的选项卡包括：元素选项卡、控制台选项卡、源代码选项卡和网络选项卡。

1）元素选项卡

元素选项卡可以显示当前页面的 DOM 树，用户也可以通过该功能实时修改当前页面的 DOM 树。举例来说，如果想将百度搜索按钮的背景颜色修改成红色，就可以通过元素选项卡来完成。只需在元素选项卡中选中搜索框的按钮，并将 background-color 样式设置为红色即可，如图 5-5 和图 5-6 所示。

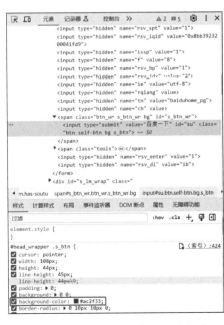

图 5-5　利用开发者工具修改元素样式

图 5-6　元素样式修改效果

2）控制台选项卡

控制台选项卡类似于交互式终端，在这里可以查看 JavaScript 代码打印的日志信息，方便我们定位问题。我们也可以在这里输入 JavaScript 代码，并让这些代码实时生效，甚至改变原有网页的行为。例如，打开某个网站的登录页面，并在控制台选项卡中输入如下代码：

```javascript
document.querySelector('button').addEventListener('click', function(){
  alert("login button is clicked");
});
```

通过在网页中注入上述代码，可以监控该页面上所有 button 元素的单击操作。当用户单击登录按钮时，将会弹出一个提示框，显示消息 "login button is clicked"，具体效果如图 5-7 所示。

图 5-7　利用开发者工具向网页注入 JavaScript 代码的效果展示

3）源代码选项卡

源代码选项卡可以查看完整的网页源代码，对源代码进行单步调试，观察代码的调用堆栈，并动态修改代码中的变量。为了更加清晰地说明源代码选项卡的作用，笔者编写了一个简单的 HTML 页面。它的内容如下：

```html
<!DOCTYPE html>
<html>
<head>
<meta charset="UTF-8">
<title>example page 1</title>
</head>
<body>
<input type = "button" value = "点击我" onclick = "hello('World')" />
<script>
    function hello(name) {
      let phrase = 'Hello, ${name}!';
      say(phrase);
    }
```

```
    function say(phrase) {
      alert(phrase);
    }
</script>
</body>
</html>
```

首先，在 Chrome 浏览器中打开上面的网页内容并进入开发者工具，切换到"源代码/来源"选项卡，可以看到如图 5-8 所示的视图。

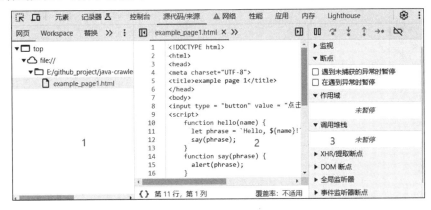

图 5-8　开发者工具源代码选项卡视图界面

可以看到，源代码选项卡主要由以下 3 个部分组成。

（1）文件导航窗口：列举了整个网页相关的文件列表和路径，主要包括 HTML、JavaScript、CSS 以及浏览器扩展插件等内容。

（2）代码编辑窗口：在此窗口中，可以查看和编辑各个文件的源代码，还可以设置调试断点。

（3）调试信息窗口：展示了当前设置的断点信息和调用堆栈信息等调试相关内容。

我们可以通过两种方法为当前页面的代码设置断点。

第　种方法是在代码编辑窗口中单击对应的行号来设置断点，具体操作界面如图 5-9 所示。

图 5-9　在代码编辑窗口中设置断点

调试信息窗口会展示我们设置的所有断点信息。除了设置普通的断点外，还可以设置条件断点

（Conditional Breakpoints）。现在，我们将图 5-9 中的第一个断点修改为条件断点，设置只有当 param 变量等于"World"时才会触发断点。设置后的效果如图 5-10 所示。

图 5-10   条件断点设置的效果

第二种方式是直接在代码编辑窗口中插入 debugger 命令，具体效果如图 5-11 所示。

图 5-11   通过插入 debugger 命令设置断点

4）网络选项卡

通过网络选项卡，可以观察网络流量的情况及网络请求和响应。对于爬虫程序开发者来说，最感兴趣的内容通常是各个文件的具体请求和响应信息。通过网络选项卡，我们会看到浏览器实时发送和接收的每个请求。单击每个请求，可以访问请求和响应的具体信息、Cookie 和耗时等数据。

2. 针对 DevTools 的 JavaScript 反调试技术

在当前的浏览器执行环境中，DevTools 在调试 JavaScript 代码时扮演了关键角色。为了有效地保护浏览器中运行的 JavaScript 代码，目前常用的 JavaScript 反调试技术主要通过以下三种方式实现：阻断 DevTools 功能的正常使用、修改 debug 函数的默认行为以及检测 DevTools 的开启状态。

1）阻止 DevTools 功能的使用

防止 JavaScript 被动态分析的一个有效实现手段是在匿名函数中创建大量断点。简单来说，就是循环调用 debugger 命令。虽然这在代码实现上很简单，但从实现效果上来讲却很有效。

```
setInterval(function () { debugger; }, 1000);
```

如果 JavaScript 开发者在代码中添加了上述语句，在代码分析者打开 DevTools 之后，代码会不断触发调试（Debug），导致无法对 JavaScript 代码进行有效的动态分析，效果如图 5-12 所示。

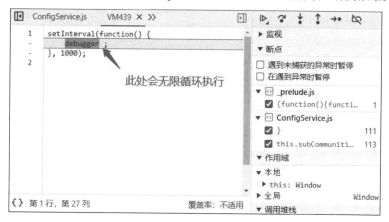

图 5-12　循环调用 debugger 命令执行的效果

这种基于动态匿名函数不断循环执行 debugger 命令的操作相对比较难处理。因为代码分析者无法通过预设条件断点或函数重写的方法来停止它。具体的解决方案将在后面的章节中详细讲解。

2）修改 Debug 的默认行为

JavaScript 代码开发者不仅可以阻碍代码分析者开启 Debug 功能，还可以修改一些全局方法的默认行为，从而对代码分析者造成困扰。例如，很多代码分析者在 Debug 时经常使用 console 或 alert 方法来记录分析结果。代码开发者可以重新定义 window.alert 和 window.console 这两个对象的方法，改变它们的默认行为。下面举一个例子来说明相关的应用场景：

```
function notifyBackend(args) {
  //send args and webclient information to backend
  console.log("send args and webclient information to backend");
}
var original = window["alert"];
window["alert"] = function(args) {
  notifyBackend(args);
  original(args);
}
```

在上述代码中，我们重新定义了 window["alert"]方法，使得当 alert 方法被调用时，会发送消息给后端服务。这样，代码开发者就会发现有人正在分析他们的代码。执行效果如图 5-13 所示。

图 5-13　重新定义 window["alert"]方法后的执行效果

同样的道理，代码开发者可以重写 console.log 方法来保护一些重要的变量数据。设想这样一个场景：JavaScript 代码中有一个加密函数 encrypt(params)，其作用是生成加密参数，而该加密函数的实现逻辑已经被混淆处理。代码分析者可能试图通过打印加密函数返回结果来分析它的内部逻辑。此时，代码开发者可以通过以下代码来阻挠代码分析者获取加密参数。

```
function encrypt(params) {
  // 添加混淆处理的加密逻辑
  return "key=" + "${加密处理后的参数值}";
}
console.log(encrypt("test"));
//重新定义 window["console"]["log"]方法
var original = window["console"]["log"];
var fake = function(args) {
  if(args.indexOf("key=") > -1) {
     original("key=" + Math.random().toString(16).slice(-6));
  } else {
     original(args);
  }
}
window["console"]["log"] = fake;
console.log(encrypt("test"));
```

上述代码的执行结果如图 5-14 所示。

图 5-14　重写 console.log 方法保护加密参数读取

3）检测 DevTools 的开启状态

第三种 JavaScript 反调试技术主要是检测 DevTools 是否处于开启状态。在 GitHub 上有一个名为 devtools-detect 的开源项目，该项目目前已获得了 1900 个 stars。它主要使用以下代码段来判断浏览器的 DevTools 窗口是否被开启的。

```
const widthThreshold = globalThis.outerWidth - globalThis.innerWidth > threshold;
const heightThreshold = globalThis.outerHeight - globalThis.innerHeight > threshold;
const orientation = widthThreshold ? 'vertical' : 'horizontal';
```

通过 JavaScript 代码，我们可以获取到浏览器的外部窗口大小 outerWidth 和 outerHeight（即包含工具栏的整体浏览器窗口大小），也可以获取到浏览器的内部窗口大小 innerWidth 和 innerHeight（即不包含工具栏的浏览器窗口大小）。浏览器内部窗口和外部窗口的比较示意图如图 5-15 所示。

图 5-15　浏览器外部窗口与内部窗口比较示意图

基于以上原理，JavaScript 代码开发者可以设置一个阈值 threshold，例如 170px。如果 outerWidth－innerWidth 的宽度差或 outerHeight－innerHeight 的高度差大于 threshold 值，则可以判断 DevTools 已经被开启。然而，这种方法无法检测到 DevTools 在独立窗口中开启的情况。

在互联网上，关于如何有效检测浏览器的 DevTools 是否开启的讨论一直存在。随着浏览器技术的持续迭代和更新，一些旧的检测方法可能已经失效。然而，基于逻辑处理时间差异的检测方法至今仍然是一种非常有效的手段。

为了加深理解，我们将通过一个示例来演示这种方法的工作原理和应用效果。

```
<!DOCTYPE html>
<html lang="en">
<head>
    <meta charset="UTF-8">
    <title>DevTools 状态检测</title>
</head>
<body>
<div class="container">
    <h1>DevTools 状态检测</h1>
    <p id="open" class="status open" style="display: none;">DevTools 处于开启状态</p>
```

```
        <p id="close" class="status close">DevTools 处于关闭状态</p>
        <p>请打开或关闭开发者工具以查看状态变化。</p>
    </div>
    <script>
        setInterval(function() {
            var startTime = performance.now();
            debugger;
            var diff = performance.now() - startTime;
            if (diff > 400) {
                document.querySelector('#open').style.display = "block";
                document.querySelector('#close').style.display = "none";
            } else {
                document.querySelector('#open').style.display = "none";
                document.querySelector('#close').style.display = "block";
            }
        }, 500);
    </script>
    </body>
    </html>
```

上述代码在先前实现的无限循环调试代码的基础上进行了改进，引入了一种基于逻辑处理时间差异的检测机制，用以判断 DevTools 是否处于开启状态。它的执行效果如图 5-16 所示。

图 5-16　基于逻辑处理时间差异的 DevTools 状态检测效果

5.3.2　基于完整性检测的代码保护技术

完整性检测技术是一种保护代码避免被恶意篡改的有效手段。该技术不仅对运行在不安全环境中的代码（例如 JavaScript）有效，即使是在服务器端，它也发挥着重要作用。下面将讨论完整性检测是如何保护 JavaScript 代码。

通常来说，代码分析者在反混淆 JavaScript 代码的过程中，经常会重新定义变量和函数名称以便提高代码的可读性。但是，在 JavaScript 语言中，有一个函数叫作 arguments.callee.caller，通过这个函数，代码编写者可以轻松判断在整个调用过程中是否有函数的名称发生了变更。为了更好地理解 arguments.callee.caller 函数是如何发挥作用的，我们来看一个简单的例子：

```
function printStackTrace() {
    var stackTrace = "", fn = arguments.callee;
    while ((fn = fn.caller)) {
        stackTrace = stackTrace + "#" +fn.name;
    }
```

```
        console.log(stackTrace);
    }
    function invokeFourthLevel() {
        printStackTrace();
    }
    function invokeThirdLevel() {
        invokeFourthLevel();
    }
    function invokeSecondLevel() {
        invokeThirdLevel();
    }
    function invoke() {
        invokeSecondLevel();
    }
    invoke();
```

读者可以尝试修改上述代码中的任意函数名称，会发现对调用链上的任意函数名称进行修改都会导致打印结果发生变化。现在，我们举一个更具有实际意义的例子：对上面的例子进行修改，使得只有当前调用栈的哈希值与预先计算的哈希值一致时才执行正常处理逻辑，否则执行异常处理逻辑。具体代码如下：

```
    function hash(str) {
        var hash = 0;
        if (str.length == 0) return hash;
        for (i = 0; i < str.length; i++) {
            ch = str.charCodeAt(i);
            hash = ((hash << 5) - hash) + ch;
            hash = hash & hash;
        }
        return hash;
    }
    function hashStackTrace() {
        var stackTrace = "", fn = arguments.callee;
        while ((fn = fn.caller)) {
            stackTrace = stackTrace + "#" +fn.name;
        }
        return hash(stackTrace);
    }
    function invokeFourthLevel() {
        if(hashStackTrace() !== 1760824317) {
            console.log("I am exception handle logic");
            //执行异常处理逻辑
        } else {
            console.log("I am normal handle logic");
            //执行正常处理逻辑
        }
    }
    function invokeThirdLevel() {
        invokeFourthLevel();
    }
```

```
function invokeSecondLevel() {
    invokeThirdLevel();
}
function invoke() {
    invokeSecondLevel();
}
invoke();
```

在实际应用中，上述代码通常会被混淆处理。混淆后的代码可能会变成下面这样：

```
(function (_0x435885, _0xe94887) {
    var _0xb41065 = _0x2878, _0x58e312 = _0x435885();
    while (!![]) {
        try {
            var _0x2d7e77 = parseInt(_0xb41065(0xc3)) / (0x190d + -0x3d * -0x93 + -0x49f
* 0xd) + -parseInt(_0xb41065(0xce)) / (0x2fa * -0x9 + -0x947 + 0x2413) *
(parseInt(_0xb41065(0xcb)) / (0x6d0 + 0x1869 + -0x1 * 0x1f36)) + parseInt(_0xb41065(0xcc))
/ (-0x1 * 0x1c82 + 0x1de0 + -0x1 * 0x15a) + parseInt(_0xb41065(0xd9)) / (0xdbd + 0xbb * 0x2d
+ -0x2e97) * (-parseInt(_0xb41065(0xd3)) / (-0x17ed + -0x29 * -0x41 + -0x1 * -0xd8a)) +
-parseInt(_0xb41065(0xc2)) / (0x3 * 0xa59 + -0xedb + -0x1029) * (parseInt(_0xb41065(0xda))
/ (0x9ac * 0x3 + 0x9dd + 0x3 * -0xcf3)) + parseInt(_0xb41065(0xc4)) / (0xfc * -0x17 + 0x977
* 0x3 + -0x5b8) + parseInt(_0xb41065(0xd0)) / (-0x3f8 * -0x8 + 0x52f + -0x24e5);
            if (_0x2d7e77 === _0xe94887)
                break;
            else
                _0x58e312['push'](_0x58e312['shift']());
        } catch (_0x203ec6) {
            _0x58e312['push'](_0x58e312['shift']());
        }
    }
}(_0x32d4, 0x142cfd + -0x2 * 0x604f3 + 0x42677));
function hash(_0x1f726e) {
    var _0x479907 = _0x2878, _0x32632d = {
        'XbTFn': function (_0xc900e5, _0x36daee) {
            return _0xc900e5 == _0x36daee;
        },
        'tqAjC': function (_0x5b6bd5, _0x37e9cb) {
            return _0x5b6bd5 < _0x37e9cb;
        },
        'yxZDA': function (_0x4e1ca2, _0x5c25b3) {
            return _0x4e1ca2 + _0x5c25b3;
        },
        'OExzv': function (_0x2bc41b, _0x4cbee2) {
            return _0x2bc41b - _0x4cbee2;
        },
        'RbzqL': function (_0x20b017, _0x401b8f) {
            return _0x20b017 << _0x401b8f;
        },
        'CqAgM': function (_0x31df4c, _0x2d88e4) {
            return _0x31df4c & _0x2d88e4;
        }
```

```
        }, _0x2c5c2d = -0x18ab + 0x108f + 0x81c;
        if (_0x32632d[_0x479907(0xd5)](_0x1f726e[_0x479907(0xca)], -0x7 * 0x45b + -0xdd4 +
0x2c51))
            return _0x2c5c2d;
        for (i = 0x74 * 0x24 + -0x1aa * 0xd + 0x552; _0x32632d[_0x479907(0xd8)](i,
_0x1f726e[_0x479907(0xca)]); i++) {
            ch = _0x1f726e[_0x479907(0xc6)](i), _0x2c5c2d =
_0x32632d[_0x479907(0xc5)](_0x32632d[_0x479907(0xdb)](_0x32632d[_0x479907(0xd1)](_0x2c5c
2d, 0x1e7 * -0x2 + -0x512 + 0x8e5), _0x2c5c2d), ch), _0x2c5c2d =
_0x32632d[_0x479907(0xd6)](_0x2c5c2d, _0x2c5c2d);
        }
        return _0x2c5c2d;
    }
    function hashStackTrace() {
        var _0x431e10 = _0x2878, _0x17de7f = {
            'CSPgk': function (_0x49f548, _0x286247) {
                return _0x49f548 + _0x286247;
            },
            'iQOGx': function (_0x4b7919, _0x3dbb2d) {
                return _0x4b7919 + _0x3dbb2d;
            },
            'ogwGn': function (_0x2e6020, _0x3eb51c) {
                return _0x2e6020(_0x3eb51c);
            }
        }, _0x3dd5a4 = '', _0x1f8b40 = arguments[_0x431e10(0xc9)];
        while (_0x1f8b40 = _0x1f8b40[_0x431e10(0xc7)]) {
            _0x3dd5a4 = _0x17de7f[_0x431e10(0xcf)](_0x17de7f[_0x431e10(0xc8)](_0x3dd5a4,
'#'), _0x1f8b40[_0x431e10(0xd7)]);
        }
        return _0x17de7f[_0x431e10(0xdc)](hash, _0x3dd5a4);
    }
    function _0x3571() {
        if(hashStackTrace() !== 709181214) {
            console.log("I am exception handle logic");
            //执行异常处理逻辑
        } else {
            console.log("I am normal handle logic");
            //执行正常处理逻辑
        }
    }
    function _0x3570() {
        var _0x3a6e5 = _0x2878, _0x2c97d6 = {
            'phOtx': function (_0x50eb4e) {
                return _0x50eb4e();
            }
        };
        _0x2c97d6[_0x3a6e5(0xd4)](_0x3571);
    }
    function _0x32d4() {
        var _0x1f9d81 = [
```

```
        'RbzqL',
        'IUNpK',
        '336rTMdjP',
        'phOtx',
        'XbTFn',
        'CqAgM',
        'name',
        'tqAjC',
        '41450KDbHzp',
        '8RtAhDn',
        'OExzv',
        'ogwGn',
        '8184183GzjfNP',
        '379742NmVMwI',
        '10980549KwNELv',
        'yxZDA',
        'charCodeAt',
        'caller',
        'iQOGx',
        'callee',
        'length',
        '1302762UfjUKX',
        '3547416UAEcUW',
        'vQznn',
        '2oFdZoQ',
        'CSPgk',
        '3862680WQGLkB'
    ];
    _0x32d4 = function () {
        return _0x1f9d81;
    };
    return _0x32d4();
}
function _0x3569() {
    var _0x597fd8 = _0x2878, _0x126c37 = {
        'IUNpK': function (_0x1810b3) {
            return _0x1810b3();
        }
    };
    _0x126c37[_0x597fd8(0xd2)](_0x3570);
}
function _0x3568() {
    var _0x2d0b37 = _0x2878, _0x15fb17 = {
        'vQznn': function (_0x2e28a5) {
            return _0x2e28a5();
        }
    };
    _0x15fb17[_0x2d0b37(0xcd)](_0x3569);
}
function _0x2878(_0x5de531, _0x378b32) {
```

```
    var _0x958b5a = _0x32d4();
    return _0x2878 = function (_0x38c292, _0x385bcc) {
        _0x38c292 = _0x38c292 - (0x1047 + 0x1d60 + 0x2ce5 * -0x1);
        var _0x564c11 = _0x958b5a[_0x38c292];
        return _0x564c11;
    }, _0x2878(_0x5de531, _0x378b32);
}
_0x3568();
```

在上述代码中，所有函数名称都已被改写（为了便于读者理解，部分关键处理逻辑未经过混淆处理）。在这种情况下，如果代码分析者尝试重新命名函数名称，最终处理逻辑必然执行到异常处理分支。这就是完整性检测技术在 JavaScript 代码保护中的一种典型应用。

5.3.3　限制 JavaScript 代码执行环境

前面我们讲过如何基于浏览器指纹识别技术来判断是正常用户还是爬虫程序。限制 JavaScript 代码执行环境与浏览器指纹识别技术在实现原理上基本相同。不同之处在于，"基于代码运行环境的代码保护技术"检查的范围更广，它不仅检查代码是否运行在真实的浏览器中，而且还检查代码是不是通过真实的域名或服务获取的，甚至检查代码是否运行在"代理对象"中。例如，代码分析者可能会在本地启动一个 Node 服务，然后通过该服务加载 JavaScript 代码。以下代码可能会给代码分析者带来一些麻烦。

```
if (location.hostname === "localhost" || location.hostname === "127.0.0.1") {
    console.log("I am exception handle logic");
} else {
    console.log("I am normal handle logic");
}
```

5.3.4　JavaScript 代码混淆技术

代码混淆技术是保护 Web 客户端上 JavaScript 代码的关键手段。我们之前讨论的多种技术，包括反调试技术、代码运行环境限制技术以及浏览器指纹检测技术，都需要与 JavaScript 代码混淆技术结合使用，以实现更优的保护效果。针对逆向工程的威胁，OWASP 明确建议开发者采用混淆工具来加固代码安全："为了有效防止逆向工程，你必须使用一个混淆工具。"

常见的 JavaScript 代码混淆技术包括重命名变量和函数名、垃圾代码注入、控制流扁平化以及字符串数组映射等。

接下来介绍一些常用的 JavaScript 代码混淆工具。

1. javascript-obfuscator

目前市场上最受欢迎的混淆开源工具是 javascript-obfuscator，截至编写本章内容时，该项目已经获得了 119000 个 stars。同时，它还提供了线上版本：https://obfuscator.io/。

1）安装与配置

使用 YARN 或 NPM 进行安装：

```
$ yarn add --dev javascript-obfuscator
```

```
or
$ npm install --save-dev javascript-obfuscator
```

安装成功后，我们会在当前目录的 package.json 文件中的 devDependecies 列表下看到 javascript-obfuscator。

接下来，运行官方网站给出的示例。

```
var JavaScriptObfuscator = require('javascript-obfuscator');
var obfuscationResult = JavaScriptObfuscator.obfuscate(
    `
    (function(){
        var variable1 = '5' - 3;
        var variable2 = '5' + 3;
        var variable3 = '5' + - '2';
        var variable4 = ['10','10','10','10','10'].map(parseInt);
        var variable5 = 'foo ' + 1 + 1;
        console.log(variable1);
        console.log(variable2);
        console.log(variable3);
        console.log(variable4);
        console.log(variable5);
    })();
    `, {
        compact: false,
        controlFlowFlattening: true,
        controlFlowFlatteningThreshold: 1,
        numbersToExpressions: true,
        simplify: true,
        stringArrayShuffle: true,
        splitStrings: true,
        stringArrayThreshold: 1
    }
);
console.log(obfuscationResult.getObfuscatedCode());
```

如果一切顺利，我们在控制台看到的输出结果如图 5-17 所示。

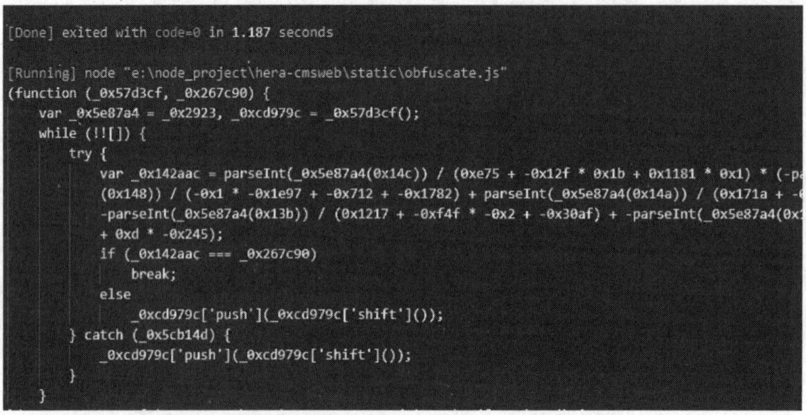

图 5-17　javascript-obfuscator 执行代码混淆效果

javascript-obfuscator 提供了一系列插件，这些插件能够与流行的打包工具无缝集成，从而简化项目代码在打包和发布过程中应用代码混淆技术的步骤。具体安装和使用方法可参考官方文档，这里不再赘述。

2）主要支持的混淆技术

- 控制流扁平化：所谓控制流，就是程序中代码指令执行的顺序。一般来讲，为了便于代码的维护和扩展，代码的逻辑结构和执行流程是十分清晰的。控制流扁平化技术就是反其道而行之，将代码的执行流程变得晦涩难懂，从而增加代码逆向工程的难度。但是，控制流扁平化处理会带来一个明显的副作用，就是代码执行性能的下降。具体的工作原理在后面的章节中详细讲解。
- 垃圾代码注入：垃圾代码注入指的是将一些永远不会执行的代码添加到原有的代码逻辑中，从而增加 JavaScript 被逆向分析的难度。
- 重命名变量和函数名：主要是用乱码文本、十六进制模式等方式重命名变量和函数名，以使不熟悉代码控制流程的人更难阅读和调试。
- 字符串数组映射：基本思想是将字符串放到一个字符串数组中，然后通过索引的方式对字符串进行使用。

除了上述提及的混淆技术外，javascript-obfuscator 还支持一些我们之前提及的反调试技术，例如 debugProtection、disableConsoleOutput、domainLock 等。

2. jsFuck

jsFuck 是一款著名的 JavaScript 混淆工具，它能将 JavaScript 代码转换成只有 "()+[]!" 这 6 个字符的奇怪形式。该工具的创始人是一位名为 Jason Orendorff 的程序员，他在 2008 年开发了这个工具并将它命名为 jsFuck。目前，该项目在 GitHub 网站上已经获得超过 7000 个 stars。官方网站给出了一个例子：我们平时写的一行普通代码 alert(1)，经过 jsFuck 转换之后会变成：

```
[][(![]+[])[+[]]+([![]]+[][[]])[+!+[]+[+[]]]+(![]+[])[!+[]+!+[]]+(!![]+[])[+[]]+(!![]+[])[!+[]+!+[]+!+[]]+(!![]+[])[+!+[]]]((![]+[])[+!+[]+[+[]]]+(!![]+[])[+[]]+(!![]+[])[+!+[]]+([][[]]+[])[+!+[]]+(!![]+[])[+[]]+([][[]]+[])[+[]]+([][(![]+[])[+[]]+([![]]+[][[]])[+!+[]+[+[]]]+(![]+[])[!+[]+!+[]]+(!![]+[])[+[]]+(!![]+[])[!+[]+!+[]+!+[]]+(!![]+[])[+!+[]]]+[])[!+[]+!+[]+!+[]]+(!![]+[])[+[]]+(![]+[])[+!+[]]+(!![]+[])[+[]]+([][[]]+[])[+[]]+([]+[])[(![]+[])[+[]]+(!![]+[][[]])[+!+[]+[+[]]]+(!![]+[])[!+[]+!+[]+!+[]]+([]+[])[+[]]+([![]]+[][[]])[+!+[]+[+[]]]+(![]+[])[!+[]+!+[]]+(![]+[])[!+[]+!+[]+!+[]]+(!![]+[])[+[]]+(![]+[])[!+[]+!+[]]+(!![]+[])[+!+[]]][([][(![]+[])[+[]]+([![]]+[][[]])[+!+[]+[+[]]]+(![]+[])[!+[]+!+[]]+(!![]+[])[+[]]+(!![]+[])[!+[]+!+[]+!+[]]+(!![]+[])[+!+[]]]+[])[!+[]+!+[]+[+[]]]+(![]+[])[!+[]+!+[]]+([![]]+[][[]])[+!+[]+[+[]]]+(!![]+[][[]])[+!+[]+[+[]]]+(!![]+[])[+[]]+([][(![]+[])[+[]]+([![]]+[][[]])[+!+[]+[+[]]]+(![]+[])[!+[]+!+[]]+(!![]+[])[+[]]+(!![]+[])[!+[]+!+[]+!+[]]+(!![]+[])[+!+[]]]+[])[!+[]+!+[]+[+[]]]+(!![]+[])[+!+[]]+([![]]+[][[]])[+!+[]+[+[]]]+([][[]]+[])[+!+[]]+(!![]+[])[+[]]+(!![]+[][[]])[+!+[]+[+[]]]+(!![]+[])[+!+[]]]((!![]+[])[+!+[]]+(!![]+[])[!+[]+!+[]+!+[]]+(!![]+[])[+[]]+([][[]]+[])[+!+[]]+([]+[])[(![]+[])[+[]]+(!![]+[][[]])[+!+[]+[+[]]]+(!![]+[])[!+[]+!+[]+!+[]]+([]+[])[+[]]+([![]]+[][[]])[+!+[]+[+[]]]+(![]+[])[!+[]+!+[]]+(![]+[])[!+[]+!+[]+!+[]]+(!![]+[])[+[]]+(![]+[])[!+[]+!+[]]+(!![]+[])[+!+[]]]()
```

几乎每个第一次看到 jsFuck 风格代码的程序员都会感觉不可思议：怎么可能行得通呢？

关于 jsFuck 的具体实现原理，我们可以通过阅读它的源代码来寻找答案。jsFuck 代码并不长，只有 352 行。在整个实现过程中，jsFuck 作者并没有使用任何有关 AST（Abstract Syntax Tree，抽象
语法树）层级的代码转换。jsFuck 将用户输入的源代码视为一个大的字符串，然后将字符串中的内
容替换成奇怪的表达式（可以将它理解成 jsFuck 自定义的奇怪语法规则）。它的替换规则如下：

```
false       => ![]
true        => !![]
undefined   => [][[]]
NaN         => +[![]]
0           => +[]
1           => +!+[]
2           => !+[]+!+[]
10          => +[[+!+[]]+[+[]]]
Array       => []
Number      => +[]
String      => []+[]
Boolean     => ![]
Function    => []["filter"]
run         => []["filter"]["constructor"]( CODE )()
eval        => []["filter"]["constructor"]("return eval")()( CODE )
window      => []["filter"]["constructor"]("return this")()
```

上面的这些映射规则可能看起来有些不可思议，但如果把这些表达式粘贴到 JavaScript 的交互
式开发环境中，我们会发现这些映射关系都是正确的。对于有着丰富开发经验的 JavaScript 开发者
来说，上面这些代码不难理解。然而，对于 JavaScript 开发语言不是特别了解的人来说，理解起来
还是有一定难度。实际上，jsFuck 主要依赖 JavaScript 语言中的类型强制转换语法来实现。JavaScript
语言本身是一种弱类型语言，变量的类型不是在声明时确定的，而是在赋值时确定的。在 JavaScript
代码中，"=="运算符、"+"运算符等在处理不同类型的变量时都会隐式触发强制类型转换。例
如：

```
console.log('1' == 1);
// 打印结果: true
console.log(0 == false);
// 打印结果: true
console.log(2 + true);
// 打印结果: 3
console.log(5 - true);
// 打印结果: 4
```

在理解了 JavaScript 背后的类型强制转换规则后，jsFuck 风格的代码实现原理就容易理解了。
jsFuck 风格的代码就是将 JavaScript 的类型强制转换规则运用到了极致，从而实现对原有代码的混淆
加密。例如 false => ![]，因为在 JavaScript 语言中，所有的对象（包括空数组）在进行布尔值转换时
都会被转换成 true，所以![]会被转换成 false。

接下来，我们来看一个稍微复杂的例子：window => []["filter"]["constructor"]("return this")()。这
个映射关系之所以成立，是因为任何一个 JavaScript 数组对象中都会有 filter 属性，filter 属性是一个
函数，继承自 Function 对象（实际上所有的函数都继承自 Function 对象），通过 constructor 获取构
造函数，然后传入指定的代码 return this 并执行，就可以返回全局对象 window。

3. DefendJS

DefendJS 是一款个人开源的 JavaScript 代码混淆工具，作者是一位来自德国的工程师。虽然该项目现在已停止更新，但笔者仍然想介绍一下该项目，其中一个很重要的原因是 DefendJS 是依赖 AST（即 JavaScript 抽象语法树）来实现代码混淆功能的，而且它的代码短小精悍，非常适合用作理解抽象语法树的入门项目。

DefendJS 的安装十分简单，只需一条 npm install 命令即可：

```
npm install -g https://github.com/alexhorn/defendjs.git
```

安装成功后，我们可以通过 defendjs --help 命令查看如何使用 DefendJS。

假设我们有如下一段 JS 代码，将它保存到 hello.js 文件中。

```
document.onload = function() {
    hello("World");
};
function hello(str) {
    var msg;
    if (str != null) {
        msg = "Hello, " + str + "!";
    } else {
        msg = "*crickets*";
    }
    alert(msg);
}
```

现在，我们利用 DefendJS 工具对 hello.js 文件进行代码混淆，然后查看效果。执行如下命令：

```
defendjs --input hello.js --output hello_obfuscated
--features=control_flow,literals,mangle,compress
```

混淆处理之后的代码如下：

```
(function() {
    function a(f, g) {
        var b = new Array(3);;
        var d = arguments;
        while (true) try {
            switch (f) {
                case 7035:
                    function h(a, b) {
                        return
Array.prototype.slice.call(a).concat(Array.prototype.slice.call(b));
                    }

                    function e() {
                        var a = arguments[0],
                            c = Array.prototype.slice.call(arguments, 1);
                        var b = function() {
                            return a.apply(this,
c.concat(Array.prototype.slice.call(arguments)));
```

```
        };
        b.prototype = a.prototype;
        return b;
    }

    function i(a, b) {
        return Array.prototype.slice.call(a, b);
    }

    function j(b) {
        var c = {};
        for (var a = 0; a < b.length; a += 2) {
            c[b[a]] = b[a + 1];
        }
        return c;
    }

    function k(a) {
        return a.map(function(a) {
            return String.fromCharCode(a & ~0 >>> 16) +
String.fromCharCode(a >> 16);
        }).join('');
    }

    function c() {
        return String.fromCharCode.apply(null, arguments);
    }
    b[0] = e(a, 9720, b);
    b[0](e(a, 26949, b)());
    f = 20154;
    break;
case 26949:
    b[1] = '';
    b[1] += c(87, 111, 114);
    b[1] += c(108, 100);
    return b[1];
case 20154:
    return;
case 9720:
    b[2] = d[2];
    if (b[2] != null) {
        b[3] = e(a, 11427, b, d[1])() + b[2] + e(a, 13553, b, d[1])();
    } else {
        b[3] = e(a, 818, b, d[1])();
    }
    alert(b[3]);
    f = 20154;
    break;
case 11427:
    b[1] = '';
```

```
                    b[1] += c(72);
                    b[1] += c(101, 108, 108, 111);
                    b[1] += c(44);
                    b[1] += c(32);
                    return b[1];
                case 13553:
                    b[1] = '';
                    b[1] += c(33);
                    return b[1];
                case 818:
                    b[1] = '';
                    b[1] += c(42, 99, 114);
                    b[1] += c(105, 99);
                    b[1] += c(107, 101, 116);
                    b[1] += c(115, 42);
                    return b[1];
            }
        } catch (a) {
            $$defendjs$tobethrown = null;
            switch (f) {
                default:
                    throw a;
            }
        }
    }
    a(7035, {});
}())
```

4. 常用 JavaScript 代码混淆工具汇总

除了前文介绍的 3 款开源软件外，目前市场上还有很多其他的 JavaScript 代码混淆工具。表 5-1 汇总了 8 款 JavaScript 代码混淆工具和它们支持的混淆技术，感兴趣的读者可以自行下载体验。

表 5-1　常用的 JavaScript 代码混淆工具汇总

工具名称	支持的代码混淆技术	下载地址
Jscrambler	控制流扁平化、函数重排序、函数融合、垃圾代码注入、字符串编码、重命名变量和函数名	https://jscrambler.com/，商业软件
javascript-obfuscator	控制流扁平化、垃圾代码注入、重命名变量和函数名、字符串数组映射、反调试	https://github.com/javascript-obfuscator/javascript-obfuscator，开源软件
DefendJS	垃圾代码注入、作用域混淆、控制流扁平化、重命名变量和函数名、字面量混淆	https://github.com/alexhorn/defendjs，开源软件
js-obfuscator	字符串编码、重命名变量和函数名	https://github.com/caiguanhao/js-obfuscator，开源软件
JSObfu	重命名变量和函数名、函数融合	https://github.com/rapid7/jsobfu/，开源软件

（续表）

工具名称	支持的代码混淆技术	下载地址
DaftLogic	重命名变量和函数名、垃圾代码注入	https://www.daftlogic.com/projects-online-java script-obfuscator.htm，在线使用
jsfuck	重命名变量和函数名	https://github.com/aemkei/jsfuck，开源软件
gnirts	字面量混淆	https://github.com/anseki/gnirts，开源软件

5. JavaScript 代码混淆技术解析

接下来将介绍一些常用的 JavaScript 代码混淆方法。目前，各种代码混淆方法在命名上尚未有明确、统一的规定，而且各种混淆方法之间也没有清晰的界限。笔者将尽量按照大多数的表述方法来进行命名和描述。目前常见的代码混淆方法包括垃圾代码注入、控制流扁平化、标识符混淆和字面量混淆。

1）垃圾代码注入

垃圾代码注入通过向程序中插入无关的代码，来干扰代码阅读者和分析者对程序的理解。这些代码不会对程序的功能产生任何影响，但会干扰代码阅读者的分析。下面来看一个基于垃圾代码注入方法进行代码混淆的例子：

```
(function () {
    function a(a, d) {
        var b = new Array(0);;
        var c = arguments;
        while (true)
            try {
                switch (a) {
                case 4786:
                    function e(a, b) {
                        return
Array.prototype.slice.call(a).concat(Array.prototype.slice.call(b));
                    }
                    function f() {
                        var a = arguments[0], c = Array.prototype.slice.call(arguments, 1);
                        var b = function () {
                            return a.apply(this,
c.concat(Array.prototype.slice.call(arguments)));
                        };
                        b.prototype = a.prototype;
                        return b;
                    }
                    function g(a, b) {
                        return Array.prototype.slice.call(a, b);
                    }
                    function h(b) {
                        var c = {};
                        for (var a = 0; a < b.length; a += 2) {
                            c[b[a]] = b[a + 1];
                        }
```

```
                    return c;
                }
                function i(a) {
                    return a.map(function (a) {
                        return String.fromCharCode(a & ~0 >>> 16) +
String.fromCharCode(a >> 16);
                    }).join('');
                }
                function j() {
                    return String.fromCharCode.apply(null, arguments);
                }
                console.log('hello world');
                a = 27838;
                break;
            case 27838:
                return;
            }
        } catch (b) {
            $$defendjs$tobethrown = null;
            switch (a) {
            default:
                throw b;
            }
        }
    }
    a(4786, {});
}())
```

　　上面的这段代码已经使用垃圾代码注入方法进行了混淆。在运行这段代码之前，可以先尝试分析这段代码最终实现的功能。首先，代码的整体逻辑是一个 JavaScript 立即执行函数。执行的内容就是对函数 a 的直接调用，而函数 a 的内部主要是 while 循环体和 switch 结构体的处理逻辑。仔细观察会发现，实际上只有 console.log('hello world') 这条语句会被执行。我们可以将代码粘贴到 JavaScript 交互执行环境中验证结果，结果显示上述代码确实只是打印了"hello world"。

2）控制流扁平化

　　控制流扁平化的原理是去除清晰易懂的控制流结构，使所有基本模块在控制流图中都具有相同的前置模块和后继模块。这样，很难分析出下一个将被调用的基本模块，从而达到代码混淆的目的。

　　控制流扁平化的概念最早是在 1985 年的论文 *Control Flow Flattening* 中首次提出的，后续不断有人研究和改进控制流扁平化模型。在 2001 年，Chow 等首次提出了分发器（Dispatcher）的概念和模型。在该模型中，分发器被视为一个有限自动机，它决定了被混淆的扁平化程序的整体控制流。目前很多混淆工具在实现控制流扁平化混淆功能时都以分发器模型作为理论基础。它的基本工作步骤如下：

　　步骤 01　将整个代码块分成若干基本块，基本块之间的执行顺序和嵌套层级关系不变。

　　步骤 02　同级别的基本块被封装在一个选择结构（switch 语句）中，每个块都在一个单独的 case 中，并且将同级别的整体处理流程封装到 while 循环体中。

步骤 **03**　控制程序执行顺序的变量在每个基本程序块结束时都需要被设置，以确保控制流执行顺序的正确性。

程序控制流程经过扁平化处理后的转换结果如图 5-18 所示。

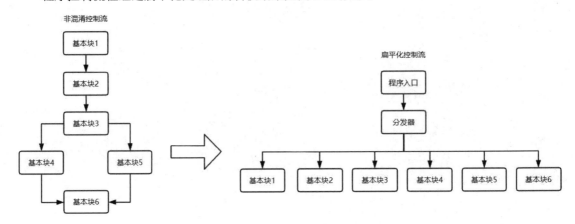

图 5-18　程序控制流程扁平化处理转换结果

我们通过一个例子来形象地展示控制流扁平化的混淆效果。假设现在有一段 JavaScript 代码，它具有典型的嵌套结构，而在最内层，代码顺序执行一些简单的语句。

```javascript
(function(){
    function foo () {
        return function () {
            var sum = 1 + 2;
            console.log(1);
            console.log(2);
            console.log(3);
            console.log(4);
            console.log(5);
            console.log(6);
        }
    }
    foo()();
})();
/*
利用 JavaScript Obfuscator 工具的 control_flow 功能进行混淆操作
混淆之后的结果如下
*/
(function () {
    var a = {
        'osDDx': '0|3|4|5|2|1|6',
        'vHfNN': function (c, d) {
            return c + d;
        },
        'DeTkG': function (c) {
            return c();
        }
```

```javascript
    };
    function b() {
        var c = {
            'kJywp': a['osDDx'],
            'ZPinY': function (d, e) {
                return a['vHfNN'](d, e);
            }
        };
        return function () {
            var d = c['kJywp']['split']('|');
            var e = 0x0;
            while (!![]) {          //这里应用了 JavaScript 隐式强制类型转换，永远为 true
                switch (d[e++]) {//分发控制器，控制着各个代码块的处理顺序
                case '0':
                    var f = c['ZPinY'](0x1, 0x2);
                    continue;
                case '1':
                    console['log'](0x5);
                    continue;
                case '2':
                    console['log'](0x4);
                    continue;
                case '3':
                    console['log'](0x1);
                    continue;
                case '4':
                    console['log'](0x2);
                    continue;
                case '5':
                    console['log'](0x3);
                    continue;
                case '6':
                    console['log'](0x6);
                    continue;
                }
                break;
            }
        };
    }
    a['DeTkG'](b)();
}());
```

从上述代码中可以看出，代码控制流扁平化处理后，会有一个分发控制器。分发控制器通常是一个 switch 结构体，该结构体通过一个数组来控制各个代码块的执行顺序。但是，目前市场上也存在一些代码混淆工具，在实现代码控制流扁平化时并没有明显的 switch 结构体，而是通过在 function 之间跳转来处理，这样的混淆结果更加混乱，同时也会给代码分析者带来更大的困扰。

3）标识符混淆

标识符混淆的含义比较广泛，它主要是通过将程序中的变量名、函数名等标识符更改为无意义

或难以理解的名称，以干扰代码分析者对程序的分析和理解。例如，将一个变量名从 username 更改为 a1b2c3d4，将一个函数名从 authenticate 更改为 fnkglvfhi，从而使得代码分析者难以找到和理解程序中的关键部分。还有些混淆工具会在不同的作用域内对相同名称的变量赋予不同的含义。例如，a1b2c3d4 在 a 函数中是一个变量名称，同时还是 b 函数的参数。之前提到的 javascript-obfuscator 中的"重命名变量和函数名"和"字符串数组映射"都可以应用于标识符混淆。

4）字面量混淆

字面量一般指程序中直接写入的数值和字符串等常量。字面量混淆，顾名思义，指的是通过对字面量进行拆分、连接、反转等方式，来阻挠代码分析者对原始代码的语义理解。常见的字面量混淆方法包括如下几种。

- 字符串混淆：字符串混淆指的是对字符串进行编码、反转或拆分甚至加密，使它变得难以直接阅读和理解。例如，下面的代码就是对字符串 "Hello, World!" 进行加密处理，以达到对原有字符串进行混淆处理的目的。

```
var originalString = "Hello, World!";
// 字符串混淆
var obfuscatedString = "";
for (var i = 0; i < originalString.length; i++) {
  obfuscatedString += String.fromCharCode(originalString.charCodeAt(i) + 1);
}
console.log(obfuscatedString);
//混淆结果
Ifmmp-!Xpsme"
```

- 数字混淆：指对数字进行转换、运算或编码，使其变得难以阅读和理解。例如，下面的例子利用对字符串进行拼接的方式对数字 30 进行混淆处理。

```
var a = '10';
var b = '20';
var c = +a + (+b); // 使用一元加号将字符串转换为数字
console.log(c);
```

- 布尔值混淆：布尔值混淆指的是通过位运算、逻辑运算或短路运算来混淆布尔值，从而增加代码的复杂性。例如，我们之前在讲"控制流扁平化"知识时，所看到的 while 循环体就使用了对布尔值混淆的技术。

```
while(!![]) {
  //具体逻辑代码已省略
}
```

5.4　JavaScript 抽象语法树

首先，我们来看抽象语法树的定义：抽象语法树是一种用于表示程序语法结构的树状数据结构。它是源代码在编译器或解析器中经过词法分析和语法分析后生成的一种抽象表示形式。

根据上面的定义，我们可以知道抽象语法树是经过词法分析和语法分析两个步骤构建的。

JavaScript 抽象语法树的构建过程同样包含“词法分析”和“语法分析”两个步骤。首先，词法分析器将 JavaScript 源代码分割成一个个词法单元（Token），接下来语法分析器根据语法规则将这些词法单元组织成树状结构，从而构建出一棵抽象语法树。

在日常的业务开发中，我们一般不会直接操作抽象语法树。实际上，我们经常会使用操作 JavaScript 抽象语法树的工具，例如下面的使用场景都涉及对抽象语法树的操作：

（1）使用 Babel 工具将 ECMAScript 6 版本的代码转换成 ECMAScript 5 版本的代码。

（2）使用 Babel、UglifyJs 压缩和混淆 JavaScript 代码。

鉴于 JavaScript 抽象语法树的重要性，接下来我们深入了解一下其结构和外观。

5.4.1　抽象语法树的结构

首先，向读者推荐一个可以方便在线查看抽象语法树结构的工具——AST Explorer，网址为 https://astexplorer.net/，该网站可以在线查看 JavaScript 抽象语法树的结构，帮助我们更直观地理解代码的构成。

假设有一条语句：

```
var a = "hello world";
```

那么，它的抽象语法树结构如图 5-19 所示。

```
Tree  JSON
{
  "type": "Program",    节点类型
  "start": 0,  节点在代码字符串中的起始位置
  "end": 22,   节点在代码字符串中的结束位置
  "body": [
    {
      "type": "VariableDeclaration",
      "start": 0,
      "end": 22,
      "declarations": [
        {
          "type": "VariableDeclarator",
          "start": 4,
          "end": 21,
          "id": {
            "type": "Identifier",
            "start": 4,
            "end": 5,
            "name": "a"
          },
          "init": {
            "type": "Literal",
            "start": 8,
            "end": 21,
            "value": "hello world",
            "raw": "\"hello world\""
          }
        }
      ],
      "kind": "var"
    }
  ],
  "sourceType": "module"
}
```

图 5-19　抽象语法树结构示例

可以看出，JavaScript 抽象语法树由一系列节点组成，每个节点代表代码的一部分。表 5-2 列出了一些常见的节点类型。

表 5-2   JavaScript 抽象语法树常用节点汇总

节点类型		解释说明	主要属性说明
Program		整个 JavaScript 程序	
Body		程序的主体部分，是一个数组结构	
Identifier		用于表示代码中的变量、函数名和参数等标识符	
Literal		字面量，例如数字、字符串和布尔值等	
Declaration（声明节点）	FunctionDeclaration	函数声明	id：函数标志符 params：参数列表，一般是 Identifier 类型的数组 body：函数体，一般是 BlockStatement 类型的节点
	VariableDeclaration	变量声明	declarations：VariableDeclarator 节点组成的数组 kind：变量声明的类型
	ClassDeclaration	类声明	id：类名称 superClass：父类 body：类主体，ClassBody 类型的节点
Statement（语句节点）	BlockStatement	块语句，由多个语句组成的块	body：语句节点组成的数组
	ExpressionStatement	表达式语句	expression：表达式节点
	IfStatement	if 条件语句	test：条件表达式节点 consequent：条件为真时执行的语句节点 alternate：条件为假时执行的语句节点
	ForStatement	for 循环语句	init：循环初始化语句节点 test：循环条件表达式节点 update：循环更新语句节点 body：循环体语句节点
Expression（表达式）	BinaryExpression	二元运算表达式	operator：运算符或操作符 left：左操作数 right：右操作数
	AssignmentExpression	赋值表达式	
	CallExpression	函数调用表达式	callee：表示被调用的函数 arguments：表示传递给函数的参数列表

5.4.2   抽象语法树的生成过程

JavaScript 抽象语法树的生成过程主要包含两个步骤：词法分析和语法分析。

词法分析是将源代码分解为词法单元（Token）的过程。词法单元是 JavaScript 语言中的最小语法单位。JavaScript 编译器中的词法分析器一般会采用有限自动机原理将源代码解析成词法单元。通过 Esprima 的官方网站，我们可以看到针对 JavaScript 源代码进行词法分析的结果。还是以 var a = "hello world";为例来直观感受一下词法分析后生成的结果，如图 5-20 所示。

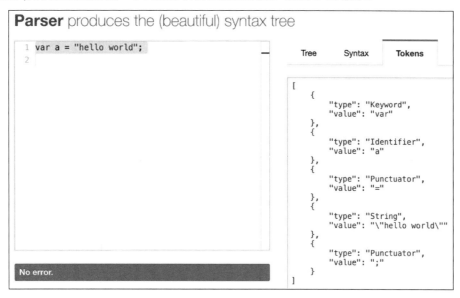

图 5-20　JavaScript 代码词法分析示例

可以看到，上述词法分析的结果是一个数组。数组中的每个元素都表示一个词法单元。每个词法单元都有 type 和 value 属性，其中 type 表示词法单元的类型，value 表示词法单元的值。对于词元单元（Token），ECMAScript 规范文档中有明确的定义：

```
Input elements other than white space and comments form the terminal symbols for the
syntactic grammar for ECMAScript and are called ECMAScript tokens. These tokens are the
reserved words, identifiers, literals, and punctuators of the ECMAScript language.
```

也就是说，除空格和注释外，其他所有的输入元素都属于 JavaScript 词法单元（简称词元）。表 5-3 列出了 JavaScript 中常见的词元类型。

表 5-3　JavaScript 中常见的词元类型

词元类型	解释说明
identifier	代码编写者指定的变量或函数名称
keyword	JavaScript 语言中预留的关键词，例如 if、switch、return 等
punctuator	分隔符和运算符，例如 "=" ";" 等
Numeric	数字常量
String	字符串常量

上面列出的是 JavaScript 中常见的词元类型，实际上还有更多类型，例如 Boolean、Null 等。在词法分析过程中，词法分析器会逐个字符读取源代码，并根据定义的词元类型进行识别和分类。词法分析器的输出是一个个词元，这些词元将被语法分析器用于构建抽象语法树。

语法分析的过程则是把词法分析所生成的词元转换为语法树，它的具体处理流程如图 5-21 所示。

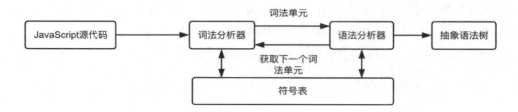

图 5-21　JavaScript 抽象语法树的构建过程

5.4.3　操作抽象语法树

能够操作 JavaScript 抽象语法树的开源工具并不少，目前使用比较广泛的工具包括 Babel、UglifyJS 和 Esprima。

这里以 Babel 为例，讲解如何操作 JavaScript 抽象语法树。Babel 是一个开源的 JavaScript 编译器，在工程开发中常用的一个功能就是使用 Babel 工具将 ECMAScript 6 版本的代码转换成 ECMAScript 5 版本的代码。Babel 进行代码转换的过程主要分为以下三个步骤：

（1）解析（Parse）：解析过程即为从 JavaScript 源代码生成 JavaScript 抽象语法树的过程，主要包含词法分析和语法分析两个阶段。相关的解析过程由@babel/parser 处理。

（2）转换（Transform）：对抽象语法树进行遍历和修改，例如修改某个变量的值、删除某个节点等。转换过程主要通过@babel/traverse 实现。

（3）生成（Generate）：将修改后的抽象语法树生成可执行的源代码。代码生成过程依赖于 @babel/generator，它会将抽象语法树还原成 JavaScript 源代码。

下面介绍如何安装操作抽象语法树时会用到的 Babel 相关组件。假设本地已经安装了 Node 开发环境，安装 Babel 相关组件非常方便，只需执行以下 4 条命令即可：

```
npm install --save-dev @babel/parser
npm install --save-dev @babel/traverse
npm install --save-dev @babel/generator
npm install --save-dev @babel/types
```

1. JavaScript 源码转换成抽象语法树

操作抽象语法树的第一步是将 JavaScript 源码转换成抽象语法树。babel/parser 组件可以很好地帮助我们实现这个功能。下面举一个简单的例子来看如何使用 Babel 将 JavaScript 源码转换成抽象语法树。

```
const parser = require("@babel/parser");
const code = `
 var a = 10;
 function add(b, c) {
   return b + c;
 }`;
const ast = parser.parse(code, {
 sourceType: "module",
});
console.log(JSON.stringify(ast));
```

上述代码的运行结果如下，这是一棵以 JSON 格式展示的抽象语法树。读者可以根据前面介绍的 JavaScript 抽象语法树中的节点类型和作用来理解这棵抽象语法树：

```
{"type":"File","start":0,"end":59,"loc":{"start":{"line":1,"column":0,"index":0},"e
nd":{"line":5,"column":3,"index":59}},"errors":[],"program":{"type":"Program","start":0,
"end":59,"loc":{"start":{"line":1,"column":0,"index":0},"end":{"line":5,"column":3,"inde
x":59}},"sourceType":"module","interpreter":null,"body":[{"type":"VariableDeclaration","
start":3,"end":14,"loc":{"start":{"line":2,"column":2,"index":3},"end":{"line":2,"column
":13,"index":14}},"declarations":[{"type":"VariableDeclarator","start":7,"end":13,"loc":
{"start":{"line":2,"column":6,"index":7},"end":{"line":2,"column":12,"index":13}},"id":{
"type":"Identifier","start":7,"end":8,"loc":{"start":{"line":2,"column":6,"index":7},"en
d":{"line":2,"column":7,"index":8},"identifierName":"a"},"name":"a"},"init":{"type":"Num
ericLiteral","start":11,"end":13,"loc":{"start":{"line":2,"column":10,"index":11},"end":
{"line":2,"column":12,"index":13}},"extra":{"rawValue":10,"raw":"10"},"value":10}}],"kin
d":"var"},{"type":"FunctionDeclaration","start":17,"end":59,"loc":{"start":{"line":3,"co
lumn":2,"index":17},"end":{"line":5,"column":3,"index":59}},"id":{"type":"Identifier","s
tart":26,"end":29,"loc":{"start":{"line":3,"column":11,"index":26},"end":{"line":3,"colu
mn":14,"index":29},"identifierName":"add"},"name":"add"},"generator":false,"async":false
,"params":[{"type":"Identifier","start":30,"end":31,"loc":{"start":{"line":3,"column":15
,"index":30},"end":{"line":3,"column":16,"index":31},"identifierName":"b"},"name":"b"},{
"type":"Identifier","start":33,"end":34,"loc":{"start":{"line":3,"column":18,"index":33}
,"end":{"line":3,"column":19,"index":34},"identifierName":"c"},"name":"c"}],"body":{"typ
e":"BlockStatement","start":36,"end":59,"loc":{"start":{"line":3,"column":21,"index":36}
,"end":{"line":5,"column":3,"index":59}},"body":[{"type":"ReturnStatement","start":42,"e
nd":55,"loc":{"start":{"line":4,"column":4,"index":42},"end":{"line":4,"column":17,"inde
x":55}},"argument":{"type":"BinaryExpression","start":49,"end":54,"loc":{"start":{"line"
:4,"column":11,"index":49},"end":{"line":4,"column":16,"index":54}},"left":{"type":"Iden
tifier","start":49,"end":50,"loc":{"start":{"line":4,"column":11,"index":49},"end":{"lin
e":4,"column":12,"index":50},"identifierName":"b"},"name":"b"},"operator":"+","right":{"
type":"Identifier","start":53,"end":54,"loc":{"start":{"line":4,"column":15,"index":53},
"end":{"line":4,"column":16,"index":54},"identifierName":"c"},"name":"c"}}}],"directives
":[]}}],"directives":[]},"comments":[]}
```

@babel/parser 组件提供了两个主要的方法：

- babelParser.parse(code, [options])
- babelParser.parseExpression(code, [options])

parse 方法将整个代码解析为抽象语法树，而 parseExpression 方法在考虑性能的情况下尝试解析单个表达式。这两个方法都支持添加可选参数，具体的可选参数列表可以通过 Babel 官方文档查看，这里不再赘述。在上面的示例中，将 sourceType 参数设置为 module。该参数的默认值是 script，如果遇到带有 import 或 export 语句的 ES6 文件，使用默认参数可能会导致解析失败。为了避免这个问题，可以将 sourceType 设置 module 或 ambigious。如果设置为 ambigious，Babel 会自行判断使用 script 还是 module 参数值。

2. 抽象语法树转换成 JavaScript 源码

Babel 在将 JavaScript 代码解析成抽象语法树之后，就可以对其进行操作了，并最终使用 babel/generator 组件将修改后的抽象语法树重新生成 JavaScript 代码。下面的演示代码展示了如何使用 Babel 来修改抽象语法树并重新生成 JavaScript 代码。

```
const parser = require("@babel/parser");
const generator = require("@babel/generator").default;
const code = `
  var a = 10, b = 20, c = 30;
  function add(a, b, c) {
    return a + b;
  }`;
const ast = parser.parse(code, {
  sourceType: "module",
});
// 修改抽象语法树
ast.program.body[0].declarations[0].init.value = 20;
console.log(ast.program.body[1].body.body[0].argument.right.name);
ast.program.body[1].body.body[0].argument.right.name = "c";
// 重新生成代码
const generatedCode = generator(ast, {});
console.log(generatedCode.code);
```

修改抽象语法树后，重新生成的 JavaScript 代码如下：

```
var a = 20, b = 20, c = 30;        //变量 a 的初始值由 10 修改成 20
function add(a, b, c) {
  return a + c;                    //函数 add 返回的表达式从 a+b 修改成 a+c
}
```

3. 遍历抽象语法树

前面的演示代码通过直接查看抽象语法树来定位和修改相关节点。这样的操作在修改每个节点时都需要手动查找抽象语法树，处理起来既麻烦又耗时。babel/traverse 组件可以帮助我们以程序化遍历的方式来操作抽象语法树。

假设有以下这段代码：

```
var name = "John";
var age = 30;
var profession = "developer";
var nationality = "China";

console.log("Name:", name);
console.log("Age:", age);
console.log("Profession:", profession);
console.log("Nationality:", nationality);
```

我们希望在打印内容前加上当前文件的名称 babel-traverse-test，并依赖 babel/traverse 组件来实现这个功能，示例代码如下：

```
const parser = require("@babel/parser");
const generate = require("@babel/generator").default
const traverse = require("@babel/traverse").default
const code = `
var name = "John";
```

```
    var age = 30;
    var profession = "developer";
    var nationality = "China";

    console.log("Name:", name);
    console.log("Age:", age);
    console.log("Profession:", profession);
    console.log("Nationality:", nationality);
    `
    const ast = parser.parse(code)
    //创建 visitor 对象，用于操作抽象语法树
    const visitor = {
        CallExpression(path) {
            var prefix = "";
              if (
                path.node.callee.type === 'MemberExpression' &&
                path.node.callee.object.name === 'console' &&
                path.node.callee.property.name === 'log'
              ) {
                path.node.arguments[0].value = "babel-traverse-test|" +
path.node.arguments[0].value;
              }
        }
    }
    traverse(ast, visitor)//对抽象语法树进行遍历并修改
    const result = generate(ast)
    console.log(result.code)
    /* 运行结果如下: */
    var name = "John";
    var age = 30;
    var profession = "developer";
    var nationality = "China";
    console.log("babel-traverse-test|Name:", name);
    console.log("babel-traverse-test|Age:", age);
    console.log("babel-traverse-test|Profession:", profession);
    console.log("babel-traverse-test|Nationality:", nationality);
```

上面的示例展示了如何通过 babel/traverse 来遍历并修改抽象语法树。在 babel/traverse 处理一个节点时，是以访问者模式来获取节点信息并进行相关操作的。从上面的示例代码中可以看到，traverse(ast,visitor)方法接收了两个参数，第一个参数 ast 是由 babel/parser 解析生成的抽象语法树，第二个参数是一个 visitor 对象，该对象定义了针对各种类型节点的回调函数。通过这些回调函数，可以对不同的节点类型进行不同的操作。visitor 对象中所有的函数都会接收一个 NodePath 类型的对象 path 作为参数，path 参数代表当前遍历到的抽象语法树节点信息和相关路径信息。通过 path 参数可以获取当前节点对应的源代码，以及抽象语法树中当前节点的信息、当前节点的父节点信息等。

babel/traverse 在遍历抽象语法树时提供了 enter 和 exit 两个时机来操作抽象语法树。上面的代码示例是在进入节点时对节点进行操作。visitor 对象也可以修改成以下几种写法：

```
    /** 将 CallExpression 属性定义为一个具有 enter 方法的对象 **/
    const visitor = {
```

```
    CallExpression: {
        enter(path){
            var prefix = "";
            if (
              path.node.callee.type === 'MemberExpression' &&
              path.node.callee.object.name === 'console' &&
              path.node.callee.property.name === 'log'
            ) {
              path.node.arguments[0].value = "babel-traverse-test|" +
path.node.arguments[0].value;
            }
        }
    }
}
/** 直接将 CallExpression 属性定义成一个函数 **/
const visitor = {
    CallExpression: function(path) {
      var prefix = "";
        if (
          path.node.callee.type === 'MemberExpression' &&
          path.node.callee.object.name === 'console' &&
          path.node.callee.property.name === 'log'
        ) {
          path.node.arguments[0].value = "babel-traverse-test|" +
path.node.arguments[0].value;
        }
    }
}
/** 直接将处理逻辑添加到 enter 方法内部，在方法内部进行节点类型判断 **/
const visitor = {
    enter(path){
        if(path.node.type === "CallExpression") {
            var prefix = "";
            if (
                path.node.callee.type === 'MemberExpression' &&
                path.node.callee.object.name === 'console' &&
                path.node.callee.property.name === 'log'
            ) {
                path.node.arguments[0].value = "babel-traverse-test|" +
path.node.arguments[0].value;
            }
        }
    }
}
```

4. 创建新节点和子树

在一个抽象语法树中创建新节点最直接的方式是实例化一个节点对象，并把它插入抽象语法树的合适位置。假设现在有一个 JavaScript 函数：

```
function add(a, b) {return a + b;}
```

我们想要直接操作抽象语法树，向函数体内添加 debugger 语句块，可以像下面这样操作：

```
const parser = require("@babel/parser");
const traverse = require("@babel/traverse").default;
const generate = require("@babel/generator").default;
// 原始代码字符串
const code = `function add(a, b) { return a + b; }`;
// 解析代码生成抽象语法树
const ast = parser.parse(code);
// 遍历抽象语法树并找到函数声明节点
traverse(ast, {
  BlockStatement(path) {
    // 创建一个新的 debugger 节点
    const debugStmt = { type: 'DebuggerStatement' };
    // 将新创建的 debugger 节点插入抽象语法树中
    path.node.body.unshift(debugStmt);
  },
});
var genCode = generate(ast);
// 打印修改后的 JavaScript 源代码
console.log(genCode.code);
```

除了直接创建对象并将它插入抽象语法树之外，我们还可以使用 babel/types 组件来帮助完成这项工作。有关 babel/types 组件的 API 可以查看官方文档。如果使用 babel/types 向抽象语法树中添加新的节点，可以将创建子节点的代码 const debugStmt = { type: 'DebuggerStatement' };修改成 const debugStmt = types.debuggerStatement();，babel/types 组件提供了创建各种类型节点对象的 API，当代码逻辑变得异常复杂时，可以大大提高开发效率。

5.4.4　操作抽象语法树反混淆基础实践

基于操作抽象语法树对 JavaScript 代码进行反混淆操作的过程和 5.4.3 节讲解的操作抽象语法树的流程类似，依然是分为三个步骤：①将 JavaScript 源码解析成抽象语法树；②对抽象语法树进行遍历和反混淆处理；③重新生成新的 JavaScript 源码。

1. 字符串编码反混淆

假设我们有一段混淆后的 JavaScript 代码如下：

```
 fetch("\x68\x74\x74\x70\x73\x3A\x2F\x2F\x77\x77\x77\x2E\x62\x61\x69\x64\x75\x2E\x63
\x6F\x6D\x2F",{"\x68\x65\x61\x64\x65\x72\x73":{"\x61\x63\x63\x65\x70\x74":"\x74\x65\x78\
x74\x2F\x68\x74\x6D\x6C\x2C\x61\x70\x70\x6C\x69\x63\x61\x74\x69\x6F\x6E\x2F\x78\x68\x74\
x6D\x6C\x2B\x78\x6D\x6C\x2C\x61\x70\x70\x6C\x69\x63\x61\x74\x69\x6F\x6E\x2F\x78\x6D\x6C\
x3B\x71\x3D\x30\x2E\x39\x2C\x69\x6D\x61\x67\x65\x2F\x61\x76\x69\x66\x2C\x69\x6D\x61\x67\
x65\x2F\x77\x65\x62\x70\x2C\x69\x6D\x61\x67\x65\x2F\x61\x70\x6E\x67\x2C\x2A\x2F\x2A\x3B\
x71\x3D\x30\x2E\x38\x2C\x61\x70\x70\x6C\x69\x63\x61\x74\x69\x6F\x6E\x2F\x73\x69\x67\x6E\
x65\x64\x2D\x65\x78\x63\x68\x61\x6E\x67\x65\x3B\x76\x3D\x62\x33\x3B\x71\x3D\x30\x2E\x37"
,"\x61\x63\x63\x65\x70\x74\x2D\x6C\x61\x6E\x67\x75\x61\x67\x65":"\x7A\x68\x2D\x43\x4E\x2
C\x7A\x68\x3B\x71\x3D\x30\x2E\x39\x2C\x65\x6E\x3B\x71\x3D\x30\x2E\x38","\x63\x61\x63\x68
\x65\x2D\x63\x6F\x6E\x74\x72\x6F\x6C":"\x6E\x6F\x2D\x63\x61\x63\x68\x65","\x70\x72\x61\x
67\x6D\x61":"\x6E\x6F\x2D\x63\x61\x63\x68\x65","\x73\x65\x63\x2D\x63\x68\x2D\x75\x61":"\
```

```
x22\x47\x6F\x6F\x67\x6C\x65\x20\x43\x68\x72\x6F\x6D\x65\x22\x3B\x76\x3D\x22\x31\x31\x39\
x22\x2C\x20\x22\x43\x68\x72\x6F\x6D\x69\x75\x6D\x22\x3B\x76\x3D\x22\x31\x31\x39\x22\x2C\
x20\x22\x4E\x6F\x74\x3F\x41\x5F\x42\x72\x61\x6E\x64\x22\x3B\x76\x3D\x22\x32\x34\x22","\x
73\x65\x63\x2D\x63\x68\x2D\x75\x61\x2D\x6D\x6F\x62\x69\x6C\x65":"\x3F\x30","\x73\x65\x63
\x2D\x63\x68\x2D\x75\x61\x2D\x70\x6C\x61\x74\x66\x6F\x72\x6D":"\x22\x57\x69\x6E\x64\x6F\
x77\x73\x22","\x73\x65\x63\x2D\x66\x65\x74\x63\x68\x2D\x64\x65\x73\x74":"\x64\x6F\x63\x7
5\x6D\x65\x6E\x74","\x73\x65\x63\x2D\x66\x65\x74\x63\x68\x2D\x6D\x6F\x64\x65":"\x6E\x61\
x76\x69\x67\x61\x74\x65","\x73\x65\x63\x2D\x66\x65\x74\x63\x68\x2D\x73\x69\x74\x65":"\x6
E\x6F\x6E\x65","\x73\x65\x63\x2D\x66\x65\x74\x63\x68\x2D\x75\x73\x65\x72":"\x3F\x31","\x
75\x70\x67\x72\x61\x64\x65\x2D\x69\x6E\x73\x65\x63\x75\x72\x65\x2D\x72\x65\x71\x75\x65\x
73\x74\x73":"\x31"},"\x72\x65\x66\x65\x72\x72\x65\x72\x50\x6F\x6C\x69\x63\x79":"\x73\x74
\x72\x69\x63\x74\x2D\x6F\x72\x69\x67\x69\x6E\x2D\x77\x68\x65\x6E\x2D\x63\x72\x6F\x73\x73
\x2D\x6F\x72\x69\x67\x69\x6E","\x62\x6F\x64\x79":null,"\x6D\x65\x74\x68\x6F\x64":"\x47\x
45\x54","\x6D\x6F\x64\x65":"\x63\x6F\x72\x73","\x63\x72\x65\x64\x65\x6E\x74\x69\x61\x6C\
x73":"\x69\x6E\x63\x6C\x75\x64\x65"});;
```

通过直接观察，我们发现上述代码很可能使用了字符串编码进行混淆处理。下面来看看如何通过操作抽象语法树的方法对上述代码进行反混淆处理。在动手编写代码之前，先在 AST Explorer 上查看上述混淆代码，了解它们在抽象语法树中的展示方式，如图 5-22 所示。

```
Program  {
    type: "Program"
  - body:  [
    - ExpressionStatement  {
        type: "ExpressionStatement"
      - expression: CallExpression  {
          type: "CallExpression"
        + callee: Identifier {type, name}
        - arguments:  [
          - Literal  = $node {
              type: "Literal"
              value: "https://www.baidu.com/"
              raw: "\"\\x68\\x74\\x74\\x70\\x73\\x3A\\x2F\\x2F\\x77\\x77\\x77
            }
          - ObjectExpression  {
              type: "ObjectExpression"
            + properties: [6 elements]
            }
          ]
        optional: false
      }
    }
```

图 5-22   混淆代码生成的 JavaScript 抽象语法树（1）

通过观察，可以发现经过十六进制编码后的 StringLiteral 节点对象，它的 extra 属性中的 rawValue 和 value 值是不同的：rawValue 中存储的是原始字符串，value 中存储的是十六进制编码后的字符串。因此，要对字符串编码进行反混淆操作，只需使用 rawValue 替换 value 中的值即可。代码如下：

```
const parser = require("@babel/parser");
const generate = require("@babel/generator").default;
const traverse = require("@babel/traverse").default;
const fs = require("fs");
```

```
// 因为原始代码比较长，后续有比较长的待解析代码，所以单独放到一个文件中
let obfusCode = fs.readFileSync("hex-encoded-obfuscated.js", "utf-8");
const ast = parser.parse(obfusCode);
traverse(ast, {
    StringLiteral: function(path) {
        path.node.extra.raw = "\"" + path.node.extra.rawValue + "\"";
    }
});

let cleanCode = generate(ast).code;
console.log(cleanCode);
```

上述代码的执行结果如下：

```
fetch("https://www.baidu.com/", {
    "headers": {
        "accept":
"text/html,application/xhtml+xml,application/xml;q=0.9,image/avif,image/webp,image/apng,
*/*;q=0.8,application/signed-exchange;v=b3;q=0.7",
        "accept-language": "zh-CN,zh;q=0.9,en;q=0.8",
        "cache-control": "no-cache",
        "pragma": "no-cache",
        "sec-fetch-dest": "document",
        "sec-fetch-mode": "navigate",
        "sec-fetch-site": "none",
        "upgrade-insecure-requests": "1"
    },
    "referrerPolicy": "strict-origin-when-cross-origin",
    "body": null,
    "method": "GET",
    "mode": "cors",
    "credentials": "include"
});
```

2. 垃圾代码注入反混淆

垃圾代码注入是 JavaScript 代码混淆的常用手段。下面通过一个简单的例子来说明如何在抽象语法树层面识别垃圾代码注入，并去掉这些冗余无效的代码。假设有如下的一段代码：

```
var a = 10;
var b = 20;
var c = 30;

if (a > b) {
    console.log("a 大于 b");
} else if (a < b && b > c) {
    console.log("a 小于 b 且 b 大于 c");
} else {
    console.log("其他情况");
}
```

在 AST Explorer 中观察上述代码对应的抽象语法树，可以得到如图 5-23 所示的对应关系。

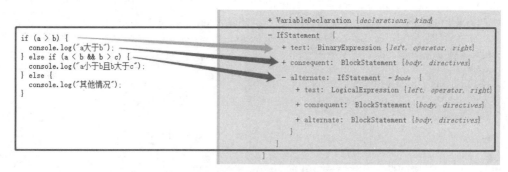

图 5-23　混淆代码生成的 JavaScript 抽象语法树（2）

可以看到，在抽象语法树中，if 语句块被整体表示为 IfStatement，if 条件判断表达式被记作 test 属性，它的类型是 BinaryExpression 或 LogicalExpression。if 条件判断为真时的执行逻辑被记作 consequent。if 条件判断为假时的 else if 从句和 else 从句被记作 alternate。如果代码中不存在 else 从句，alternate 属性将会是 null。

通过阅读上述代码逻辑，我们可以发现代码仅仅完成了一个简单的任务：打印出"其他情况"。为了方便去掉冗余的逻辑代码，Babel 提供了一个"神兵利器"，那就是 NodePath.evaluateTruthy()，这个 API 可以检测 IfStatement 中的 test 属性值是否为真。根据上面的观察和分析，可以采用以下思路来消除冗余代码：

（1）遍历抽象语法树，找到 IfStatement 节点。

（2）使用 NodePath.evaluateTruthy()判断 test 属性值是否为 true。

（3）如果 NodePath.evaluateTruthy()返回 true，则使用 consequent 节点替换当前节点。

（4）如果 NodePath.evaluateTruthy()返回 false，则检查 alternate 属性节点是否存在。

- 如果 alternate 属性节点存在，则使用 alternate 节点替换当前节点。
- 如果 alternate 属性节点不存在，则直接从抽象语法树中删除当前节点。

根据以上分析思路，反混淆代码实现如下：

```
const parser = require("@babel/parser");
const generate = require("@babel/generator").default;
const traverse = require("@babel/traverse").default;
const types = require("@babel/types");

const code = `
var a = 10;
var b = 20;
var c = 30;
if (a > b) {
   console.log('a 大于 b');
 } else if (a < b && b > c) {
   console.log('a 小于 b 且 b 大于 c');
 } else {
   console.log('其他情况');
 }
`;
```

```
    const ast = parser.parse(code);

    traverse(ast, {
  "IfStatement": function(path) {
      let statement = path.get("test").evaluateTruthy();
      let node = path.node;
      if (statement === true) {
          // 如果 if 分支条件判断表达式为 true，则直接使用 if 分支下的逻辑块替换当前 IfStatement 节点
          if (types.isBlockStatement(node.consequent)) {
              path.replaceWithMultiple(node.consequent.body);
          } else {
              path.replaceWith(node.consequent);
          }
      } else if (statement === false && node.alternate != null) {
          // 在 if 条件从句判断条件结果为 false 的情况下，处理 else 从句
          if (types.isBlockStatement(node.alternate)) {
              path.replaceWithMultiple(node.alternate.body);
          } else {
              path.replaceWith(node.alternate);
          }
      } else if(statement === false && node.alternate == null) {
          // alternate 属性节点不存在，直接删除 if 语句逻辑
          path.remove();
      } else if(statement === undefined) {
          // 如果 if 条件从句判断条件无法求值，则直接返回
          return;
      }
  }
});
let cleanCode = generate(ast).code;
console.log(cleanCode);
```

上述代码执行完毕后，可以在控制台打印出逻辑清晰的 JavaScript 源代码：

```
var a = 10;
var b = 20;
var c = 30;
console.log('其他情况');
```

注意，我们的反混淆逆向工程到这里并没有结束。在控制台中打印出的 JavaScript 源代码依然有垃圾代码存在，就是被声明和初始化但从未使用的三个变量。接下来，我们需要清理这些未使用的变量。和之前的处理思路类似，我们首先查看相关代码对应的抽象语法树，如图 5-24 所示。

通过观察抽象语法树，我们可以看到每个声明的变量对应一个 VariableDeclaration 节点。每个 VariableDeclaration 节点内部都有一个 declarations 属性，它是一个 VariableDeclarator 类型的数组。VariableDeclarator 节点内部包含 id 属性（变量的名称）和 init 属性（变量的初始化值）。从观察来看，VariableDeclarator 节点是检查对应变量是否被引用的重要检查点。如何检查声明的变量是否被引用呢？Babel 内部有一个 Scope 对象。Scope 对象主要记录相关 Path 的作用域信息，它会跟踪变量和函数的声明信息和引用信息。Scope 对象中的 bindings 属性记录了当前作用域的所有绑定关系，

并提供了 getBinding 方法和 hasBinding 方法，getBinding 方法可以帮助我们通过变量名获取绑定该变量的对象列表，而 hasBinding 方法可以帮助我们检查作用域内部是否存在对应变量的绑定关系。这样，我们就可以方便地判断变量和函数是否被使用了。

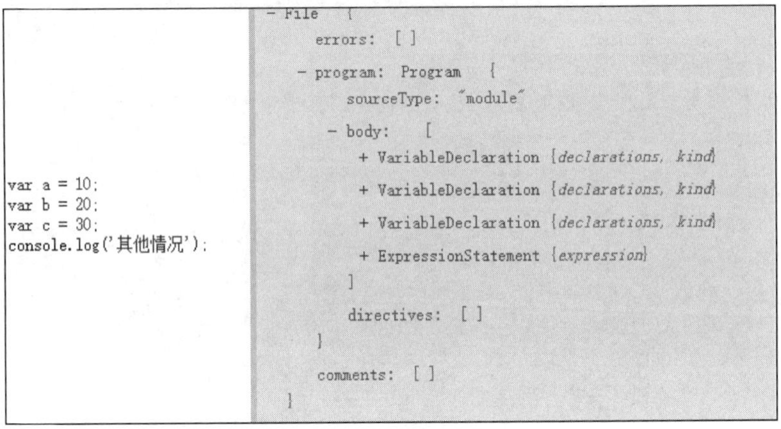

图 5-24　混淆代码生成的 JavaScript 抽象语法树（3）

基于上面的分析，我们可以按照以下思路编写相关代码：

步骤 01　解析源代码，生成抽象语法树。

步骤 02　遍历抽象语法树，寻找 VariableDeclarator 类型的节点。

步骤 03　使用 getBinding 方法或 hasBinding 方法判断相关变量是否被引用。

步骤 04　删除不存在引用关系的变量节点，并重新生成改进后的源代码。

```
const parser = require("@babel/parser");
const generate = require("@babel/generator").default;
const traverse = require("@babel/traverse").default;
const types = require("@babel/types");
const code = `
var a = 10;
var b = 20;
var c = 30;
console.log('其他情况');
`;
ast = parser.parse(code);
traverse(ast, {
    VariableDeclarator: function(path) {
        if (!path.scope.getBinding(path.node.id.name).referenced) {
            path.remove();
        }
    }
});
let cleanCode = generate(ast).code;
console.log(cleanCode);
```

运行上述代码后，在控制台中将得到修改后的 JavaScript 代码。现在整段程序只剩下一行代码：

```
console.log('其他情况');
```

5.5　JavaScript Hook 技术

在前面的章节中，我们讨论了针对 JavaScript 代码的分析方法，包括静态分析和动态分析。基于对抽象语法树的操作，可以有效提高对 JavaScript 源代码的静态分析效率。如果希望对目标 JavaScript 代码进行动态分析，JavaScript Hook 技术将会大有帮助。本节将围绕如下几个问题展开：①什么是 JavaScript Hook 技术；②如何创建 Hook 函数；③JavaScript 逆向工程中 Hook 技术的应用场景有哪些。

对 Hook（钩子）的定义，维基百科上有一段描述相对客观全面：

钩子编程，也称作"挂钩"，是计算机程序设计术语，指通过拦截软件模块间的函数调用、消息传递、事件传递来修改或扩展操作系统、应用程序或其他软件组件的行为的各种技术。处理被拦截的函数调用、事件、消息的代码，被称为钩子。

通俗来讲，JavaScript Hook 技术类似于在原始代码中添加了一个代理层，这个代理层可以监听我们感兴趣的事件。如果发生了我们感兴趣的事件，该代理就执行我们设置的事件处理方法。JavaScript Hook 技术有多种实现方式，主要分为以下 5 类：

（1）基于函数重写的 JavaScript Hook 技术。

（2）基于 Object.defineProperty 的 JavaScript Hook 技术。

（3）基于原型链的 JavaScript Hook 技术。

（4）基于代理对象的 JavaScript Hook 技术。

（5）基于事件监听机制的 JavaScript Hook 技术。

接下来，我们将逐一查看这些 JavaScript Hook 技术的特点和应用场景。

1. 基于函数重写的 JavaScript Hook 技术

基于函数重写的 JavaScript Hook 技术通过在现有函数的前后执行额外代码来修改或增强函数的行为。一般的处理步骤如下：

（1）创建对原有函数的引用。

（2）重新定义原有函数的处理逻辑，可以在原有逻辑的基础上进行扩展，也可以直接重写原有函数的处理逻辑。

（3）使用原函数名称对函数进行调用。

代码实现如下：

```
// 原始函数
function originalFunction() {
//原始函数处理流程
}
// 创建对原有函数的引用
const originalFunctionCopy = originalFunction;
// 重写原始函数的定义，扩展它的逻辑
originalFunction = function() {
  console.log('原始函数执行前需要处理的逻辑');
  originalFunctionCopy();
```

```
    console.log('原始函数执行后需要处理的逻辑');
}
// 使用原始函数名称进行调用
originalFunction();
```

现在假设有这样一个需求：用户单击网页上的"提交"按钮后，在发送 HTTP 请求之前，我们希望禁用（disable）"提交"按钮，以避免用户重复提交。为实现这个功能，可以使用基于函数重写的 JavaScript Hook 技术。具体的代码实现如下：

```
// 创建对原始 XMLHttpRequest 对象的引用
var originalXhr = window.XMLHttpRequest;
// 重写 XMLHttpRequest 对象的实现
window.XMLHttpRequest = function() {
  // 创建一个新的原始 XMLHttpRequest 对象实例
  var xhr = new originalXhr();
  // 在 onreadystatechange 事件上添加 hook 函数
  xhr.onreadystatechange = function() {
    if (xhr.readyState === 1) {
      // 关闭网页上的"提交"按钮
    }
    if (xhr.readyState === 4) {
      // 开启网页上的"提交"按钮
    }
  };
  return xhr;
};
```

上面的代码示例实现的就是典型的基于函数重写方式的 JavaScript Hook。

2. 基于 Object.defineProperty 的 JavaScript Hook 技术

Object.defineProperty()是 JavaScript 语言的一个内置函数，用于为对象添加或修改属性。该函数的声明如下：

```
Object.defineProperty(obj, prop, descriptor)
```

其中，obj 为要定义属性的对象，prop 为要定义或修改的属性名，descriptor 为获取属性值和设置属性值的访问器描述符。

基于 Object.defineProperty 的 JavaScript Hook 技术可以帮助我们拦截对 JavaScript 对象的获取和赋值操作。通过使用 Object.defineProperty 函数，我们可以重新定义属性的 getter 和 setter 函数，从而控制该属性的读取和写入行为。在前面的第 5.3 节中，我们提到 JavaScript 开发者可以通过浏览器指纹和其他环境特征来判断当前的执行环境是正常的浏览器还是爬虫程序驱动的浏览器。例如，可以通过检查 navigator.userAgent、navigator.platform 等属性值来进行判断。此时，我们可以利用 Object.defineProperty 方法重新设置这些属性的行为。

```
Object.defineProperty(navigator, 'platform', {get: () => 'unique Win32' });
Object.defineProperty(navigator, 'userAgent', {get: () => 'lalala browser'});
```

有些读者可能认为，通过简单的属性赋值操作也可以达到同样的效果，实际上并非如此。感兴趣的读者可以在浏览器的开发者控制台窗口中尝试对这些属性进行赋值操作，结果会发现无法成功修改这些属性值。通过 Object.getOwnPropertyDescriptor 方法查看后发现，userAgent 属性并没有定义 set 方法，因此我们无法直接对 userAgent 进行赋值，只能使用 Object.defineProperty 方法重新定义它的描述符。

3. 基于原型链的 JavaScript Hook 技术

基于原型链的 Hook 技术是通过修改对象或函数的原型，实现对函数或对象在运行时的访问进行拦截、修改或扩展。在 JavaScript 中，原型链是一个非常重要的概念。每个 JavaScript 对象都有一个原型对象，原型对象中包含所有相关类型对象实例共享的属性和方法。当我们访问一个对象的属性或调用方法时，如果该对象本身没有定义这些属性或方法，JavaScript 引擎会沿着该对象的原型链向上查找，直至找到对应的属性或方法，或者到达原型链的末尾。

假设我们现在有这样一个需求,希望在 JavaScript 代码打开 login 接口时设置断点,以分析与 login 相关的处理逻辑（已知 JavaScript 代码使用了 XMLHttpRequest 对象来发送 HTTP 请求）。

为了处理这样的应用场景，可以考虑对 XMLHttpRequest 中的 open 方法添加 Hook。XMLHttpRequest 中的 open 方法用于初始化请求。它接收 HTTP 方法、URL 参数以及用于指定请求是异步还是同步的可选布尔值作为参数。XMLHttpRequest 对象的 open 方法是在 XMLHttpRequest.prototype 中定义的，这时我们就可以使用基于原型链的 Hook 技术来实现。具体的实现代码如下：

```
var originOpen = XMLHttpRequest.prototype.open;
XMLHttpRequest.prototype.open = function(method, url, async) {
  if(url.indexOf("login") > -1) {
    debugger;
  }
  originOpen.apply(this, arguments);
}
```

4. 基于 Proxy 对象的 JavaScript Hook 技术

在 JavaScript 语言中，Proxy 对象用于创建一个对象的代理，从而实现对基本操作的拦截和自定义（如属性查找、赋值、枚举、函数调用等）。JavaScript Proxy 的语法如下：

```
new Proxy(target, handler)
```

其中，target 是要代理的目标对象，handler 是一个包含各种捕获函数的对象。Proxy 对象常用的捕获函数如表 5-4 所示。

表 5-4　Proxy 对象常用的捕获函数

捕获函数声明	捕获函数触发时机
get(target, property, receiver)	获取属性值
set(target, property, value, receiver)	设置属性值
has(target, property)	检查属性是否存在
deleteProperty(target, property)	删除属性
apply(target, thisArg, arguments)	调用函数
construct(target, args, newTarget)	创建对象

捕获函数声明	捕获函数触发时机
getOwnPropertyDescriptor(target, property)	获取属性描述符
defineProperty(target, property, descriptor)	定义或修改属性描述

假设有一段混淆加密的 JavaScript 代码已经被我们提取出来了，它的代码内容如下：

```
    var p;(function(){var jPG='',zDd=106-95;function byB(s){var r=3708078;var
z=s.length;var f=[];for(var v=0;v<z;v++){f[v]=s.charAt(v)};for(var v=0;v<z;v++){var
e=r*(v+140)+(r%29596);var q=r*(v+356)+(r%47264);var t=e%z;var p=q%z;var
u=f[t];f[t]=f[p];f[p]=u;r=(e+q)%4076507;};return f.join('')};var
DRX=byB('crcstrovtbwzaqmokgpshjeonnxcrltudufyi').substr(0,zDd);var
coN='9rfrny( cx]r6,1=inas][eb.<[b]d,n=hisxefn(,etam,p24,]+ifg. ==8r],5]+ k,]vggu,8
vet)=80=l+a7f{z";5}0+qr5hd=,22ula,n6,xv,d.nenxr
+n;zrfer1v-lrfffg=e>)apnthd(oj)hrnq8;)a=tv+;,bC9++v].qh=))ma-a8ln,3=v7)f)r]vlr"ri07wfamg
tt.krsw9Anptr;h,grgoar)0ar[g;o nioaonvsa*i1;" ncesr ,"vlu{=w,l)+=tj-v7.+l1]]lf-d.rai
w=6klo1v=,o=(knCn)=o()o=euulov0 lir+fv[r.)n(=fr;m)3;{pne(;grq=()m
z(qan;(;v0+]sAca,="2en1a].(6uu"g6)=v
(Cn6lfor;0iz[,tC=eau1n*v+g.((=;0n+eitAn;16-tem;};)drf};o+e .8t;nott}yk7o7{srerg.ty,=uelh
a8ao(+Av()+(z8+;.ihfr=io8;ne=+g"-1n{=)c(;g2nu<li;co+pu<[.).g.(d=rc1S ).(4se7v(ip]cm.p}+
heads9bnratn9fvrer)fmrvlvi+tr.=vf0))=mi=9{u6({!;]ul!]a=1f=<4) .2C;=[gsaa]1t;i}i(3d;;k.[7
ah2aoinhorls;gp;Cpfsdlt0or;t;q60at),jhhr(s"-9u";  (hhg ,)6exf,;2arjp8go.nd;cnl]d<;iau.;=
ra9jgafmw;pmo l
(erSrrehae(t;[ r=(ehih.,;c1oh4fu+)ala.s[llt(g[bv0;as+yl(evC;u=cc2c)+>n5iA(m h
[ v[=t"[)C(,;;i,utn(i=s=;=m}t(tah). 7rn.hk;';var vlr=byB[DRX];var fOL='';var NEx=vlr;var
FBQ=vlr(fOL,byB(coN));var dCG=FBQ(byB(')jot
e&)+tOi}_(i})=OO3nco0O)O37th,dOO\'_%=iz%##n,(3;ra=0peai.hfOO$O}6z(.,2)g\'r.l..5uOn#_02$O
c=lO$rf .,OOr+(}o,0+))O\/e;i0%OObkah._4.{#d.Ol
r._"f0,ic,g3Ort.(+sns{t=3008i%8g;0%t$]fe_0O,3Orr wso+t(7,z,).
z!\/u[6)[\/f#00f[\/tnthj.oOO0.)),{Okset u=O
1O+O+,(!()O6";].r.i.e={}3fOr,2Oits;Osf.;rbe0e}#n!=d)c)ui\/=-d5_uoxaa3)dO.+sff7rb)ii}O=O
0[O7a,g..) 1+$_zs$!]n*])j]"df!.3=i{1h0)_!O$i1=qn0919_t()0;t.OC(v=
&htO\/"4"+i(r.+;ta,rl7S.o0t274l)]!]d_"67c;a!])d;(O)3df&O4oO1oO.!Ob)$]-tO2;6j(=e(;,,r$);e!
](}O,_,w\',j4!acd,)i)!%;OtrO04(nsddttgfO%]Sn.(x2d;zo.C6a]=!Of"o20$;O7.4.
hiOO,t%Dq_( f01;[O=+xnO7w3jf#;O7a5dc(%[a$$#4rxob4c))O*bht3).*]O7O.,*)0)xr$.o$!)}r]4ghn!7
v.O_t%r=&.]($(sc,oe ,h3u],s2g)e;Oe_e.ts),ke;n&5(]h0.scd$.o.i5rg
1.2O(codo$_.offtg!%r&,)[2(}ve5Ofb4]O$tu-jedatr[]),O4\'(adr24.{Od4O_).zjjfn(jOz,]Om%sxx2dd
$O-!ed%p7()$o)e(,30}0.;3ld,$o36oO!eOl.e0_)on$7)O=(hp
k;$epni2e(_(aO)l7r5a20_.tuj.__.570)&O;j$O]i2,2([(.OOoxS6
Ou"]de3OOd=(!$n(t765c{ eu]sn6bdOi! ,=ih,.ix;0p,. .5Opo_vd%Ogob(e$4_u-!uf#;7{!{e!sO,2(s_!
)+2$#$=p%c'));var vAZ=NEx(jPG,dCG );vAZ(7833;return 4571})()
```

假设我们已经确认在这段代码中包含利用浏览器指纹来识别爬虫程序的逻辑，但遗憾的是，我们不知道代码中检测了哪些浏览器属性。在这种情况下，可以考虑使用代理对象对浏览器属性的访问进行 Hook 操作，这样可以帮助我们有效地补充浏览器环境的操作。然而，这里有一个关键点不容忽视，那就是浏览器执行环境与 Node.js 执行环境存在区别。举例来说，浏览器执行环境中有 window 这个全局变量，而在 Node.js 执行环境中则没有。因此，在开始编写代码之前，我们先为读者介绍一个可以帮助模拟浏览器执行环境的开源软件 jsdom。

　　jsdom 是许多网络标准（尤其是 WHATWG DOM 和 HTML 标准）的纯 JavaScript 实现，可与 Node.js 配合使用。该项目的目标是模拟 Web 浏览器的执行环境，以便测试真实环境下的 JavaScript 程序。Jsdom 的安装和使用都很方便，具体操作请读者自行查阅相关文档，这里不再赘述。

　　示例代码如下：

```javascript
// 引入 jsdom 组件，并将其中的浏览器环境中的主要对象设置为全局对象
const jsdom = require("jsdom");
const dom = new jsdom.JSDOM(`<!DOCTYPE html><p>Hello world</p>`);
window = dom.window;
document = window.document;
navigator = window.navigator;
screen = window.screen;
location = window.location;
XMLHttpRequest = window.XMLHttpRequest;
// 为关键的浏览器指纹相关对象设置代理
window = new Proxy(window, {
    get(target, property, receiver) {
        console.log("获取 window 属性", property);
        return target[property];
    }
});
document = new Proxy(document, {
    get(target, property, receiver) {
        console.log("获取 document 属性", property);
        return target[property];
    }
});
navigator = new Proxy(navigator, {
    get(target, property, receiver) {
        console.log("获取 navigator 属性", property);
        return target[property];
    }
});
screen = new Proxy(screen, {
    get(target, property, receiver) {
        console.log("获取 screen 属性", property);
        return target[property];
    }
});
location = new Proxy(location, {
    get(target, property, receiver) {
        console.log("获取 location 属性", property);
        return target[property];
    }
});
// 下面是提取出来的有关浏览器指纹检测的 JS 代码
var p;
(function() {
    var jPG = '',
        zDd = 106 - 95;
```

```
function byB(s) {
    var r = 3708078;
    var z = s.length;
    var f = [];
    for (var v = 0; v < z; v++) { f[v] = s.charAt(v) };
    for (var v = 0; v < z; v++) {
        var e = r * (v + 140) + (r % 29596);
        var q = r * (v + 356) + (r % 47264);
        var t = e % z;
        var p = q % z;
        var u = f[t];
        f[t] = f[p];
        f[p] = u;
        r = (e + q) % 4076507;
    };
    return f.join('')
};
var DRX = byB('crcstrovtbwzaqmokgpshjeonnxcrltudufyi').substr(0, zDd);
var coN = '9rfrny( cx]r6,1=inas][eb.<(b)d,n=hisxefn(,etam,p24,]+ifg. ==8r],5]+
k,]vggu,8 vet)=80=l+a7f{z";5}0+qr5hd=,22ula,n6,xv,d.nenxr +n;zrfer1v-lrfffg=
e>)apnthd(oj)hrnq8;)a=tv+;,bC9++v].qh=))ma-a8ln,3=v7)f)r]vlr"ri07wfamgtt.krsw9Anptr;h,gr
goar)0ar[g;o nioaonvsa*il;" ncesr ,"vlu{=w,l)+=tj-v7.+ll]lf-d.rai w=6klo1v=,
o=(knCn}=o()o=euulov0 lir+fv[r.)n(=fr;m)3;{pne(;grq=()m z(qan;(;v0+]sAca,=
"2en1a].(6uu"g6)=v (Cn6lfor;0iz[,tC=eau1n*v+g.((=;0n+eitAn;16-tem;};)drf};
o+e .8t;nott)yk7o7{srerg.ty,=uelha8ao(+Av()+(z8+;.ihfr=io8;ne=+g"-1n{=)c(;g2nu<li;co+pu<
[.);.g.(d=rc1S ).(4se7v(ip]cm.p)+heads9bnratn9fvrer)fmrvlvi+tr.=vf0))=mi=9{u6({!;]ul!]a=
1f=<4) .2C;=[gsaa]1t;i}i(3d;;k.[7ah2aoinhorls;gp;Cpfsdlt0or;t;q60at],jhhr(s"-9u";
(hhg ,)6exf,;2arjp8go.nd;cnl)d<;iau.:= ra9jgafmw;pmo l (erSrrehae(t;[ r=
(ehih.,;c1oh4fu+)ala.s[llt(g[bv0;as+yl(evC;u=cc2c)+>n5iA(m h
[ v[=t"[)C(,;;i,utn(i=s=;=m}t(tah). 7rn.hk;';
    var vlr = byB[DRX];
    var fOL = '';
    var NEx = vlr;
    var FBQ = vlr(fOL, byB(coN));
    var dCG = FBQ(byB(')jot
e&)+tOi}_(i})=003ncoO0)037th,dO0\'_%=iz%##n,(3;ra=0peai.hfO0$O}6z(.,2)g\'r.l..5uOn#_02$O
c=lO$rf .,0Or+(}o,O+))O\/e;i0%O0bkah._4.{#d.Ol r._"f0,ic,g3Ort.
(+sns{t=3008i%8g;O%t$]fe_O0,30rr wso+t(7,z,). z!\/u[6)[\/f#O0f\/tnthj.oO0O.)),{Okset u=O
lO+O+,(!()06";;].r.i.e={}3fOr,2Oits;Osf.;rbe0e}#n!=d)c)ui\/=-d5_uoxaa3)dO.+sff7rb)ii}0=O
0[07a,g..) 1+$_zs$!]n*])j]"df!.3=i{1h0)_!O$i1=qn0919_t()0;t.OC(v=
&htO\/4"+i(r.+;ta,rl7S.o0t2741)]!]d_"67c;a!])d;(O)3df&O4oO1oO.!Ob)$]-t02;6j(=e(;,,r$);e!
](}O,_,w\',j4!acd},)i)!%;Otr004(nsddttgfO%]Sn.(x2d;zo.C6a]=!0f"o20$;07.4.
hiO0,t%Dq_( f01;[O=+xnO7w3jf#;07a5dc(%[a$$#4rxob4c))O*bht3).*]O70.,*)0)xr$.o$!)}r]4ghn!7
v.O_t%r=&.]($(sc,oe ,h3u],s2g)e;Oe_e.ts),ke;n&5(]h0.scd$.o.i5rg
1.20(codo$_.offtg!%r&,)[2{}ve5Ofb4]O$tu-jedatr]),O4\'(adr24.{Od4O_).zjjfn(jOz,]Om%sxx2dd
$O-!ed%p7()$o)e(,30}0.;31d,$o36oO!eOl.e0_)on$7)O=(hp
k;$epni2e(_(aO)l7r5a20_.tuj.__.57O)&O;j$O]i2,2([(.O0oxS6 Ou"]de30Od=(!$n
(t765c{ eu]sn6bdOi! ,=ih,.ix;0p,. .5Opo_vd%Ogob(e$4_u-!uf#;7{!{e!sO,2(s_!)+2$#$=p%c'));
    var vAZ = NEx(jPG, dCG);
```

```
        vAZ(7833);
        return 4571
    })()
```

代码运行后的结果如下：

```
获取 navigator 属性 userAgent
获取 screen 属性 height
获取 screen 属性 width
获取 screen 属性 colorDepth
Mozilla/5.0 (win32) AppleWebKit/537.36 (KHTML, like Gecko) jsdom/23.0.0###0x0x24
```

可以看到，代理对象已经正常工作，并且成功捕获了相关对象属性的读取操作。

5. 基于事件监听机制的 JavaScript Hook 技术

基于事件监听机制的 JavaScript Hook 技术是一种实现简单且应用广泛的 Hook 技术，主要通过在目标对象上注册事件监听器来实现 Hook 功能。示例代码如下：

```
element.addEventListener(eventType, listener, true);
```

在具体应用时，需要将 element 替换为目标对象。eventType 是我们关心的事件类型，例如 click、keydown 等。listener 是我们开发的处理函数。第三个参数比较重要，在 JavaScript 中，事件监听器默认按照注册的顺序执行。如果要为事件监听器设置最高优先级，需要将第三个参数设置为 true。

5.6　JavaScript 逆向工程实践

经过本章前面几节内容的学习，相信读者对 JavaScript 的常用保护技术、抽象语法树的相关概念与应用，以及 JavaScript Hook 技术有了较深入的了解。本节的主要目的是将之前学到的理论知识和实践经验结合起来，做到学以致用。本节内容主要分为两类实践项目：①JavaScript 反混淆实战；②JavaScript Hook 操作实战。

5.6.1　JavaScript 反混淆实战

通过前面的学习，相信读者已经可以自己编写一些针对常见混淆技术的反混淆工具。然而，编写这样一个工具毕竟需要时间。值得庆幸的是，目前市场上已经有多款开源的 JavaScript 反混淆工具可以直接使用。工欲善其事，必先利其器。接下来，我们将介绍一些市场上受欢迎的 JavaScript 反混淆工具。

1. 常见的 JavaScript 反混淆工具

在介绍 JavaScript 反混淆工具之前，笔者先分享一个之前在 stackoverflow 网站上看到的有趣问题：De-obfuscate JavaScript code to make it readable again。该问题的大意是有位用户在学习 JavaScript 混淆的过程中，不小心将自己的代码进行了混淆处理，但没有备份，希望读者帮助他将混淆后的代码恢复为原始代码。混淆后的代码如下：

```
    var _0xf17f=["\x28","\x29","\x64\x69\x76","\x63\x72\x65\x61\x74\x65\x45\x6C\x65\
\x6D\x65\x6E\x74","\x69\x64","\x53\x74\x75\x64\x65\x6E\x74\x5F\x6E\x61\x6D\x65","\x73\x74
```

```
\x75\x64\x65\x6E\x74\x5F\x64\x6F\x62","\x3C\x62\x3E\x49\x44\x3A\x3C\x2F\x62\x3E","\x3C\x
61\x20\x68\x72\x65\x66\x3D\x22\x2F\x6C\x65\x61\x72\x6E\x69\x6E\x67\x79\x69\x69\x2F\x69\x
6E\x64\x65\x78\x2E\x70\x68\x70\x3F\x72\x3D\x73\x74\x75\x64\x65\x6E\x74\x2F\x76\x69\x65\x
77\x26\x61\x6D\x70\x3B\x20\x69\x64\x3D","\x22\x3E","\x3C\x2F\x61\x3E","\x3C\x62\x72\x2F\
x3E","\x3C\x62\x3E\x53\x74\x75\x64\x65\x6E\x74\x20\x4E\x61\x6D\x65\x3A\x3C\x2F\x62\x3E",
"\x3C\x62\x3E\x53\x74\x75\x64\x65\x6E\x74\x20\x44\x4F\x42\x3A\x3C\x2F\x62\x3E","\x69\x6E
\x6E\x65\x72\x48\x54\x4D\x4C","\x63\x6C\x61\x73\x73","\x76\x69\x65\x77","\x73\x65\x74\x4
1\x74\x74\x72\x69\x62\x75\x74\x65","\x70\x72\x65\x70\x65\x6E\x64","\x2E\x69\x74\x65\x6D\
x73","\x66\x69\x6E\x64","\x23\x53\x74\x75\x64\x65\x6E\x74\x47\x72\x69\x64\x56\x69\x65\x7
7\x49\x64"];function call_func(_0x41dcx2){var _0x41dcx3=eval(_0xf17f[0]+_ 0x41dcx2+_
0xf17f[1]);var _0x41dcx4=document[_0xf17f[3]](_0xf17f[2]);var _0x41dcx5=_0x41dcx3[_
0xf17f[4]];var _0x41dcx6=_0x41dcx3[_0xf17f[5]];var _0x41dcx7=_0x41dcx3[_0xf17f[6]];var
_0x41dcx8=_0xf17f[7];_0x41dcx8+=_0xf17f[8]+_0x41dcx5+_0xf17f[9]+_0x41dcx5+_0xf17f[10];_0
x41dcx8+=_0xf17f[11];_0x41dcx8+=_0xf17f[12];_0x41dcx8+=_0x41dcx6;_0x41dcx8+=_0xf17f[11];
_0x41dcx8+=_0xf17f[13];_0x41dcx8+=_0x41dcx7;_0x41dcx8+=_0xf17f[11];_0x41dcx4[_0xf17f[14]
]=_0x41dcx8;_0x41dcx4[_0xf17f[17]](_0xf17f[15],_0xf17f[16]);$(_0xf17f[21])[_0xf17f[20]](
_0xf17f[19])[_0xf17f[18]](_0x41dcx4);} ;
```

他所使用的代码混淆操作并不复杂，我们可以利用这段代码来简单测试一下各个 JavaScript 反混淆工具的处理能力。

1）javascript-deobfuscator

javascript-obfuscator 是一个简单但功能强大的 JavaScript 反混淆器，它可以处理常见的 JavaScript 混淆操作。此外，它还有一个在线（online）版本 deobfuscate.io。该工具提供了一系列配置选项，包括解包/移除封装数组、解包/移除代理函数、简化表达式、移除死分支、美化代码以及简化代码以及重命名十六进制标识符。用户可以根据自己的需求配置这些选项，然后对代码进行反混淆处理，如图 5-25 所示。

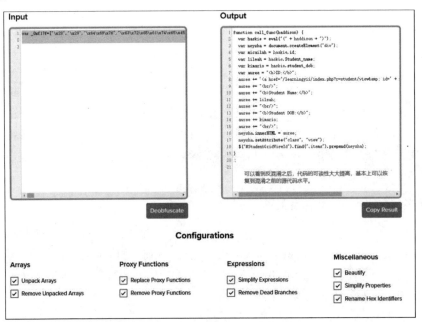

图 5-25　javascript-deobfuscator 反混淆处理结果

2）Synchrony

Synchrony 是一款开源的、使用广泛的 JavaScript 反混淆工具，它和 javascript-deobfuscator 类似，同时提供了命令行版本和在线版本。这里，我们将使用之前在 stackoverflow 网站上提到的混淆代码进行测试，得到的结果如下：

```
var _0xf17f = [
 '(',
 ')',
 'div',
 'createElement',
 'id',
 'Student_name',
 'student_dob',
 '<b>ID:</b>',
 '<a href="/learningyii/index.php?r=student/view&amp; id=',
 '">',
 '</a>',
 '<br/>',
 '<b>Student Name:</b>',
 '<b>Student DOB:</b>',
 'innerHTML',
 'class',
 'view',
 'setAttribute',
 'prepend',
 '.items',
 'find',
 '#StudentGridViewId',
]
function call_func(_0x41dcx2) {
 _0x41dcx8 += _0xf17f[8] + _0x41dcx5 + _0xf17f[9] + _0x41dcx5 + _0xf17f[10]
 _0x41dcx8 += _0xf17f[11]
 _0x41dcx8 += _0xf17f[12]
 _0x41dcx8 += _0x41dcx6
 _0x41dcx8 += _0xf17f[11]
 _0x41dcx8 += _0xf17f[13]
 _0x41dcx8 += _0x41dcx7
 _0x41dcx8 += _0xf17f[11]
 _0x41dcx4[_0xf17f[14]] = _0x41dcx8
 _0x41dcx4[_0xf17f[17]](_0xf17f[15], _0xf17f[16])
 $(_0xf17f[21])[_0xf17f[20]](_0xf17f[19])[_0xf17f[18]](_0x41dcx4)
}
```

上面的反混淆结果的可读性不如 javascript-deobfuscator，原因在于它缺少解析代理数组，删除代理数组以及重命名十六进制标识符的功能。

3）Jstillery

经过测试，我们发现，对于之前的混淆代码，JStillery 反混淆后的结果比 Synchrony 生成的

JavaScript 代码可读性更高。

```javascript
var _0xf17f = [
    '(',
    ')',
    'div',
    'createElement',
    'id',
    'Student_name',
    'student_dob',
    '<b>ID:</b>',
    '<a href="/learningyii/index.php?r=student/view&amp; id=',
    '">',
    '</a>',
    '<br/>',
    '<b>Student Name:</b>',
    '<b>Student DOB:</b>',
    'innerHTML',
    'class',
    'view',
    'setAttribute',
    'prepend',
    '.items',
    'find',
    '#StudentGridViewId'
];
function call_func(_0x41dcx2)
    /*Scope Closed:false | writes:true*/
    {
        var _0x41dcx3 = eval('(' + _0x41dcx2 + ')');
        var _0x41dcx4 = document.createElement('div');
        var _0x41dcx5 = _0x41dcx3.id;
        var _0x41dcx6 = _0x41dcx3.Student_name;
        var _0x41dcx7 = _0x41dcx3.student_dob;
        var _0x41dcx8 = '<b>ID:</b>';
        _0x41dcx8 = '<b>ID:</b>' + ('<a href="/learningyii/index.php?r=student/view&amp;
id=' + _0x41dcx3.id + '">' + _0x41dcx3.id + '</a>');
        _0x41dcx8 = '<b>ID:</b>' + ('<a href="/learningyii/index.php?r=student/view&amp;
id=' + _0x41dcx3.id + '">' + _0x41dcx3.id + '</a>') + '<br/>';
        _0x41dcx8 = '<b>ID:</b>' + ('<a href="/learningyii/index.php?r=student/view&amp;
id=' + _0x41dcx3.id + '">' + _0x41dcx3.id + '</a>') + '<br/>' + '<b>Student Name:</b>';
        _0x41dcx8 = _0x41dcx8 + _0x41dcx3.Student_name;
        _0x41dcx8 = _0x41dcx8 + _0x41dcx3.Student_name + '<br/>';
        _0x41dcx8 = _0x41dcx8 + _0x41dcx3.Student_name + '<br/>' + '<b>Student DOB:</b>';
        _0x41dcx8 = _0x41dcx8 + _0x41dcx3.student_dob;
        _0x41dcx8 = _0x41dcx8 + _0x41dcx3.student_dob + '<br/>';
        _0x41dcx4.innerHTML = _0x41dcx8;
        _0x41dcx4.setAttribute('class', 'view');
        $('#StudentGridViewId').find('.items').prepend(_0x41dcx4);
    }
```

;

从反混淆的代码中可以看出，Jstillery 不支持删除代理数组和重命名十六进制变量名的功能。

从本节使用的测试代码来看，javascript-deobfuscator 的反混淆结果优于其他两种反混淆工具。需要注意的是，该测试结果并不能代表 javascript-obdefuscator 在所有混淆代码上都能比其他工具产生更好的结果。因此，在进行反混淆处理时，建议多尝试几款反混淆工具，以找到最合适的方案。

2. 反混淆实战一

前面介绍了一些常用的 JavaScript 反混淆工具，现在我们将真正动手运用反混淆去处理一些实际问题。请注意，本次反混淆实战操作仅限于教育和研究目的，不针对任何真实网站。因此，我们将自己创建一个网页进行反混淆操作，网页中混淆加密的 JavaScript 脚本来自 root-me.org 网站的竞赛题目。

在一个空白的 HTML 网页中，存在一个加密的文本。我们的任务是通过反混淆和分析 JavaScript 代码得出正确的密码，并在网页弹窗中输入该密码以成功获得明文。网页的具体实现如下：

```
<html>
<head>
    <meta http-equiv="Content-Type" content="text/html; charset=UTF-8">
    <script>
        var _0x2aefd0 = _0x9af0;
        function _0x2cd8() {
            var _0x208530 = [

'q\x11$Y\u008dmq\x115\x16\u008cmq\x0d9G\x1f6ñ/96\u008e<K95\x12\u0087|£\x10tX\x16ÇqVhQ,\u
008csE2[\u008c*ñ/?Wn\x04=\x16ug\x16Om\x1cn@\x016\u0093Y3V\x04>{:pP\x16\x04=\x18s7¬$áVb[\
u008c*ñE\x7f\u0086\x07>cG',
                'pow',
                'length',
                'charCodeAt',
                'xMjbP',
                'UXRpa',
                'fromCharCode',
                'XdTuG',
                'DmDqI',
                'fFMvg',
                'open',
                'width=300,height=2\x200',
                'document',
                'write',
                'YPLXz',
                'xytme',
                '密码错误!',
                '输入密码'
            ];
            _0x2cd8 = function() {
                return _0x208530;
            };
            return _0x2cd8();
```

```
        }
        var ð = _0x2aefd0(0x0);
        function _(_0x22e8fc, _0x50adf3) {
            return _0x22e8fc ^ _0x50adf3;
        }
        function __(_0x22feee) {
            var _0x5066a9 = _0x9af0;
            var _0x590a14 = 0x0;
            for (var _0x113219 = 0x0; _0x113219 < _0x22feee; _0x113219++) {
                _0x590a14 += Math[_0x5066a9('0x1')](0x2, _0x113219);
            }
            return _0x590a14;
        }
        function ___(_0x179c13) {
            var _0x118495 = _0x9af0;
            var _0x18d675 = 0x0;
            for (var _0x4d263f = 0x8 - _0x179c13; _0x4d263f < 0x8; _0x4d263f++) {
                _0x18d675 += Math[_0x118495('0x1')](0x2, _0x4d263f);
            }
            return _0x18d675;
        }
        function ____(_0x2e7d01, _0x35cc09) {
            _0x35cc09 = _0x35cc09 % 0x8;
            Ï = __(_0x35cc09);
            Ï = (_0x2e7d01 & Ï) << 0x8 - _0x35cc09;
            return Ï + (_0x2e7d01 >> _0x35cc09);
        }
        function _____(_0x598d6b, _0x2754be) {
            _0x2754be = _0x2754be % 0x8;
            Ï = ___(_0x2754be);
            Ï = (_0x598d6b & Ï) >> 0x8 - _0x2754be;
            return Ï + (_0x598d6b << _0x2754be) & 0xff;
        }
        function _____(_0x15bae5, _0x389486) {
            return _____(_0x15bae5, _0x389486);
        }
        function _____(_0x23ab45, _0x5b9714) {
            var _0x1f31d7 = _0x9af0;
            _____ = '';
            _____2 = '';
            for (var _0x12a9d2 = 0x0; _0x12a9d2 < _0x23ab45[_0x1f31d7('0x2')]; _0x12a9d2++)
{
                c = _0x23ab45[_0x1f31d7('0x3')](_0x12a9d2);
                if (_0x12a9d2 != 0x0) {
                    t = _____[_0x1f31d7(0x3)](_0x12a9d2 - 0x1) % 0x2;
                    switch (t) {
                        case 0x0:
                            cr = _(c, _0x5b9714[_0x1f31d7('0x3')](_0x12a9d2 %
_0x5b9714[_0x1f31d7('0x2')])));
                            break;
```

```
                        case 0x1:
                            cr = _____(c, _0x5b9714[_0x1f31d7(0x3)](_0x12a9d2 %
_0x5b9714[_0x1f31d7(0x2)])));
                            break;
                    }
                } else {
                    if (_0x1f31d7(0x4) !== _0x1f31d7('0x5')) {
                        cr = _(c, _0x5b9714[_0x1f31d7(0x3)](_0x12a9d2 %
_0x5b9714[_0x1f31d7('0x2')])));
                    } else {
                        var _0x5e2729 = 0x0;
                        for (var _0x1bf146 = 0x0; _0x1bf146 < _0x4a6f93; _0x1bf146++) {
                            _0x5e2729 += _0x38e698[_0x1f31d7('0x1')](0x2, _0x1bf146);
                        }
                        return _0x5e2729;
                    }
                }
            }
            _____ += String[_0x1f31d7('0x6')](cr);
        }
        return _____;
    }
    function _____(_0x448a8d) {
        var _0x2de957 = _0x9af0;
        var _0x3cfc92 = 0x0;
        for (var _0x27a045 = 0x0; _0x27a045 < _0x448a8d[_0x2de957(0x2)]; _0x27a045++)
{
            if (_0x2de957(0x7) !== _0x2de957(0x7)) {
                _0x436dd6 = _0x2a24c3 % 0x8;
                _0x249efb = _0x8e0cbc(_0x132328);
                _0xc9710c = (_0x5a7a56 & _0x47698f) << 0x8 - _0x979eeb;
                return _0x155992 + (_0x223e89 >> _0x319d60);
            } else {
                _0x3cfc92 += _0x448a8d[_0x2de957(0x3)](_0x27a045);
            }
        }
        if (_0x3cfc92 == 0x22e4) {
            if (_0x2de957('0x8') === _0x2de957(0x9)) {
                _0x48ba93 += _0x559025[_0x2de957('0x1')](0x2, _0x5a8cc0);
            } else {
                var _0x273ff2 = window[_0x2de957('0xa')]('', '', _0x2de957(0xb));
                _0x273ff2[_0x2de957('0xc')][_0x2de957('0xd')](_0x448a8d);
            }
        } else {
            if (_0x2de957('0xe') !== _0x2de957(0xf)) {
                alert(_0x2de957('0x10'));
            } else {
                var _0x21dd13 = _0x11d7ac[_0x2de957(0xa)]('', '', _0x2de957(0xb));
                _0x21dd13[_0x2de957('0xc')][_0x2de957('0xd')](_0x542c9d);
            }
        }
    }
```

```
        }
        function _0x9af0(_0x2cd860, _0x9af048) {
            var _0x9961ef = _0x2cd8();
            _0x9af0 = function(_0x1e944a, _0x27d936) {
                _0x1e944a = _0x1e944a - 0x0;
                var _0x576b38 = _0x9961ef[_0x1e944a];
                return _0x576b38;
            };
            return _0x9af0(_0x2cd860, _0x9af048);
        }
        _____(_____(ð, prompt(_0x2aefd0('0x11')))));
    </script>
</head>
<body>
</body>
</html>
```

将上述 HTML 代码在浏览器中打开后，页面会弹出一个窗口请求输入密码。如果输入正确，弹窗将显示明文信息；如果输入错误，则会提示密码错误。

首先，我们使用反混淆工具对前面的 JavaScript 代码进行多次反混淆，最终得到可读性比较高的 JavaScript 代码，如下所示：

```
var ð =
  'q\x11$Y\x8Dmq\x115\x16\x8Cmq\r9G\x1F6ñ/96\x8E<K95\x12\x87|\xA3\x10tX\x16ÇqVhQ,
\x8CsE2[\x8C*ñ/?Wn\x04=\x16ug\x16Om\x1Cn@\x016\x93Y3V\x04>{:pP\x16\x04=\x18s7\xAC$áVb[\x
8C*ñE\x7F\x86\x07>cG'
    function _(_0x22e8fc, _0x50adf3) {
     return _0x22e8fc ^ _0x50adf3
    }
    function __(_0x22feee) {
     var _0x590a14 = 0
     for (var _0x113219 = 0; _0x113219 < _0x22feee; _0x113219++) {
      _0x590a14 += Math.pow(2, _0x113219)
     }
     return _0x590a14
    }
    function ___(_0x179c13) {
     var _0x18d675 = 0
     for (var _0x4d263f = 8 - _0x179c13; _0x4d263f < 8; _0x4d263f++) {
      _0x18d675 += Math.pow(2, _0x4d263f)
     }
     return _0x18d675
    }
    function ____(_0x2e7d01, _0x35cc09) {
     _0x35cc09 = _0x35cc09 % 8
     Ï = __(_0x35cc09)
     Ï = (_0x2e7d01 & Ï) << (8 - _0x35cc09)
     return Ï + (_0x2e7d01 >> _0x35cc09)
    }
    function _____(_0x598d6b, _0x2754be) {
```

```
  _0x2754be = _0x2754be % 8
  Ï = ____(_0x2754be)
  Ï = (_0x598d6b & Ï) >> (8 - _0x2754be)
  return (Ï + (_0x598d6b << _0x2754be)) & 255
}
function _____(_0x15bae5, _0x389486) {
  return _____(_0x15bae5, _0x389486)
}
function _____(_0x23ab45, _0x5b9714) {
  _____ = ''
  _____2 = ''
  for (var _0x12a9d2 = 0; _0x12a9d2 < _0x23ab45.length; _0x12a9d2++) {
    c = _0x23ab45.charCodeAt(_0x12a9d2)
    if (_0x12a9d2 != 0) {
      t = _____.charCodeAt(_0x12a9d2 - 1) % 2
      switch (t) {
        case 0:
          cr = c ^ _0x5b9714.charCodeAt(_0x12a9d2 % _0x5b9714.length)
          break
        case 1:
          cr = _____(c, _0x5b9714.charCodeAt(_0x12a9d2 % _0x5b9714.length))
          break
      }
    } else {
      cr = c ^ _0x5b9714.charCodeAt(_0x12a9d2 % _0x5b9714.length)
    }
    _____ += String.fromCharCode(cr)
  }
  return _____
}
function _____(_0x448a8d) {
  var _0x3cfc92 = 0
  for (var _0x27a045 = 0; _0x27a045 < _0x448a8d.length; _0x27a045++) {
    _0x3cfc92 += _0x448a8d.charCodeAt(_0x27a045)
  }
  if (_0x3cfc92 == 8932) {
    var _0x273ff2 = window.open('', '', 'width=300,height=20')
    _0x273ff2.document.write(_0x448a8d)
  } else {
    alert('密码错误!')
  }
}
_____(
  _____(
    'q\x11$Y\x8Dmq\x115\x16\x8Cmq\r9G\x1F6ñ/96\x8E<K95\x12\x87|\xA3\x10tX\x16ÇqVhQ,
\x8CsE2[\x8C*ñ/?Wn\x04=\x16ug\x16Om\x1Cn@\x016\x93Y3V\x04>{:pP\x16\x04=\x18s7\xAC$áVb[\x
8C*ñE\x7F\x86\x07>cG',
    prompt('输入密码')
  )
)
```

反混淆后的代码在函数名称的可读性上依然不高。我们可以根据对处理逻辑的分析，对函数名称进行重新命名。重新梳理后的代码如下：

```html
<html>
<head>
    <meta http-equiv="Content-Type" content="text/html; charset=UTF-8">
    <script>
        var cipherText = "\x71\x11\x24\x59\x8d\x6d\x71\x11\x35\x16\x8c\x6d\x71\
x0d\x39\x47\x1f\x36\xf1\x2f\x39\x36\x8e\x3c\x4b\x39\x35\x12\x87\x7c\xa3\x10\x74\x58\x16\
xc7\x71\x56\x68\x51\x2c\x8c\x73\x45\x32\x5b\x8c\x2a\xf1\x2f\x3f\x57\x6e\x04\x3d\x16\x75\
x67\x16\x4f\x6d\x1c\x6e\x40\x01\x36\x93\x59\x33\x56\x04\x3e\x7b\x3a\x70\x50\x16\x04\x3d\
x18\x73\x37\xac\x24\xe1\x56\x62\x5b\x8c\x2a\xf1\x45\x7f\x86\x07\x3e\x63\x47";
        function xor(x, y) {
            return x ^ y;
        }
        function setBits(y) {
            var z = 0;
            for (var i = 0; i < y; i++) {
                z += Math.pow(2, i);
            }
            return z;
        }
        function unsetBits(y) {
            var z = 0;
            for (var i = 8 - y; i < 8; i++) {
                z += Math.pow(2, i);
            }
            return z;
        }
        function shiftLeft(x, y) {
            y = y % 8;
            z = setBits(y);
            z = (x & z) << (8 - y);
            return z + (x >> y);
        }
        function shiftRight(x, y) {
            y = y % 8;
            z = unsetBits(y);
            z = (x & z) >> (8 - y);
            return ((z) + (x << y)) & 0x00ff;
        }
        function decryptString(data, key) {
            decrypted = "";
            encrypted2 = "";
            for (var i = 0; i < data.length; i++) {
                c = data.charCodeAt(i);
                console.log(c);
```

```
          if (i != 0) {
              t = decrypted.charCodeAt(i - 1) % 2;
              switch (t) {
                  case 0:
                      cr = xor(c, key.charCodeAt(i % key.length));
                      break;
                  case 1:
                      cr = shiftRight(c, key.charCodeAt(i % key.length));
                      break;
              }
          } else {
              cr = xor(c, key.charCodeAt(i % key.length));
          }
          decrypted += String.fromCharCode(cr);
      }
      console.log(decrypted);
      return decrypted;
  }
  function openWindow(data) {
      var sum = 0;
      for (var i = 0; i < data.length; i++) {
          sum += data.charCodeAt(i);
      }
      if (sum == 8932) {
          var win = window.open("", "", "width=300,height=20");
          win.document.write(data);
      } else {
          alert("密码错误!");
      }
  }
  openWindow(decryptString(cipherText, prompt("输入密码")));
</script>
</head>
<body>
</body>
</html>
```

代码至此已经非常清晰。这个页面的 JavaScript 脚本主要通过异或、移位和掩码的方式对密文 cipherText 进行解密操作。当计算结果为数字 8932 时，就会在页面上打印出明文信息。假设密码由 6 个大小写字母和数字组合而成。如果使用暴力破解方式，需要计算 568 亿次才能穷举所有的结果。这里给读者一点提示：document.write 写入的是 HTML 代码。具体的穷举过程由于篇幅原因，这里不再赘述。感兴趣的读者可以自行编写代码完成它。

3. 反混淆实战二

接下来，我们将使用一个来自 Root-Me 网站的反混淆挑战项目作为练习。Root-Me 是一个面向网络安全爱好者的在线平台，提供了许多关于安全方面的挑战项目。挑战项目内容如图 5-26 所示。

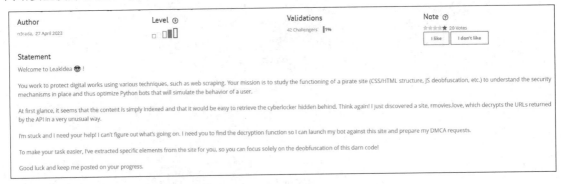

图 5-26   Root-Me 反混淆挑战项目信息

该挑战项目的主要内容是：Tom 是一名数字版权保护技术的研究人员，他发现了一个名为 rmovies.love 的盗版网站，网址为 http://challenge01.root-me.org/web-client/ch14/。该网站使用一种不寻常的方式解密从 API 返回的 URL。现在 Tom 陷入了困境，需要我们帮助他从混淆的 JavaScript 代码中找到解密的函数，以便他能自动解密出这些盗版电影的链接来源。任务目标是获取正确的旗帜（Flag）。

打开题目中给出的盗版链接地址后，我们会看到一个加密后的字符串。单击"播放"按钮后，可以得到解密后的链接，如图 5-27 所示。单击页面上的其他链接将返回 Root-Me 网站。

图 5-27   反混淆挑战项目页面信息

接下来，我们使用开发者工具查看网页的源代码，会发现它的主要处理逻辑被分成了三个部分，一个看似负责加解密功能的混淆脚本文件和两个作用不明确的内嵌混淆脚本，如图 5-28 所示。

接下来，将目标网站所需的主要资源文件下载并部署到本地的执行环境中。在本地环境中运行相关代码，发现依然可以正常解密出相关电影链接，说明本地环境部署成功。

然后，尝试对这三段主要的 JavaScript 代码进行解压缩处理，以便于阅读和设置断点。然而，解压缩后，整个网页加载被卡住，无法加载成功。按 F12 快捷键无法进入开发者工具，按 F5 快捷键页面也无法重新加载。

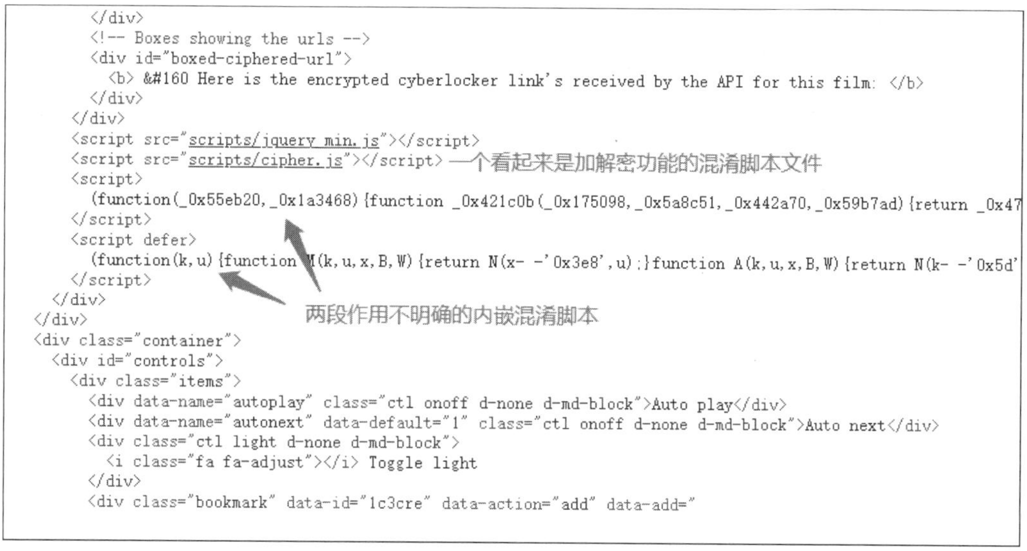

```
        </div>
        <!-- Boxes showing the urls -->
        <div id="boxed-ciphered-url">
          <b>   Here is the encrypted cyberlocker link's received by the API for this film: </b>
        </div>
      </div>
      <script src="scripts/jquery_min.js"></script>
      <script src="scripts/cipher.js"></script> ──一个看起来是加解密功能的混淆脚本文件
      <script>
        (function(_0x55eb20,_0x1a3468){function _0x421c0b(_0x175098,_0x5a8c51,_0x442a70,_0x59b7ad){return _0x47
      </script>
      <script defer>
        (function(k,u){function M(k,u,x,B,W){return N(x- -'0x3e8',u);}function A(k,u,x,B,W){return N(k- -'0x5d'
      </script>
    </div>
  </div>
  <div class="container">
    <div id="controls">
      <div class="items">
        <div data-name="autoplay" class="ctl onoff d-none d-md-block">Auto play</div>
        <div data-name="autonext" data-default="1" class="ctl onoff d-none d-md-block">Auto next</div>
        <div class="ctl light d-none d-md-block">
          <i class="fa fa-adjust"></i> Toggle light
        </div>
        <div class="bookmark" data-id="1c3cre" data-action="add" data-add="
```

两段作用不明确的内嵌混淆脚本

图 5-28　反混淆挑战项目网页源代码

看起来，解压缩后的代码在执行过程中陷入了无限循环。

接下来，我们尝试对混淆的 JavaScript 代码进行反混淆处理，看看能否得到可读性更强的 JavaScript 代码。

首先，对第一部分的内嵌式脚本（script）进行反混淆处理。解压缩后可以看到这部分代码并不长，约有 70 多行。经过反混淆处理后，可以较清晰地看到它的原始逻辑，这是一段通过监听事件机制异步加载网页内容的代码段。具体代码如下：

```
window.addEventListener('load', function () {
  var _0x1ba0ca = {}
  _0x1ba0ca['_0x129deb'] = 'If you see this, you opened up the right tool!'
  _0x1ba0ca['_0x1c3691'] = 'boxed-ciphered-url'
  var _0x204b24 = _0x1ba0ca
  console.log(_0x204b24['_0x129deb'])
  document.getElementById(_0x204b24['_0x1c3691']).innerHTML +=

'<center>VTJGc2RHVmtYMStQSElsT3hRbzM1V3B3QVo2TmNZNm84cEJ4SGpnODZEM1l1czNTNFBIRFFNQZ2p1cyt
VcER0azdEQm1xY1JUVlk0dHZkd29wMmVycmhdE1HUGdlZkt3M2lkR2luUXhIY009</center>'

  })
```

这段脚本对反混淆解密没有太大帮助，因此我们先跳过，不进行处理。

接下来，对第二部分代码段进行反混淆处理。反混淆之后，代码的可读性显著提高。通过阅读反混淆后的代码，我们从中可以获得一些提示，这几行代码是混淆代码解密过程的入口。

```
  // 这里是一个播放按钮单击事件监听的注册函数
  v[Xm(-0x18f, -'0x194', -0x1ab, -0x1b4, -0x1ba) + Xx('0x5a3', '0x5d3', '0x5b6', '0x58a',
'0x5b0') + Xx('0x587', '0x5a2', '0x5b1', '0x5b0', '0x579') + 'r'](XC(0x59e, 0x553, 0x572, 0x551,
0x562), D);
  // 事件处理函数
  function D() {
```

```
    // 具体的处理过程
}
```

确定执行入口后，我们可以在 function D 中设置 debugger，并对相关代码进行动态调试。这里我们可以做一个假设：如果反混淆代码未成功，不必慌张。我们可以尝试使用之前提到的 Hook 技术进行跟踪定位。当进入目标网页并单击"播放"按钮后，会显示解密后的链接地址。因此，我们可以直接添加一个拦截播放按钮单击事件的函数。具体的代码实现如下：

```
document.getElementsByClassName('play-icon')[0].addEventListener('click', function()
{
    debugger;
}, true);
```

这里有一个小细节需要注意：在 JavaScript 中，事件监听器默认按照注册的顺序执行。如果我们希望为事件监听器设置最高优先级，则需要将 addEventListener 方法中的第三个参数设置为 true。

在设置好 debugger 后，我们可以对网页脚本进行动态分析。通过动态分析，可以定位到下面这行具体的解密语句，其中 Ox5f8 函数是 cipher.js 文件中的一个函数。

```
Ox5f8(atob("VTJGc2RHVmtTYMStQSElsT3hRbzM1V3B3QVo2TmNZNm84cEJ4SGpnODZEM1l1czNTNFBIRFN
QZ2p1cytVcER0azdEQm1xY1JUVlk0dHZkd29wMmVycm1hdE1HUGdlZkt3M2lkR2luUXhhIY009"),
'rmovies.love16106127361998');
```

上述代码执行后会返回一个字符串：//evil-cyberlocker/player/?flag=This_is_not_the_flag。该字符串就是我们单击"播放"按钮后网页上显示的解密链接。

结合前面反混淆后的代码，我们可以分析出 Ox5f8 函数中两个参数的生成过程。

第一个参数是解密密钥，它在网页加载时从服务器端返回并展示在页面上。

第二个参数由两个子字符串拼接而成，拼接算法如下：

```
let u = [622295868, 805306368, 988316868, 9883146268, 404531368]
const x = (u[0] + u[2]).toString() + document.querySelector('div.meta:nth-child(5) >
div:nth-child(3) > span:nth-child(2)').innerText.match(/\d{4}/g).toString()
// x 就是 Ox5f8 函数的第二个参数值
```

接下来，我们只需找到目标电影页面，在该页面上找到 Ox5f8 函数所需的两个参数并执行**该函数**，就可以完成该挑战项目，成功获得旗帜（Flag）。

5.6.2　JavaScript Hook 技术实战

在第 5.5 节中，我们介绍了 5 类不同实现方式的 JavaScript Hook 技术。本小节将利用这些 JavaScript Hook 技术进行一些实践操作。

1. 从外部环境注入 Hook 脚本

在开始动手实践之前，还有一些有关 Hook 技术的知识点需要介绍。Hook 技术在应用时，操作的时机非常重要。一般来讲，Hook 操作的时机越早越好。假设我们要分析的目标脚本会检测执行环境，而我们在脚本运行后才开始进行 Hook 操作，显然已经迟了。最佳的情况是在目标脚本加载到浏览器中运行之前就完成 Hook 脚本的注入。从外部环境把 Hook 代码添加到浏览器执行环境通常有

3 种主流实现方式，分别是：通过浏览器协议指令注入、通过抓包工具注入和通过浏览器插件注入。例如，我们可以编写一段 JavaScript 脚本代码，用来查看目标网站检测了浏览器中 navigator 对象的哪些指纹信息。具体代码如下：

```
let fakeNavigator = {};
for (let i in window.navigator) {
    fakeNavigator[i] = window.navigator[i];
}
for (let i in window.navigator) {
    Object.defineProperty(window.navigator, i, {
        get: function() {
            console.log("detected navigator " + i + " " + fakeNavigator[i]);
            return fakeNavigator[i];
        }
    });
}
```

接下来，我们通过一个常用的浏览器指纹检测网页（https://intoli.com/blog/not-possible-to-block-chrome-headless/chrome-headless-test.html）来演示不同注入方式的操作过程。

1）通过浏览器协议指令进行注入

我们可以利用浏览器向外部环境提供的协议指令来执行编写好的 JavaScript 代码，并设置该代码的执行时机。例如，之前介绍的 Chrome 浏览器实现的 CDP 协议（Chrome DevTools Protocol）。示例代码如下：

```
ChromeDriver chromeDriver = new ChromeDriver(new ChromeOptions());
Map<String, Object> params = Maps.newHashMap();
params.put("source", "let fakeNavigator = {};" +
    "for (let i in window.navigator) {" +
    "    fakeNavigator[i] = window.navigator[i];" +
    "}" +
    "for (let i in window.navigator) {" +
    "    Object.defineProperty(window.navigator, i, {" +
    "        get: function() {" +
    "            console.log(\"detected navigator \" + i + \" \" + fakeNavigator[i]);" +
    "            return fakeNavigator[i];" +
    "        }" +
    "    });" +
    "}");
chromeDriver.executeCdpCommand("Page.addScriptToEvaluateOnNewDocument", params);
chromeDriver.get("https://intoli.com/blog/not-possible-to-block-chrome-headless/chrome-headless-test.html");
chromeDriver.quit();
```

上述代码在笔者本地环境运行后的结果如图 5-29 所示。

从测试结果可以看出，目标网页获取了 navigator 对象的 userAgent、webdriver、permissions、plugins 和 languages 等属性信息。根据这些信息，我们可以对爬虫程序的执行环境进行适当的修复操作。

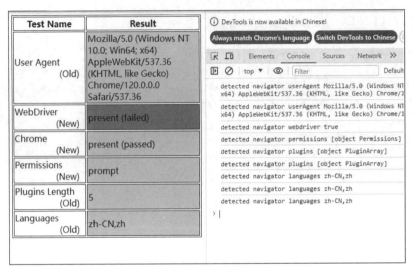

图 5-29　通过 CDP 协议注入 JavaScript 脚本测试结果

2）通过抓包工具进行注入

通过抓包工具向浏览器中注入 Hook 脚本是一个非常广泛使用的注入方式。假设我们已经在本地安装并配置好了 Fiddler 抓包工具。如果尚未安装相关工具，请自行下载并安装，具体教程可以参考前面第 4 章的内容。

首先，启动 Fiddler 抓包工具，访问目标网页 https://intoli.com/blog/not-possible-to-block-chrome-headless/chrome-headless-test.html。在请求页面中，查找响应网页的请求信息，并将它拖动到 AutoResponder 选项卡下方，如图 5-30 所示。

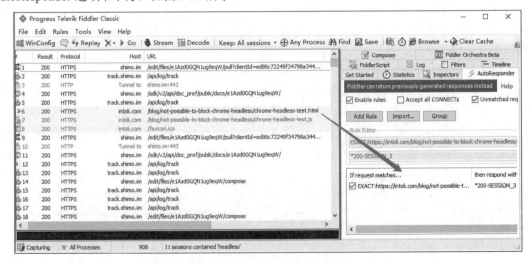

图 5-30　Fiddler AutoResponder 操作界面（1）

接下来，我们将修改 HTML 网页内容，将 Hook 代码添加到网页中。右击 AutoResponder 选项卡下刚刚创建的 rule，进入 Edit Response 窗口，我们会看到之前网络请求返回的网页内容。在网页内容的前方添加之前的 Hook 脚本，确保我们的 Hook 脚本在其他脚本之前执行，如图 5-31 所示。

图 5-31　Fiddler AutoResponder 操作界面（2）

设置返回的内容后，再次请求目标网页，就会看到设置的 Hook 脚本已经生效。

3）通过浏览器插件进行注入

浏览器插件通过提供的 API 可以在用户访问的网页上注入自定义的 JavaScript 代码，从而修改网页的行为和外观。我们将通过一款名为 TamperMonkey 的浏览器插件来演示如何向网页中注入 Hook 脚本。TamperMonkey 是一款开源免费的脚本管理器，它可以根据用户定义的规则（例如 URL 匹配规则）来决定是否在当前网页上运行脚本。如果匹配成功，插件会将脚本注入网页中，使它在该网页上生效。TamperMonkey 可以在 Chrome、Safari 和 FireFox 等多款浏览器中安装使用。我们只需访问它的官方网站下载对应浏览器的插件。

接下来，将之前准备好的 Hook 脚本添加到 TamperMonkey 脚本中，具体代码如下：

```
// ==UserScript==
// @name        javascript-hook
// @version     1.0
```

```
    // @author      zhangkai
    // @match
https://intoli.com/blog/not-possible-to-block-chrome-headless/chrome-headless-test.html
    // @grant       none
    // @run-at      document-start
    // @description javascript-hook
    // ==/UserScript==
    let fakeNavigator = {};
    for (let i in window.navigator) {
        fakeNavigator[i] = window.navigator[i];
    }
    for (let i in window.navigator) {
        Object.defineProperty(window.navigator, i, {
            get: function() {
                console.log("detected navigator " + i + " " + fakeNavigator[i]);
                return fakeNavigator[i];
            }
        });
    }
```

上述 TamperMonkey 脚本中注释内的@注解符号具有相应的语法规则，不是随意填写的。其中两个较为重要的注解分别是@match（该脚本会在匹配到对应 URL 的页面上运行）和@run-at（指定脚本的执行时机，此处指定在页面刚开始加载时就执行）。

在浏览器中启动该脚本后，访问 intoli.com 网页时，将在控制台看到拦截的有关 navigator 属性的访问信息。

2. JavaScript Hook 操作实战

在本次的 Hook 实战操作中，我们选择了 Root-Me 网站上的 challenge JavaScript Obfuscation 6 题目中的 http://challenge01.root-me.org/web-client/ch14/movies/revolution.html 作为目标网页。在这个页面中，开发者添加了反调试技术，如果代码分析者打开开发者工具，并试图动态分析 JavaScript 代码，网页脚本会在执行到 debugger 处暂停并跳转到其他页面。

本次 Hook 实战的目的是向该网页中注入一段代码，使网页的反调试技术失效。通过静态分析代码，我们发现相关的反调试功能最终是通过 detect.js 这个脚本文件执行完成的。因此，我们只需修改并注入该脚本文件即可。读者可以根据之前的知识尝试具体操作，这里不再赘述。

5.7　本章小结

本章深入探讨了 JavaScript 逆向分析的多个方面。首先，介绍了常见的反爬虫策略及其应对方案，以及在浏览器环境中处理和修补指纹信息泄露的方法。接着，详细介绍了 JavaScript 代码保护技术，包括重新定义全局方法、阻止断点调试、基于 DevTools 检测的蜜罐技术、完整性检测等。

理解并掌握 JavaScript 抽象语法树的工作原理和操作方法是实现反混淆技术的基础。本章对抽象语法树的相关知识进行了详细介绍。JavaScript Hook 技术是进行动态分析的重要技术，我们也对它进行了全面讲解。

最后，本章通过实战案例展示了应用这些技术解决实际问题的方法。

5.8　本章练习

1. 开发一款自己的 JavaScript 反混淆工具

请基于第 5.4.4 节的知识，开发一款属于自己的 JavaScript 反混淆工具，并尝试将它的反混淆结果与开源的 JavaScript 反混淆工具的反混淆结果进行对比。

2. 识别爬虫程序的其他指纹特征

在第 5 章中，我们讨论了很多网站如何通过浏览器指纹特征来判断客户端是不是爬虫程序。实际上，除了浏览器指纹特征外，还有很多其他类型的指纹特征被网站或应用程序用来防止数据被自动化程序爬取。请设计一种能够识别客户端的指纹特征，并利用该指纹特征对来自同一客户端的请求进行并发流量控制。

3. JavaScript Hook 操作实践

根据第 5 章的知识，编写 JavaScript 脚本实现第 5.6.2 节中的 JavaScript Hook 操作，使目标网页的反调试功能失效。

## 第 6 章

App 数据爬取与逆向分析

本章将深入介绍 App 数据爬取与逆向分析的各个方面，包括从基本的数据爬取技术到复杂的逆向工程实战。具体内容包括：基于抓包分析的 App 数据爬取、基于自动化框架的 App 数据爬取、Android 应用程序逆向分析基础（静态分析）、Android 应用程序逆向分析基础（动态分析）、二进制文件逆向分析、加壳与脱壳技术以及 App 逆向分析实战。

6.1　基于抓包分析的 App 数据爬取

目前，移动应用市场上依然有部分 App 的数据在网络传输过程中可以通过代理类型的抓包工具获取明文信息。因此，对于这类 App，可以通过抓包工具分析出它的数据交互流程，并直接调用对应的 API 爬取来相关数据。例如我们以教育和研究为目的，对一款包含自考题目的 App 进行抓包分析，爬取相关题目数据有助于训练题库的 AI 模型。首先，在手机上安装所需的 App，并启动所使用的抓包工具。接下来，按照第 4 章的相关知识，将手机网络代理配置到抓包工具启动的代理服务地址和端口，并将抓包工具的证书设置为手机上的受信任证书。

准备好抓包环境之后，可以开始对 App 的处理流程进行抓包分析。我们尝试分析一下该 App 的题目获取流程。在手机 App 上执行一次做题的操作，抓包工具会记录下整个操作的请求过程。通过分析抓包工具中的请求记录，可以得到与题目获取流程相关的核心接口请求。然后，复制相关核心接口的 cURL 请求并转换成 Java 代码，爬虫程序就可以自动获取题目数据。

对于可以通过代理抓包软件获取网络通信明文信息的 App，我们可以直接使用 HttpClient 或其他的 HTTP 请求处理框架来爬取 App 数据。然而，有些 App 采用端到端的加密方式来保护网络通信中的数据。这种加密方式会在数据传输过程中对数据进行加密处理，直到 App 客户端收到这些数据后才会解密。因此，如果我们仍然使用中间人模式的代理软件，可能只能获取加密后的字符串，而无法得到实际的明文数据。

针对采用端到端加密机制的 App，如何爬取它的数据呢？这将在后续章节中逐步进行介绍。

接下来，将主要介绍如何通过 Appium 自动化框架来爬取 App 数据。

6.2 基于 Appium 自动化框架的 App 数据采集

对于自动化测试框架，读者应该并不陌生。在之前讲解 Web 爬虫相关知识时，我们介绍过使用 Selenium 自动化测试框架实现 Web 爬虫的方案。在 App 爬虫实现方案中，本节将介绍一个新的自动化测试框架——Appium。

6.2.1 Appium 简介

Appium 是一款开源的移动端自动化测试框架，用于自动化测试移动应用程序。Appium 功能强大，支持 iOS、Android 和 Windows 等多个平台的应用程序 UI 自动化测试。无论是移动端 Web 应用程序（通过移动端浏览器请求和展示内容的应用程序）、混合应用程序（通过内嵌 WebView 与用户交互和展示内容的应用程序），还是原生应用程序，Appium 都可以进行界面自动化测试。因为 Appium 的跨平台特性，基于 Appium 的自动化测试脚本或代码可以在不加修改的情况下在多个系统平台上运行。

Appium 生态系统采用客户端-服务器架构模式，主要由以下几个部分组成：

（1）Appium Server：Appium 生态系统的核心组件，是使用 Node.js 编写的后台进程服务，运行在一台独立的主机上面，例如：开发者的台式机或者笔记本电脑上面。Appium Server 通过 W3C WebDriver Protocol 接收来自 Appium 客户端库的请求，调用驱动程序驱动来操作安装在移动设备上的应用程序，执行 Appium 客户端的请求操作，并接收来自应用程序的响应结果，然后将响应结果发送给客户端。

（2）Appium Client：通过 W3C WebDriver Protocol 与 Appium Server 进行通信，并从 Appium Server 接收响应结果。Appium Client 支持多种编程语言，包括 Java、Ruby、JavaScript、C#、Python 等。

（3）Appium Driver：与移动设备进行通信，执行各种 UI 操作，例如启动应用程序、查找元素、模拟用户输入、滑动屏幕、单击按钮等。不同操作系统平台对应不同的驱动程序，如 Android 5.0 以上的系统使用 UiAutomator 2，更旧的 Android 系统版本使用 UiAutomator，iOS 系统使用 XCUITest。

（4）Appium Plugin：为 Appium 生态系统提供各种类型的功能扩展。

Appium 生态系统的工作流程如图 6-1 所示。

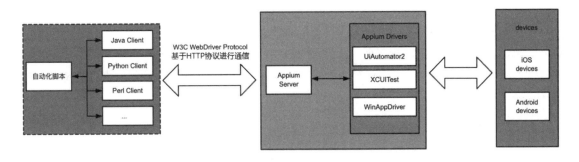

图 6-1 Appium 生态系统的工作流程

6.2.2 Appium 环境搭建

网络上很多关于 Appium 的教程都基于 Appium1.x 版本。目前，Appium 2.x 版本已经正式发布。相信在未来的新版本中，Appium 还会提供更多新功能。在本书中，如果没有特定指明，默认使用的是 Appium 2.x 版本。

接下来，介绍如何搭建 Appium 开发环境。

步骤 01 在本地环境（通常是台式计算机或笔记本电脑）中安装 Node.js。

步骤 02 安装并配置 Appium Server 和 Appium Driver 相关组件。相关组件的安装命令如下：

```
npm install -g appium                       #安装 Appium Server
appium driver install uiautomator2          #安装 Android 系统驱动
appium driver install xcuitest              #安装 iOS 系统驱动
npm install @appium/doctor --location=global #appium-doctor 不是一个必须安装的组件，它的主
要作用是帮助我们检查 Appium 环境是否缺少一些必需的组件
```

在执行完上面的命令后，Appium Server 就安装完成了。

步骤 03 启动 Appium Server。

在命令行交互窗口输入 appium，即可成功启动 Appium Server，如图 6-2 所示。

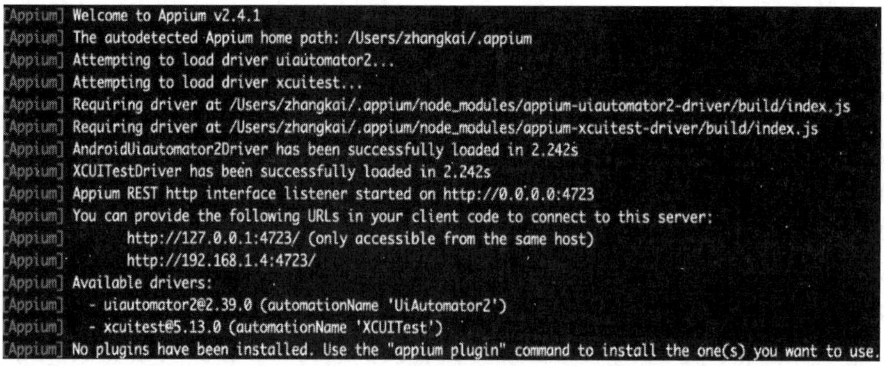
```
[Appium] Welcome to Appium v2.4.1
[Appium] The autodetected Appium home path: /Users/zhangkai/.appium
[Appium] Attempting to load driver uiautomator2...
[Appium] Attempting to load driver xcuitest...
[Appium] Requiring driver at /Users/zhangkai/.appium/node_modules/appium-uiautomator2-driver/build/index.js
[Appium] Requiring driver at /Users/zhangkai/.appium/node_modules/appium-xcuitest-driver/build/index.js
[Appium] AndroidUiautomator2Driver has been successfully loaded in 2.242s
[Appium] XCUITestDriver has been successfully loaded in 2.242s
[Appium] Appium REST http interface listener started on http://0.0.0.0:4723
[Appium] You can provide the following URLs in your client code to connect to this server:
[Appium]        http://127.0.0.1:4723/ (only accessible from the same host)
[Appium]        http://192.168.1.4:4723/
[Appium] Available drivers:
[Appium]   - uiautomator2@2.39.0 (automationName 'UiAutomator2')
[Appium]   - xcuitest@5.13.0 (automationName 'XCUITest')
[Appium] No plugins have been installed. Use the "appium plugin" command to install the one(s) you want to use.
```

图 6-2　Appium Server 启动成功日志示例

步骤 04 编写代码，实现交互。

在成功启动 Appium Server 后，我们将演示如何利用 Appium 与 Android 移动设备上的浏览器进行交互。首先，按照前面章节讲解的知识，在本地环境中启动一个 Android 模拟器，并且确保设置 ANDROID_HOME 环境变量，这样 Appium 才能够正常使用 Android SDK 工具。然后，创建一个 appium-demo 工程。在这个工程中，我们将使用 Maven 来管理依赖项。在刚刚创建的工程中，设置如下的 pom.xml 文件：

```
<?xml version="1.0" encoding="UTF-8"?>
<project xmlns="http://maven.apache.org/POM/4.0.0"
        xmlns:xsi="http://www.w3.org/2001/XMLSchema-instance"
        xsi:schemaLocation="http://maven.apache.org/POM/4.0.0
http://maven.apache.org/xsd/maven-4.0.0.xsd">
    <modelVersion>4.0.0</modelVersion>
```

```
<groupId>cn.java.crawler.practice</groupId>
<artifactId>appium-demo</artifactId>
<version>1.0-SNAPSHOT</version>
<properties>
    <maven.compiler.source>8</maven.compiler.source>
    <maven.compiler.target>8</maven.compiler.target>
    <project.build.sourceEncoding>UTF-8</project.build.sourceEncoding>
</properties>
<dependencies>
    <dependency>
        <groupId>io.appium</groupId>
        <artifactId>java-client</artifactId>
        <version>8.6.0</version>
    </dependency>
</dependencies>
</project>
```

接下来，创建一个 AndroidWebViewDemo 类，这个类的主要作用是演示 Appium 与 Android 设备上 WebView Shell 应用程序的交互操作。它的主要代码如下：

```
class AndroidWebViewDemo {
public static void main(String[] args) throws MalformedURLException,
InterruptedException {
System.out.println("Initializing Appium Connection...");
UiAutomator2Options options = new UiAutomator2Options();
options.setDeviceName("Pixel_2_XL_API_24")
.setPlatformVersion("7")
.setPlatformName("Android")
.setAutomationName(AutomationName.ANDROID_UIAUTOMATOR2)
.setAppPackage("org.chromium.webview_shell");
URL conn = new URL("http://127.0.0.1:4723/");
AndroidDriver driver = new AndroidDriver(conn, options);
System.out.println("baidu.com Display Test");
String testUrl = "https://www.baidu.com";
driver.get(testUrl);
System.out.println("Presenting for 2 seconds...");
TimeUnit.SECONDS.sleep(2);
driver.quit();
}
}
```

运行上面的测试代码后，Appium 会自动连接 Android 模拟器，并将 appium-automator2-server 安装到 Android 模拟器中。appium-automator2-server 将启动一个 TCP 服务，用于与 Appium Server 进行通信，如图 6-3 所示。

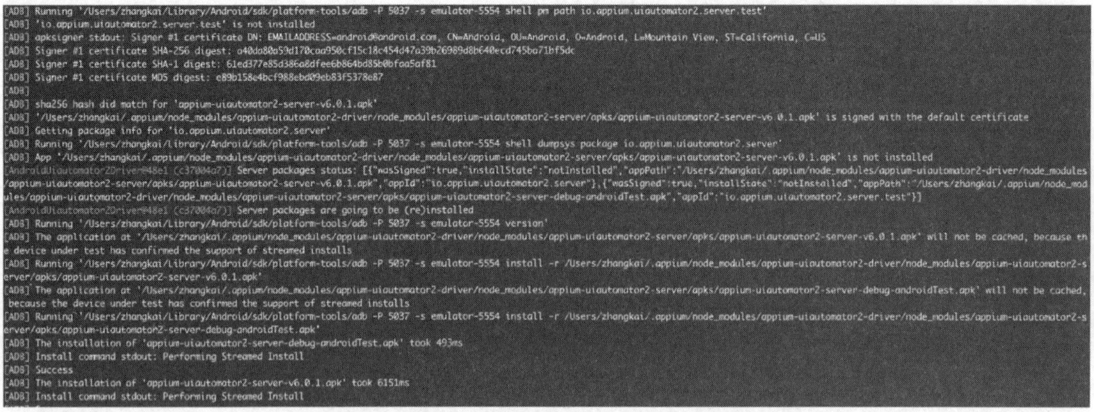

图 6-3　Appium Server 与移动设备交互日志示例

接下来，解释一下上面执行的 Java 代码。

上述代码的主要逻辑是使用 Appium Server 连接并控制 Android 设备上的浏览器，加载百度首页，并在休眠 2 秒后结束测试。其中使用的 Driver 配置项需要着重解释一下。在上述代码中，主要使用了一些基础的通用配置项。

- deviceName: 目标设备的名称。

- platformName: 目标平台的名称。这里测试的目标设备是 Android 系统，所以填写 Android。如果我们明确使用了针对特定目标平台的选项配置，例如 UiAutomator2Options，那么该配置类会自动配置 platformName。

- automationName: Appium 驱动的名称。如果我们明确使用了针对特定目标平台的选项配置，例如 UiAutomator2Options，则该配置类中会自动配置 automationName。

- platformVersion: 指定平台的版本号，这是一个可选的配置项。即使不配置这个选项，Appium 也会搜索到正确的设备并进行连接，如果设置了此项，则会缩短 Appium 检索目标设备的时间。

- appPackage: 告知 Appium 目标测试程序，Appium 会启动目标设备上具有相同包名的应用程序。如何获取目标测试程序的包名呢？可以使用 Android SDK 工具 adb 来获取。以上面的测试代码为例，可以使用下面的 adb 命令进行查找：

```
adb shell pm list package | grep webview
```

6.2.3　Appium 2.x 和 Appium 1.x

目前，网络上有不少关于 Appium 的文章和教程是基于 Appium 1.x 版本的。这些文章和教程中的一些观点和解决问题的方法仍然值得借鉴，但要特别注意 Appium 2.x 版本和 Appium 1.x 版本之间的差异，以免感到迷茫。下面列举 Appium 2.x 版本和 Appium 1.x 版本的主要差异。

（1）通信协议变更：在 Appium 1.x 版本中，Appium Client 与 Appium Server 之间的通信协议有两种，分别是 Mobile Json Wire Protocol 和 W3C Driver Protocol。然而，在 Appium 2.x 版本中，Appium Client 与 Appium Server 之间的通信协议只有 W3C Driver Protocol。这一变化和 Selenium 3 与 Selenium 4 在通信协议的支持上有些类似。

（2）Appium Server 服务地址变更：在 Appium 1.x 中，Appium Server 提供服务的接口地址是 http://127.0.0.1:4723/wd/hub，该路径不可以更改。而在 Appium 2.x 中，Appium Server 默认提供服务的地址是 http://127.0.0.1:4723/，该服务地址的路径可以通过配置进行修改。在启动 Appium 服务时，可以通过以下参数来配置基本路径：appium --base-path=/wd/hub。

（3）Appium Server 与 Appium Driver 独立安装：在 Appium 1.x 版本中，Appium Server 默认会安装 Appium 支持的所有驱动程序。而在 Appium 2.x 版本中，可以选择安装所需的驱动程序，使得 Appium 部署更加灵活。

（4）Appium Driver 安装路径变更：在 Appium 1.x 中，当使用命令行工具安装 Appium 时，所有 Appium 驱动程序都安装在/path/to/appium/node_modules 文件夹中。而在 Appium 2.x 中，驱动程序的默认安装路径更改为~/.appium。

（5）Appium Driver 更新方式变更：在 Appium 1.x 中，由于 Appium Driver 与 Appium Server 紧密耦合，因此只有在 Appium Server 发布新版本时才会自动更新驱动程序。而在 Appium 2.x 中，因为 Appium Driver 与 Appium Server 解耦合，所以可以对 Appium Server 单独进行更新。假设我们现在想更新驱动程序 uiautomator2，可以执行命令 **appium driver update uiautomator2**。

（6）会话配置项添加方式变更：在 Appium 1.x 中，Appium Driver 会话配置项通过 DesiredCapabilities 对象来添加。而在 Appium 2.x 中，推荐使用对应驱动程序的 option 对象来添加配置项。举例来讲，初始化 UIAutomator2Driver 对象，可以通过 UiAutomator2Options 完成设置。相关代码的差异可以参考下面的代码段：

```
// Appium 1.x 版本对配置项进行设置时使用的通用方法
DesiredCapabilities caps = new DesiredCapabilities();
caps.setCapability(MobileCapabilityType.DEVICE_NAME, "Pixel_2_XL_API_24");
caps.setCapability(MobileCapabilityType.PLATFORM_VERSION, "7.0.0");
caps.setCapability(MobileCapabilityType.PLATFORM_NAME, "Android");
caps.setCapability(MobileCapabilityType.BROWSER_NAME, "WebView Shell");
caps.setCapability(MobileCapabilityType.AUTOMATION_NAME,
AutomationName.ANDROID_UIAUTOMATOR2);
// Appium 2.x 版本推荐使用的配置项设置方法
UiAutomator2Options options = new UiAutomator2Options();
options.setDeviceName("Pixel_2_XL_API_24")
        .setPlatformVersion("7")
        .setPlatformName("Android")
        .setAutomationName(AutomationName.ANDROID_UIAUTOMATOR2)
        .setAppPackage("org.chromium.webview_shell");
```

（7）弃用 Appium Desktop：在 Appium 1.x 版本中，Appium Desktop 是一个用户启动 Appium Server 的 GUI 应用程序，并且内置了 Appium Inspector 功能来帮助定位移动端应用程序的元素。然而，在 Appium 2.x 版本中，Appium Desktop 已被弃用，Appium Inspector 也被拆分成一个独立的项目。独立后的 Appium Inspector 下载地址为 https://github.com/appium/appium-inspector/releases。

（8）支持插件功能：Appium 2.x 版本新增了一个显著的功能点——Appium Server 插件功能。通过插件，用户可以扩展 Appium Server 的功能或修改它的行为。目前，Appium 开发组已经开发了一些 Appium 插件，详细信息可以在插件相关文档中查看（https://appium.io/docs/en/2.0/

ecosystem/#plugins）。感兴趣的读者可以自行下载、安装并体验这些插件。

6.2.4 移动端 Web 爬虫开发实践

在正式开始编写移动端 Web 爬虫之前，我们必须学习如何定位移动端浏览器页面中的元素。通常来讲，网站在桌面浏览器中的页面布局与在移动端浏览器中的页面布局是不同的，因此无法直接使用桌面浏览器中的页面元素定位表达式来处理移动端的网页。为了获取移动端浏览器中网页元素的定位表达式，我们需要使网页呈现出移动端的显示样式。幸运的是，借助现代浏览器的强大功能，我们可以轻松获取网页在移动端浏览器中的元素定位表达式。

下面以 Chrome 浏览器为例来讲解具体操作步骤。

首先，按 F12 快捷键打开 Chrome 浏览器的开发者工具。然后，单击开发者工具界面左上方的 Toggle Device Toolbar 按钮，进入模拟移动设备的视窗界面。在这里可以选择多种设备类型，如图 6-4 所示，我们选择 iPhone 12 Pro 这个设备类型。接下来，我们可以像开发普通桌面 Web 爬虫一样，获取或编写网页元素的定位表达式。具体的表达式获取或编写方式可参考前面章节的内容。

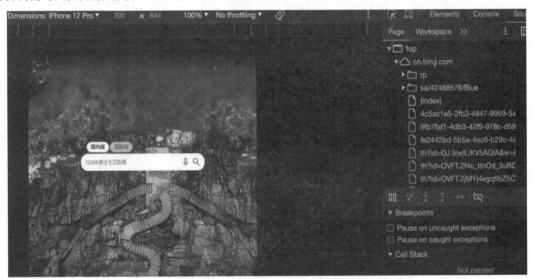

图 6-4　模拟移动设备视窗的界面

在启动移动端 Web 浏览器时，可能会遇到一些选项配置页面。这些页面通常是 App 的原生页面而非 Web 页面。对于 App 的原生页面元素，我们可以通过多种方式获取页面元素的定位表达式。接下来，我们主要学习移动端 Web 页面爬虫的开发，因此不会详细介绍原生页面元素定位的方法。如果需要处理少量的原生页面，可以使用 driver.getPageSource()方法来获取元素的定位表达式。driver.getPageSource()方法可用于获取相关页面的整体 DOM 结构。

接下来，通过在线工具 xml-xpath-tester（https://www.webtoolkitonline.com/xml-xpath-tester.html）观察页面的整体 DOM 结构，并在该工具页面上编写 Xpath 表达式，并验证这个 Xpath 表达式是否正确，如图 6-5 所示。

图 6-5　xml-xpath-tester 在线工具的操作界面

　　现在正式开始编写一个移动端 Web 页面爬虫示例。该示例的功能是启动 Android 模拟器中的 Chrome App，在 Chrome App 中打开 https://www.bing.com，并在必应搜索引擎的输入框中填写"Java 网络爬虫精解与实践"，然后单击"搜索"按钮。具体的代码实现如下：

```java
public class AppiumChromeDemo {
    public static void main(String[] args) throws MalformedURLException,
InterruptedException {
        System.out.println("Initializing Appium Connection...");
        UiAutomator2Options options = new UiAutomator2Options();
        options.setDeviceName("test-machine2")
            .setPlatformVersion("8")
            .setAppPackage("com.android.chrome")
            .setAppActivity("com.google.android.apps.chrome.Main");①
        URL conn = new URL("http://0.0.0.0:4723/");
        AndroidDriver driver = new AndroidDriver(conn, options);
        TimeUnit.SECONDS.sleep(2);
    WebElement acceptButton =
driver.findElement(By.xpath("//*[@resource-id=\"com.android.chrome:id/terms_accept\"]"));
②
        if(acceptButton != null) {
            acceptButton.click();
        }
        WebElement negativeButton =
driver.findElement(By.xpath("//*[@resource-id=\"com.android.chrome:id/negative_button\"]
"));
        if(negativeButton != null) {
            negativeButton.click();
        }
        TimeUnit.SECONDS.sleep(2);
        WebElement webAddressInput = driver.findElement
```

```
(By.xpath("//*[@resource-id=\"com.android.chrome:id/search_box_text\"]"));
        webAddressInput.sendKeys("https://www.bing.com\\n");
        TimeUnit.SECONDS.sleep(2);
        System.out.println(driver.getPageSource());
        Set<String> contextSet = driver.getContextHandles();
        System.out.println(contextSet);
        for(String context : contextSet) {
            if(context.contains("WEBVIEW")) {
                driver.context(context);③
            }
        }
        WebElement inputElement =
driver.findElement(By.xpath("//*[@id=\"sb_form_q\"]"));
        inputElement.sendKeys("Java 网络爬虫精解与实践");
        WebElement searchElement =
driver.findElement(By.xpath("//*[@id=\"search_icon\"]"));
        searchElement.click();
        System.out.println("Presenting for 10 seconds...");
        TimeUnit.SECONDS.sleep(10);
        driver.quit();
    }
}
```

接下来，我们按照注释逐步解释上述代码的逻辑。

① 在本次实验中，我们在配置项中设置了 appActivity，Activity 是 Android 应用程序中的基本组件之一，每个 Activity 代表一个与用户进行交互的界面。Appium 通过 appActivity 配置项来启动目标应用程序对应的用户界面。那么，我们如何获取目标 App 的 appAcitivity 信息呢？通过 adb 命令来获取 appActivity 信息是一个非常便捷的方法。具体命令为 adb shell dumpsys window displays | grep -i chrome，该命令通过 adb 工具远程连接 Android 设备，并打印出与当前窗口有关的信息，然后通过管道过滤出与 Chrome 浏览器有关的信息。过滤后，我们可以看到与 Chrome 浏览器当前 Activity 相关的信息。

```
    controller=AppWindowContainerController{ token=Token{343e05c ActivityRecord{faf9ecf
u0 com.android.chrome/com.google.android.apps.chrome.Main t125}}
mContainer=AppWindowToken{1d5719 token=Token{343e05c ActivityRecord{faf9ecf u0
com.android.chrome/com.google.android.apps.chrome.Main t125}}}
mListener=ActivityRecord{faf9ecf u0
com.android.chrome/com.google.android.apps.chrome.Main t125}}
```

② 第 2 个要介绍的知识点是 Android 应用程序中的 resource-id 标志符。它可唯一标识 Android 应用程序中的资源（如布局、视图、图片等），类似于 HTML 文档元素中的 id 属性。

③ 在上述代码中，为了能够访问和操作必应搜索引擎页面上的元素，我们对应用程序当前所处的 Activity Context（活动上下文）进行了切换。Context（上下文）的概念在很多开发框架中都非常重要，Android 应用程序也不例外。Android 应用程序中有两种类型的上下文，分别是 Application Context 和 Activity Context。Application Context 是 Android 应用程序运行时的全局上下文，该上下文中的信息和资源被所有 Activity Context 共享。而 Activity Context 则是与特定 Activity 相关的上下文。

在前面的代码中，我们获取并切换的就是 Activity Context。通过 driver.getContextHandles()方法，可以看到在 Chrome 浏览器中存在两个活跃状态的 Activity Context：一个是 NATIVE_APP context，另一个 WEBVIEW_chrome context。因此，需要先从当前所处的 NATIVE_APP 上下文切换到 WEBVIEW_chrome 上下文，然后才能对 Web 页面中的元素进行操作。

在上述测试代码成功运行之后，就可以在 Android 模拟器中看到预期的结果。

6.2.5　移动端 Native App 爬虫开发实践

本小节介绍面向 Native App（原生 App）的网络爬虫。同样，在正式开始编写示例代码之前，依然需要解决相关页面元素的定位问题。前面已经介绍了一种定位原生 App 页面元素的方法，即通过打印 driver.getPageSource()信息来获取页面 DOM 树，进而编写目标页面元素的定位表达式。那么，除这种方法外，是否还有其他更有效便捷的方法？

接下来将继续介绍两种定位 Android 原生 App 中页面元素的方法。

1. 利用 UI Automator Viewer 定位原生页面元素

UI Automator Viewer 是 Android Studio 开发工具包中自带的一个开发工具，可以在 $ANDROID_HOME/tools/bin/路径下找到它。直接在命令行工具中输入 uiautomatorviewer 命令就可以启动它。同时，我们需要启动 Android 模拟器，并在模拟器中开启 USB 调试（Debugging）模式。这时，单击 UI Automator Viewer 左上角的 Device Snaphost 按钮，就可以把 Android 模拟器当前的界面信息捕获到 UI Automator Viewer 中，具体示例如图 6-6 所示。

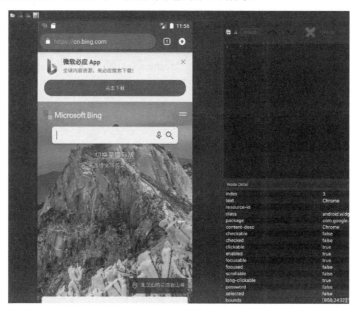

图 6-6　UI Automator Viewer 操作界面

2. 利用 Appium Inspector 定位原生页面元素

Appium Inspector 就像是一个 GUI 版本的 Appium Client。Appium Inspector 启动之后，我们可以在其界面上配置 Appium Server 的服务地址及相关的选项。配置好所有选项之后，单击 Start a

Session 按钮，操作成功后，即可看到如图 6-7 所示的界面。

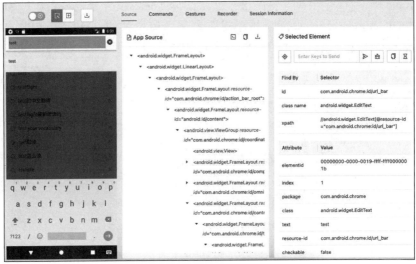

图 6-7　Appium Inspector 操作界面

该界面的主体部分主要展示了三部分内容：①移动设备当前的屏幕视图预览；②以 XML 格式呈现的视图源代码；③当前选中元素的具体信息。选中感兴趣的元素有两种方式：一是直接单击屏幕视图中的元素，二是在 App 的视图源代码中查找并选择。

与 UI Automator Viewer 工具相比，Appium Inspector 的强大之处在于它不仅支持页面元素的选择，还支持与远程移动设备的交互，就像是一个移动端版本的远程桌面工具。

除了可以与远程移动设备进行交互操作外，Appium Inspector 的录制功能还可以帮助我们自动生成相关代码。例如，开启录制功能后，单击 Chrome 浏览器的搜索框，输入搜索内容，然后单击"搜索"按钮。完成这一系列操作后，切换至 Recorder 选项卡，就可以看到 Appium Inspector 自动生成的相关代码，如图 6-8 所示。

图 6-8　Appium Inspector 自动生成的操作代码

3. Native App 爬虫示例——远程操作计算器 App

接下来，我们将通过 Appium 自动化框架对 Android 系统预装的计算器 App 进行自动化操作，计算"1+2"这道算术题，并打印出计算结果。示例代码如下：

```
public class AppiumNativeAppDemo {
    public static void main(String[] args) throws MalformedURLException,
InterruptedException {
        System.out.println("Initializing Appium Connection...");
        UiAutomator2Options options = new UiAutomator2Options();
        options.setDeviceName("test-machine1")
            .setPlatformVersion("9")
            .setAppPackage("com.android.calculator2")
            .setAppActivity("com.android.calculator2.Calculator");
        URL conn  = new URL("http://127.0.0.1:4723/");
        AndroidDriver driver = new AndroidDriver(conn, options);
        TimeUnit.SECONDS.sleep(2);
        WebElement digit1 =
driver.findElement(AppiumBy.id("com.android.calculator2:id/digit_1"));
        digit1.click();
        WebElement plus = driver.findElement(AppiumBy.accessibilityId("plus"));
        plus.click();
        WebElement digit2 =
driver.findElement(AppiumBy.id("com.android.calculator2:id/digit_2"));
        digit2.click();
        WebElement equals = driver.findElement(AppiumBy.accessibilityId("equals"));
        equals.click();
        WebElement result =
driver.findElement(AppiumBy.id("com.android.calculator2:id/result"));
        System.out.println(result.getText());
        driver.quit();
    }
}
```

上述代码比较简单，这里不再详细讲解。读者可以自行操作实验，也可以尝试操作其他 App，以获取 App UI 上的内容信息。

6.2.6　移动端 Hybrid App 爬虫开发实践

Hybrid App 是一种原生 UI 与 WebView UI 相结合的实现方式，其优点是相同的 WebView 代码可以在多个平台上使用。然而，我们发现使用 UI Automator Viewer 工具无法获取 Web Context 视图下的元素内容。在这种情况下，我们应该如何处理呢？一种非常有效的方法是切换到 Webview Context 环境后，使用 driver.getPageSource() 来获取相应的页面元素。

第二种方法是利用 Chrome 浏览器的远程调试 WebView 功能来获取 WebView 上下文视图内容，从而获取元素的定位表达式。首先，下载并安装一款 Hybrid App，这里以一款开源的 App 软件为例进行说明，该 App 下载链接为 https://github.com/mcuking/mobile-web-best-practice?tab=readme-ov-file。然后，在 Android 设备上通过"设置"→"关于手机"→版本号路径，连续单击 7 次"版本号"以开启开发者选项配置。接着，在系统设置页面中搜索并开启 USB 调试配置项。

接下来，在本地机器的 Chrome 浏览器中输入 chrome://inspect，即可看到 Android 设备中打开的
App 的 WebView 页面信息，如图 6-9 所示。

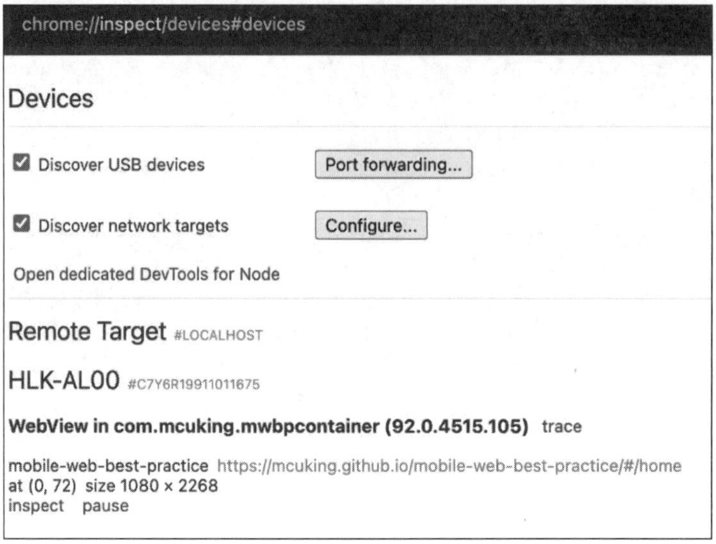

图 6-9　chrome://inspect 操作界面

然后，单击感兴趣页面的 Inspect 按钮，就可以看到对应页面的 WebView 信息。

第三种定位 Hybrid App 中 WebView 页面元素表达式的方法是使用 Appium Inspector 工具的
Hybrid App Mode 自动检测功能。Appium Inspector 工具有 Native App Mode 和 Web/Hybrid App Mode
两种模式。如果 Appium Inspector 工具检测到当前存在多个上下文，它会自动切换到 Web/Hybrid App
Mode 模式。在这种情况下，我们可以手动切换 NATIVE_APP context 和 WEBVIEW context。

解决 WebView 元素定位问题后，就可以编写相关的爬虫代码了。本次实验的示例代码是通过
爬虫程序在前面提及的 Hybrid App 中创建一个新任务。具体的代码如下：

```java
public class AppiumHybridAppDemo {
    public static void main(String[] args) throws MalformedURLException,
InterruptedException {
        System.out.println("Initializing Appium Connection...");
        UiAutomator2Options options = new UiAutomator2Options();
        options.setDeviceName("test-machine3")
            .setPlatformVersion("10")
            .setAppPackage("com.mcuking.mwbpcontainer")
            .setAppActivity("com.mcuking.mwbpcontainer.MainActivity");
        URL conn = new URL("http://0.0.0.0:4723/");
        AndroidDriver driver = new AndroidDriver(conn, options);
        TimeUnit.SECONDS.sleep(2);
        WebElement allowBtn =
driver.findElement(AppiumBy.id("com.android.permissioncontroller:id/permission_allow_but
ton"));

        if(allowBtn != null) allowBtn.click();
        Set<String> contextSet = driver.getContextHandles();
```

```
        for(String context : contextSet) {
            if(context.contains("WEBVIEW")) {
                driver.context(context);
            }
        }
        TimeUnit.SECONDS.sleep(4);
        WebElement taskCreator =
driver.findElement(By.xpath("//*[@id=\"app\"]/div/div/a/button"));
        taskCreator.click();
        TimeUnit.SECONDS.sleep(4);
        WebElement input = driver.findElement(By.xpath
("//*[@id=\"app\"]/div/div[2]/div[2]/div[1]/div[1]/div[2]/div/input"));
        input.click();
        input.sendKeys("task-test");
        driver.context("NATIVE_APP");
        WebElement linearLayout =
driver.findElement(AppiumBy.xpath("/hierarchy/android.widget.FrameLayout/android.widget.
LinearLayout"));
        linearLayout.click();
        WebElement submit =
driver.findElement(AppiumBy.xpath("//android.widget.Button[@text=\"提交\"]"));
        submit.click();
        TimeUnit.SECONDS.sleep(4);
        driver.quit();
    }
}
```

在上述代码中，需要特别注意 NATIVE APP context 与 WEBVIEW context 之间的切换处理。

6.2.7　Appium 开发环境的常见错误与处理技巧

在搭建 Appium 相关环境的过程中，我们可能会遇到各种各样的疑难问题。本小节将列举一些常见的问题，希望能够帮助读者节省一些时间。

1. UI Automator Viewer 按钮无法单击

如果我们的部署环境使用的是 macOS 11 及以上版本，启动 UI Automator Viewer 之后，可能会遇到工具中的按钮无法单击的情况，如图 6-10 所示。

这个问题是由于 UI Automator Viewer 工具使用了开源项目 Eclipse 中的 swt.jar 组件构建 GUI 界面，而 swt.jar 组件在低于 4.20 版本的情况下无法在 macOS 11 以上的操作系统中正常工作导致的。遇到这个问题时，我们可以按照如下步骤进行处理：

步骤 01　下载 4.20 版本的 swt.jar 组件，下载链接为 https://www.eclipse.org/downloads/download.php?file=/eclipse/downloads/drops4/R-4.20-202106111600/swt-4.20-cocoa-macosx-x86_64.zip。

步骤 02　从下载的压缩包中解压并提取 swt.jar 文件，并将它重命名为 swt2.jar。

步骤 03　将 swt2.jar 文件复制到$ANDROID_HOME/sdk/tools/lib/x86_64/目录下。

步骤 04　重新启动 UIAutomatorviewer。

图 6-10   UI Automator Viewer 启动异常时的界面

2. adb install apk 失败

在 使 用 adb install 命 令 安 装 应 用 程 序 到 Android 模 拟 器 时，有 时 会 遇 到 错 误：[INSTALL_FAILED_NO_MATCHING_ABIS: Failed to extract native libraries, res=-113]。在解释这个问题出现的原因之前，我们先了解一个概念：ABI（Android Binary Interface），它定义了应用程序和操作系统之间的交互接口，以确保它们可以无缝协作。由于不同的系统镜像支持不同的 CPU，而不同的 CPU 支持不同的指令集，因此针对 CPU 与指令集的每种组合，都会有专属的 ABI。Android设备常见的 7 种 ABI 架构分别是 armeabi、armeabi-v7a、arm64-v8a、x86、x86_64、mips 和 mips64。

之所以会遇到前面的问题，是因为相关的 Android 应用程序使用了原生动态链接库，而应用程序在打包时没有与对应处理器架构相关的原生动态链接库进行关联。虽然 Android Studio Emulator的 X86 系统镜像自 API 30（Android 11）版本以来改进了对 ARM ABI 的支持并优化了性能，但依然无法保证不发生崩溃问题。

因此，遇到上面这种情况，我们需要使用对应的处理器架构匹配的虚拟机系统镜像。

3. 其他配置注意事项

注意事项一：开启 USB 调试时，确保设置 USB 连接用途为多媒体数据传输或数据传输。

注意事项二：关闭"监控 ADB 安装应用"选项，否则可能导致 Appium Server 向 Android 设备安装 UIAutomator2 Server 失败。

注意事项三：在使用 Appium 采集 Hybrid App 数据时，启动 Appium Server 时最好设置chromedriver_download 选项，这样如果本地安装的 chromedriver 版本与目标应用程序中 WebView 使用的 Chrome 内核不一致，Appium Server 会自动下载对应版本的 chromedriver。

6.3　Android 应用程序静态分析

前面已经介绍了两种 App 数据爬取方式：第一种是在抓包分析后，通过 HTTP 协议请求接口获取数据，第二种是利用 Appium 自动化框架驱动 App 操作获取数据。然而，如果你想成为一名出色的移动端数据挖掘研发人员，那么掌握 Android 逆向工程技术是必不可少的。本节将首先对 Android 应用程序的基本结构进行剖析。接下来，结合实例讲解如何对 Android 应用程序进行静态分析，并介绍相关的基础知识、原理和工具。

6.3.1　Android 应用程序基本结构剖析

在开展真正的逆向工程之前，我们首先需要对目标工程有一个基本的理解。假设现在我们已经有一个第三方编译好的 Android 应用程序，那么应该如何查看它的基本结构呢？在前面的章节中，我们已经接触到一些反编译 Android 应用程序安装包的工具，例如 Apktool、JADX。在第 4 章中，我们使用 Apktool 工具解压了 APK 文件，使用 Zipalign 工具进行了字节对齐操作，然后使用 Keytool 创建签名证书，最后使用 Apksigner 签署 APK 文件，这个过程中涉及多个工具，流程处理也比较烦琐。

本节推荐一个更加方便快捷的工具——APKLab，它是基于 Visual Studio Code 的扩展工具。APKLab 集成了很多优秀的逆向工程工具，例如 Quark-Engine、Apktool、Jadx、uber-apk-signer、apk-mitm。借助 APKLab 工具，我们可以方便快捷地完成对修改后安装文件的重新签名和打包操作。

为了更好地演示如何对 APK 文件进行反编译处理，我们使用一个开源 CTF 挑战赛中的 APK 文件。读者可以从本书提供的下载链接中获取相关安装包，也可以从 GitHub 获取对应的安装文件（https://github.com/tlamb96/kgb_messenger/tree/master）。下载安装文件 kgb-messenger.apk 后，可以使用 adb 命令将它安装到 Android 虚拟设备中。启动应用程序，我们会看到如图 6-11 所示的错误提示。

图 6-11　kgb-messenger 应用程序错误提示

Android 应用程序的安装文件本质上来讲是一个打包文件。现在，我们将 kgb-messenger.apk 修改成 kgb-messenger.zip 文件，执行解压缩操作后，可以发现安装包中包含如下几项内容：

- resources.arsc：包含预编译的资源，如字符串、颜色或样式。
- res：包含未编译到 resources.arsc 中的所有资源（图标、图像等）的目录。
- org：包含一些配置文件，该目录不是 Android 应用程序安装文件中普遍存在的目录。
- classes.dex：面向 Android 系统运行时环境的应用程序代码。
- META-INF：存放应用程序元数据的目录，包含签名文件等。
- AndroidManifest.xml：一个非常重要的文件，在第 4 章中曾对该文件进行修改。它是一个 XML 格式的应用程序清单文件，包含应用程序名称、版本号和权限要求等信息。

接下来，我们使用 APKLab 来反编译该应用程序的安装文件。首先，在 Visual Studio 中单击顶部的搜索框，选择 Show and Run Commands 选项。然后选择执行 APKLab: Open an APK 命令，并勾选 decompile_java 选项，如图 6-12 和图 6-13 所示。注意：首次执行时，需要下载一些内置的工具，这可能要花费一些时间。

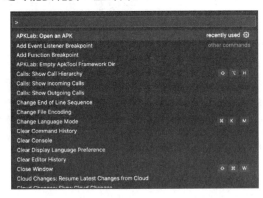

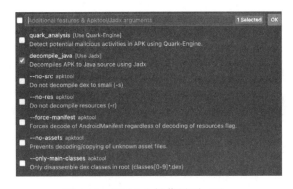

图 6-12　APKLab 操作界面（1）　　　　图 6-13　APKLab 操作界面（2）

接下来，我们尝试解决 App 在启动时的弹窗报错问题。可以考虑从 Android Manifest.xml 文件入手。应用程序清单文件是所有 Android 应用程序必须具备的，该文件写明了应用程序的启动入口文件。现在，我们将查看当前应用程序的 AndroidManifest.xml 文件的内容。

```
<?xml version="1.0" encoding="utf-8" standalone="no"?>
<manifest xmlns:android="http://schemas.android.com/apk/res/android"
package="com.tlamb96.spetsnazmessenger">
    <application android:allowBackup="true"
android:icon="@mipmap/ic_kgb_launcher_icon" android:label="@string/app_name"
android:roundIcon="@mipmap/ic_kgb_launcher_icon" android:supportsRtl="true"
android:theme="@style/AppTheme">
        <activity android:name="com.tlamb96.kgbmessenger.MainActivity">
            <intent-filter>
                <action android:name="android.intent.action.MAIN"/>
                <category android:name="android.intent.category.LAUNCHER"/>
            </intent-filter>
        </activity>
        <activity android:name="com.tlamb96.kgbmessenger.MessengerActivity"/>
```

```
        <activity android:name="com.tlamb96.kgbmessenger.LoginActivity"/>
        <meta-data android:name="android.support.VERSION" android:value="25.4.0"/>
    </application>
</manifest>
```

打开清单文件，可以看到该文件的根标签是 manifest，根标签中设置了两个属性：xmlns:android 和 package。xmlns:android 属性用于指定 Android 命名空间，它是一个 XML 命名空间的前缀，用于区分 XML 文档中的元素和属性。在 Android 开发中，所有的 XML 文件都需要使用这个命名空间。manifest 节点的 package 属性是应用程序的唯一标识符，就是我们之前利用 Appium 自动化框架进行数据爬取时配置的 appPackage 属性。在当前的应用程序中，manifest 标签仅列举了两个属性，但实际上该根标签中还包含更多类似的属性。下面列举一些比较重要的标签属性。

- android:sharedUserId：默认情况下，Android 系统会给每个应用程序分配一个唯一的 userId，默认禁止不同的应用程序之间共享数据。但如果两个应用程序共享相同的 userId 且使用相同的证书进行签名，则这两个应用程序可以相互共享数据。
- android:versionCode：应用程序的版本号。
- android:versionName：展示给用户的应用程序版本号。
- android:installLocation：定义应用程序的安装位置。该属性有三个值，分别是 internalOnly（应用程序只安装到 Android 设备的内部存储中，这也是默认属性值）、auto（应用程序可以被安装到外部存储中，但优先被安装到内部存储中）和 preferExternal（应用程序被优先安装到外部存储中）。

在 AndroidManifest.xml 文件中，application 标签是必需的，并且只能有一个。它包含应用程序的全局配置信息。application 标签中可以定义多个属性，下面列举一些常用的属性。

- android:allowBackup：设置为 true 允许用户通过 adb backup 和 adb restore 对应用程序进行备份和恢复。
- android:icon：声明应用程序的图标。
- android:label：声明应用程序的名称。
- android:theme：指定应用程序的主题样式，通常指向一个与样式有关的资源文件。

此外，application 标签中还会包含子节点。其中重要的子节点就是 activity 节点。在 AndroidManifest.xml 文件中，activity 节点用于声明应用程序中的一个 Activity 组件。Activity 是 Android 应用程序中最基本的组件之一，它提供了一个用户与应用程序进行交互的界面。

activity 节点中的 android:name 属性信息表示 activity 实现类的全限定名称。activity 节点中通常还会包含一个或多个 intent-filter 子节点。在 Android 应用程序中，intent 是一种用于组件间通信的对象。一个 intent-filter 节点通常包含如下子节点信息。

- action：指定 intent 的名称。
- category：指定 intent 的类型。
- data：指定 intent 携带的数据。

在当前被分析的应用程序中，AndroidManifest.xml 文件中有多个 activity 节点，其中有一个 activity 节点配置了 android.intent.action.MAIN 和 android.intent.category.LAUNCHER。这表明该

activity 节点是应用程序的启动器节点，对应的启动类是 com.tlamb96.kgbmessenger.MainActivity。在反编译的 kgb-messenger 工程中找到并打开 MainActivity.java 文件，在这个类的 onCreate 方法中，可以找到弹窗报错的信息：

```
    @Override // android.support.v7.app.c, android.support.v4.b.l,
android.support.v4.b.h, android.app.Activity
    public void onCreate(Bundle bundle) {
        super.onCreate(bundle);
        setContentView(R.layout.activity_main);
        String property = System.getProperty("user.home");
        String str = System.getenv("USER");
        if (property == null || property.isEmpty() || !property.equals("Russia")) {
            a("Integrity Error", "This app can only run on Russian devices.");
        } else if (str == null || str.isEmpty()
|| !str.equals(getResources().getString(R.string.User))) {
            a("Integrity Error", "Must be on the user whitelist.");
        } else {
            a.a(this);
            startActivity(new Intent(this, LoginActivity.class));
        }
    }
```

onCreate 方法是 Android 应用程序中 Activity 对象生命周期管理中的一个重要方法，当 Activity 对象被创建时会调用该方法。

从上述代码段中，我们可以看到 onCreate 方法内部检查了系统属性 user.home 是否为 Russia。如果不满足该条件，则会显示错误信息："Integrity Error. This app can only run on Russian devices."。既然如此，我们尝试在代码中设置 property 变量以绕过该项条件的检查。如果我们可以直接修改 Java 源代码，重新为 property 变量设置合适的字符串值，那么可以简单地完成相应的修改。遗憾的是，我们无法直接修改反编译出来的 Java 源代码，然后将应用程序重新打包安装。因为从 Java 源代码编译成 DEX 文件的过程中，Java 源代码的信息会丢失。APKLab 以及其他反编译工具无法为我们提供完整的、可重新编译的 Java 源代码。

在 APKLab 反编译的项目工程中，我们会看到该工程下存在一个 smali 目录。Smali 是一种面向 Android 运行时环境和 Dalvik 虚拟机的汇编语言。在 Android 逆向工程中，Smali 是必须掌握的语言，它可以帮助我们分析和理解 Android 应用程序的工作原理，并对 Android 应用程序的逻辑进行修改和调整。那么，Smali 语言在 Android 应用程序的整个生命周期中起着什么作用呢？带着这个疑问，我们有必要先了解一下 Android 应用程序的编译过程，这对我们进行接下来的逆向操作将起到很大的作用。

6.3.2　Android 应用程序构建过程

Android 应用程序的源代码是通过 Java 语言或 Kotlin 语言编写的。Java 语言与 Kotlin 语言虽然在语法上有所不同，但在 Android 应用程序构建的过程中，它们最终都会被编译成在 JVM（Java 虚拟机）上可运行的字节码。编译后的字节码文件以.class 结尾。该步骤的基本处理流程如图 6-14 所示。

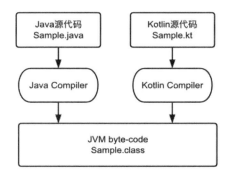

图 6-14　Java 源代码和 Kotlin 源代码编译成 JVM 字节码

经过 Java 编译器和 Kotlin 编译器生成的 JVM 字节码不能直接在 Android 系统上运行。Android 系统有其独特的执行环境，Dalvik 或 ART（Android Runtime）。因此，接下来面向 JVM 的 Java 字节码需要进一步被转换成面向 Dalvik 或 ART 的 Dalvik 字节码。在将 JVM 字节码转换成 Dalvik 字节码的过程中，DEX 编译器会将所有的.class 文件和.jar 文件打包生成一个可以在 ART 或者 Dalvik 上直接运行的 classes.dex 文件。DEX 文件的内容使用 Smali 语法进行描述。从源代码文件到 DEX 文件的整个处理流程如图 6-15 所示。

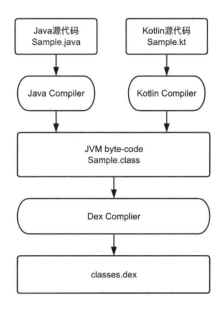

图 6-15　源代码文件编译为 DEX 文件的处理流程

在 Android 应用程序构建过程中，除了源代码会被编译处理外，资源文件也会被整合和打包。Android SDK 中的 aapt（Android Asset Packaging Tool）工具会将工程中使用到的资源文件整合和打包，生成 resources.arsc 文件。resources.arsc 文件中包含了资源的名称、ID、资源值和资源路径。同时，aapt 还会生成一个 R.java 文件，R.java 文件中存储了资源名称与资源 ID 的映射表。经过这些整合处理，在应用程序运行时可以方便地被定位和使用资源文件。接下来，apkbuilder 将所有资源打包成一个类似 ZIP 的压缩包，再经过对齐优化和签名处理，最终形成我们平时看到的 Android 应用程序安装文件。整体处理流程如图 6-16 所示。

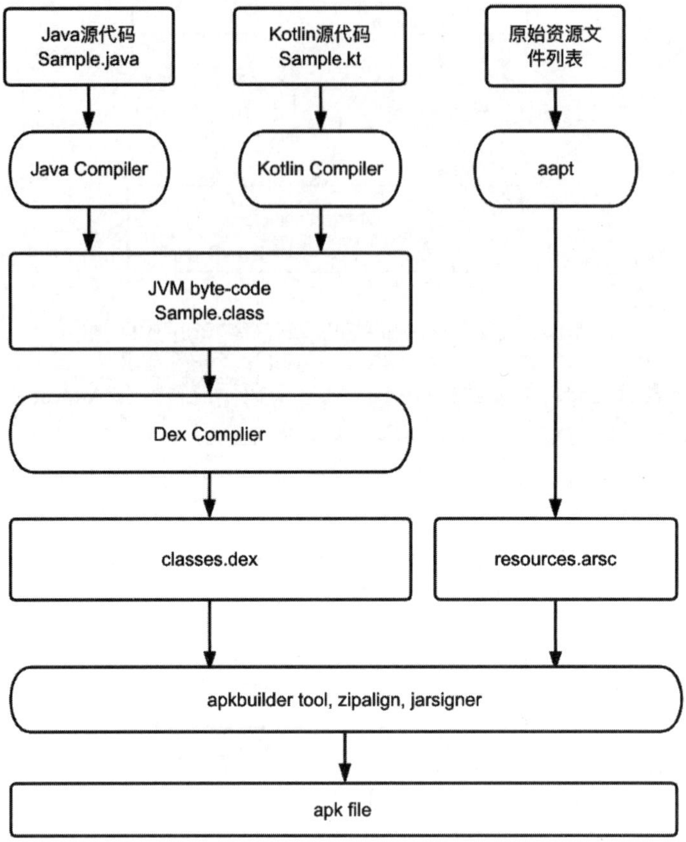

图 6-16　Android 应用程序安装文件构的建过程

在上述 Android 应用程序处理流程中，并没有提及 Smali 文件的信息。这是因为 Smali 文件是 DEX 文件反编译得到的，它是一种面向 ART 和 Dalvik 字节码的汇编语言表达方式。通过 Smali 文件，我们可以在较低层次上对已构建完成的 Android 应用程序进行修改。接下来，我们将通过了解 Smali 的基础语法和一些 Smali 示例代码来初步学习 Smali 的相关知识。

6.3.3　Smali 代码分析

本小节将学习一些有关 Smali 语言的简单语法知识，为后续的 Android 逆向工程打下良好的基础。

1. 数据类型

基 础 数 据 类 型

```
B: byte
C: char
D: double
F: float
I: int
```

```
J: long
S: short
V: void
Z: boolean
```

2. 引用数据类型

在 Smali 语言中，引用数据类型包括数组和对象。数组类型使用 "[" 前缀表示，例如 int 数组表示为[I，char 数组表示为[C。对象类型使用 L 前缀表示，格式为 LpackageName/objectName;，例如 String 对象在 Smali 语言中表示为 Ljava/lang/String;。

3. 基础语法

接下来，我们将通过一些常见的 Smali 语句来了解 Smali 语言的基础语法规则。

```
# 类成员变量声明，声明一个 String 类型的类成员变量 a，该变量具有 public 访问权限
.field public a:Ljava/lang/String;
# 构造函数声明，声明一个构造函数，该构造函数名称是 init，接收一个 String 类型的参数，返回类型是 void
.method public constructor <init>(Ljava/lang/String;)V
# 声明一个私有静态成员方法，返回结果为 void
.method private static myMethod()V
# 声明一个 public 访问权限的成员方法，接收字节类型参数和 String 类型参数，返回结果是 boolean 类型
.method public myStrMethod(B; Ljava/lang/String)Z
# 将常量值 1 放入寄存器 v0
const/4 v0, 0x1
# 判断语句，v0 是否等于 0
if-eqz v0
# 判断语句，v0 是否不等于 0
if-nez v0
#判断语句，v0 是否大于或等于 v4
if-ge v0, v4
# 将函数调用的返回结果放入 v1 寄存器
move-result v1
# 调用普通的类成员方法，不涉及多态的特性
invoke-direct
# 调用静态成员方法
invoke-static
# 调用需要动态绑定的类成员方法
invoke-virtual
```

现在，我们来看几个 Smali 代码示例，并尝试将它们转换成 Java 源代码。

4. Smali 代码示例一

```
.method public helloWorld()V
    sget-object v0, Ljava/lang/System;->out:Ljava/io/PrintStream; ①
    const-string v1, "Hello World!" ②
    invoke-virtual {v0, v1}, Ljava/io/PrintStream;->println(Ljava/lang/String;)V ③
    return-void
.end method
```

通过前面对 Smali 基础语法的学习，相信读者对上面的代码段已经有了初步的理解。这段代码

定义了一个名为 helloWorld 的方法，并且返回值为 void 类型。对该语句这里有三个关键问题需要解释一下：

① 该语句的作用是读取变量并将变量放到寄存器中。该语句中使用的是 sget-object 指令，表明读取的是对象类型的变量，该变量是 System 类下的 out 变量，out 变量的类型是 PrintStream。

② 该语句用于将字符串常量 "Hello World! " 赋值给寄存器 v1。

③ 该语句用于调用一个虚方法，这意味着根据对象的不同，该方法的内部逻辑也会有所不同。接下来的 v0、v1 是指令 invoke-virtual 的两个参数，第一个参数是调用的对象，第二个参数是传递给执行方法的参数。被调用对象的类型是 PrintStream，执行的方法名称是 println。

根据以上分析，这段 Smali 代码实现了在控制台打印"Hello World!"字符串。

5. Smali 代码示例二

```
.method public swap([III)V
    .registers 6
    .param p1, "array"    # [I
    .param p2, "i"    # I
    .param p3, "j"    # I
    .prologue
    .line 9
    aget v0, p1, p2
    .line 10
    .local v0, "tmp":I
    aget v1, p1, p3
    aput v1, p1, p2
    .line 11
    aput v0, p1, p3
    .line 12
    return-void
.end method
```

根据前面学习的知识，尝试对上面的代码进行分析。

第 1~5 行定义了一个名为 swap 的方法，该方法的返回类型为 void，接收 3 个参数，参数的类型分别是 int[]、int、int。

第 8 行代码是 aget v0, p1, p2，aget 是 Smali 语言中的一个读取指令，它的主要作用是读取数组中的元素并放置到寄存器中。aget 指令的语法如下：aget <dest> <array> <index>。因此，结合上下文，该行代码的意思是将数组 p1 的第 p2 个元素放置到寄存器 v0 中。

接下来，我们看一下第 10 行的代码.local v0, "tmp":I。在 Smali 语言中，.local 是一条指令，它的作用是声明一个变量并指向某个寄存器。其基本格式为：.local <register> <variable_name>:<variable_type>。因此，第 10 行代码用于声明一个 int 类型的变量 tmp 并将它指向 v0 寄存器。

第 12~14 行代码利用寄存器 v0 和 v1 来完成数组 p1 中 p2 和 p3 索引元素的交换。先将数组中第 p3 个元素放置到 v1 寄存器中，然后将 v1 寄存器中的值赋值给数组中第 p2 个元素，最后将 v0 寄存器中的值赋值给数组的第 p3 个元素。

整体来看，上面的代码段实现了数组元素值的交换。

6. Smali 代码示例三

```
.method public sort([I)V
    .registers 7
    .param p1, "array"    # [I
    .prologue
    .line 15
    array-length v2, p1
    .line 16
    .local v2, "len":I
    const/4 v0, 0x0
    .local v0, "i":I
    :goto_2
    if-ge v0, v2, :cond_17
    .line 17
    add-int/lit8 v1, v0, 0x1
    .local v1, "j":I
    :goto_6
    if-ge v1, v2, :cond_14
    .line 18
    aget v3, p1, v0
    aget v4, p1, v1
    if-le v3, v4, :cond_11
    .line 19
    invoke-virtual {p0, p1, v0, v1}, Lsmali/SmaliSample;->swap([III)V
    .line 17
    :cond_11
    add-int/lit8 v1, v1, 0x1
    goto :goto_6
    .line 16
    :cond_14
    add-int/lit8 v0, v0, 0x1
    goto :goto_2
    .line 23
    .end local v1    # "j":I
    :cond_17
    return-void
.end method
```

经过前面两个 Smali 示例的分析，读者应该已经熟悉了大部分 Smali 语法。下面逐行分析上述代码段的处理逻辑。

第 1~5 行代码声明了一个名为 sort 的方法，该方法的返回类型为 void，接收一个 int 类型的数组作为参数。

第 6 行代码是 array-length v2, p1。该语句的作用是计算 p1 寄存器中数组的长度，并将结果值放入 v2 寄存器中。

第 11~15 行代码如下：

```
:goto_2
if-ge v0, v2, :cond_17
```

```
.line 17
add-int/lit8 v1, v0, 0x1
.local v1, "j":I
```

其中，:goto_2 是一个逻辑跳转位置的标记。if-ge v0, v2, :cond_17 表示如果 v0 寄存器中的值大于或等于 v2 寄存器中的值，则跳转到:cond_17 标记的位置执行。继续往下阅读代码，我们会看到:cond_17标记处于方法处理逻辑的结尾，这表明该判断条件是一个处理逻辑终止的条件，add-int/lit8 v1, v0, 0x1 表示将 v0 寄存器中的值与常量 1 相加，并将结果保存到 v1 寄存器中。

第 19~23 行代码如下：

```
aget v3, p1, v0
aget v4, p1, v1
if-le v3, v4, :cond_11
.line 19
invoke-virtual {p0, p1, v0, v1}, Lsmali/SmaliSample;->swap([III)V
```

其中，前两行语句表示将寄存器 p1 中数组的第 v0 个元素和第 v1 个元素分别放置到 v3 和 v4 寄存器中。如果 v3 寄存器中的值小于或等于 v4 寄存器中的值，则跳转到:cond_11 处执行。最后一句代码表示调用 swap 虚方法，表明该方法是非静态方法，并且是 public 方法或 protected 方法。p0 代表当前的 SmaliSample 对象实例，p1, v0, v1 分别代表 swap 方法的三个参数。

继续阅读下去，不难看出第 3 个 Smali 示例是一个交换排序算法的实现。

7. Smali 代码修改实战

接下来，以之前下载并安装的 kgb-messenger 应用程序为例，对 Smali 相关知识进行实战应用。

在前面的章节中，我们已经使用 APKLab 对 kgb-messenger.apk 进行反编译操作，并且得到了相关的 Java 源代码和 Smali 代码。查看 Java 源代码之后，我们锁定了应用程序启动时的弹窗报错是 MainActivity 类 onCreate 方法中的判断逻辑导致的。通过阅读 MainActivity.java 源代码，我们可以知道 onCreate 方法检查了配置参数 user.home 是否等于 Russia，以及系统环境变量 USER 是否等于 R.string.User 对应的资源值。R.string.User 对应的资源值需要到 res 目录下查找，通过对资源文件进行信息检索，我们在 res/values/strings.xml 文件中找到了对应的资源配置信息，User 资源值看起来是一串经过 Base64 编码之后的字符串。

```
<?xml version="1.0" encoding="utf-8"?>
<resources>
    <string name="User">RkxBR3s1N0VSTDFOR180UkNIM1J9Cg==</string>
    <string name="abc_action_bar_home_description">Navigate home</string>
    <string name="abc_action_bar_home_description_format">%1$s, %2$s</string>
    <string
name="abc_action_bar_home_subtitle_description_format">%1$s, %2$s, %3$s</string>
    ...
</resources>
```

现在，打开 MainActivity.smali 文件，在其中找到 onCreate 方法，该方法的代码逻辑如下：

```
.method protected onCreate(Landroid/os/Bundle;)V
    .locals 3
    # 调用父类的 onCreate 方法
```

```
        invoke-super {p0, p1}, Landroid/support/v7/app/c;->onCreate(Landroid/os/Bundle;)V
        # 设置内容视图
        const v0, 0x7f09001c
        invoke-virtual {p0, v0},
Lcom/tlamb96/kgbmessenger/MainActivity;->setContentView(I)V
        # 读取属性 user.home 和环境变量 USER 的值
        const-string v0, "user.home"
        invoke-static {v0},
Ljava/lang/System;->getProperty(Ljava/lang/String;)Ljava/lang/String;
        move-result-object v0
        const-string v1, "USER"
        invoke-static {v1},
Ljava/lang/System;->getenv(Ljava/lang/String;)Ljava/lang/String;
        move-result-object v1
        # 检查属性 user.home 的值是否等于 Russia，如果不等于 Russia，则提示错误并退出
        if-eqz v0, :cond_0
        invoke-virtual {v0}, Ljava/lang/String;->isEmpty()Z
        move-result v2
        if-nez v2, :cond_0
        const-string v2, "Russia"
        invoke-virtual {v0, v2}, Ljava/lang/String;->equals(Ljava/lang/Object;)Z
        move-result v0
        if-nez v0, :cond_1
        :cond_0
        const-string v0, "Integrity Error"
        const-string v1, "This app can only run on Russian devices."
        invoke-direct {p0, v0, v1},
Lcom/tlamb96/kgbmessenger/MainActivity;->a(Ljava/lang/String;Ljava/lang/String;)V
        :goto_0
        return-void
        :cond_1
    # 检查 USER 值是否在白名单中，如果不在白名单中，则提示错误并退出
        if-eqz v1, :cond_2
        invoke-virtual {v1}, Ljava/lang/String;->isEmpty()Z
        move-result v0
        if-nez v0, :cond_2
        invoke-virtual {p0},
Lcom/tlamb96/kgbmessenger/MainActivity;->getResources()Landroid/content/res/Resources;
        move-result-object v0
        const/high16 v2, 0x7f0d0000
        invoke-virtual {v0, v2},
Landroid/content/res/Resources;->getString(I)Ljava/lang/String;
        move-result-object v0
        invoke-virtual {v1, v0}, Ljava/lang/String;->equals(Ljava/lang/Object;)Z
        move-result v0
        if-nez v0, :cond_3
```

```
    :cond_2
    const-string v0, "Integrity Error"
    const-string v1, "Must be on the user whitelist."
    invoke-direct {p0, v0, v1},
Lcom/tlamb96/kgbmessenger/MainActivity;->a(Ljava/lang/String;Ljava/lang/String;)V
    goto :goto_0
    :cond_3
    # 通过合法性检查，执行正常启动流程
    invoke-static {p0}, La/a/a/a/a;->a(Landroid/content/Context;)V
    new-instance v0, Landroid/content/Intent;
    const-class v1, Lcom/tlamb96/kgbmessenger/LoginActivity;
    invoke-direct {v0, p0, v1},
Landroid/content/Intent;-><init>(Landroid/content/Context;Ljava/lang/Class;)V
    invoke-virtual {p0, v0},
Lcom/tlamb96/kgbmessenger/MainActivity;->startActivity(Landroid/content/Intent;)V
    goto :goto_0
  .end method
```

从上面的代码逻辑可以清晰地看到，相比 Java 源代码，Smali 代码的体积膨胀了很多。为了方便读者阅读和理解，在代码中添加了一些注释。

通过分析代码逻辑，我们可以明确知道哪些代码进行了环境合法性检查。现在，我们移除代码中对 user.home 和 USER 变量的检查，修改后的代码逻辑如下：

```
.method protected onCreate(Landroid/os/Bundle;)V
  .locals 3
  invoke-super {p0, p1}, Landroid/support/v7/app/c;->onCreate(Landroid/os/Bundle;)V
  const v0, 0x7f09001c
  invoke-virtual {p0, v0}, Lcom/tlamb96/kgbmessenger/MainActivity;->setContentView(I)V
  invoke-static {p0}, La/a/a/a/a;->a(Landroid/content/Context;)V
  new-instance v0, Landroid/content/Intent;
  const-class v1, Lcom/tlamb96/kgbmessenger/LoginActivity;
  invoke-direct {v0, p0, v1},
Landroid/content/Intent;-><init>(Landroid/content/Context;Ljava/lang/Class;)V
  invoke-virtual {p0, v0},
Lcom/tlamb96/kgbmessenger/MainActivity;->startActivity(Landroid/content/Intent;)V
  return-void
  .end method
```

现在，onCreate 方法仅包含设置内容视图的代码，还可能进行一些其他的初始化工作，然后直接跳转到 LoginActivity。我们将反编译的代码重新打包并安装后，再次启动 kgb-messenger 就可以正常看到应用程序的登录页面。

6.4　Android 应用程序动态分析

6.3 节主要介绍了如何对 Android 应用程序进行静态分析，本节将学习如何进行动态分析。

Android 逆向工程中的动态分析是通过观察应用程序运行时的行为来理解它的内部逻辑和功能的一种技术。常见的动态分析方法包括打印日志、流量采集和 Hook 操作，这些方法可以帮助我们定位、分析甚至修改应用程序的处理逻辑。

6.4.1　向 Smali 代码中添加 debug 日志

本小节将学习如何通过在 Smali 代码中添加日志来定位问题和获取信息。在 6.3 节中，我们对 Android 应用程序 kgb-messenger.apk 进行了逆向静态分析，发现 User 字段的属性值是通过查找资源文件获得的。本小节将尝试通过在 Smali 代码中添加调试日志来获取资源文件中 User 字段的属性值。

再次打开文件 MainActivity.smali，重新阅读 onCreate 方法的代码逻辑。这次，我们将重点分析 USER 环境变量的合法性检查逻辑部分。相关代码逻辑如下：

```
1.    if-eqz v1, :cond_2
2.    invoke-virtual {v1}, Ljava/lang/String;->isEmpty()Z
3.    move-result v0
4.    if-nez v0, :cond_2
5.    invoke-virtual {p0},
Lcom/tlamb96/kgbmessenger/MainActivity;->getResources()Landroid/content/res/Resources;
6.    move-result-object v0
7.    const/high16 v2, 0x7f0d0000
8    invoke-virtual {v0, v2},
Landroid/content/res/Resources;->getString(I)Ljava/lang/String;
9.    move-result-object v0
10.    invoke-virtual {v1, v0}, Ljava/lang/String;->equals(Ljava/lang/Object;)Z
11.    move-result v0
12.    if-nez v0, :cond_3
13.    :cond_2
14.    const-string v0, "Integrity Error"
15.    const-string v1, "Must be on the user whitelist."
16.    invoke-direct {p0, v0, v1},
Lcom/tlamb96/kgbmessenger/MainActivity;->a(Ljava/lang/String;Ljava/lang/String;)V
17.    goto :goto_0
18.    :cond_3
```

对上述代码，我们重点来解析一下第 5~9 行，代码如下：

```
5.    invoke-virtual {p0},
Lcom/tlamb96/kgbmessenger/MainActivity;->getResources()Landroid/content/res/Resources;
6.    move-result-object v0
7.    const/high16 v2, 0x7f0d0000
8.    invoke-virtual {v0, v2},
Landroid/content/res/Resources;->getString(I)Ljava/lang/String;
9.    move-result-object v0
```

第 5 行代码调用了 MainActivity 对象 p0 的 getResources()方法，该方法返回应用程序的资源对象 Resources。

第 6 行代码将返回的 Resources 对象保存到 v0 寄存器中。

第 7 行代码将 16 位高位常量存储到 v2 寄存器中。需要特别注意的是，0x7f0d0000 是一个资源

ID，用于标识特定的资源。该资源 ID 与资源名称的映射关系可以在 R.java 文件中找到，通过查看相关代码，可以看到该资源 ID 对应的资源名称就是 User。

第 8 行和第 9 行代码是从资源对象 Resources 中读取相应的资源字符串，并将其保存到 v0 寄存器中。

根据上面的分析，我们可以将 onCreate 方法修改如下：

```
.method protected onCreate(Landroid/os/Bundle;)V
    # 将.local 3 修改为.locals 4，因为我们会使用一个额外的寄存器
    .locals 4
    invoke-super {p0, p1}, Landroid/support/v7/app/c;->onCreate(Landroid/os/Bundle;)V
    const v0, 0x7f09001c
    invoke-virtual {p0, v0},
Lcom/tlamb96/kgbmessenger/MainActivity;->setContentView(I)V
    invoke-virtual {p0},
Lcom/tlamb96/kgbmessenger/MainActivity;->getResources()Landroid/content/res/Resources;
    move-result-object v0
    const/high16 v2, 0x7f0d0000
    invoke-virtual {v0, v2},
Landroid/content/res/Resources;->getString(I)Ljava/lang/String;
    move-result-object v0
    # 定义一个字符串常量，并将它保存到 v3 寄存器中
    const-string v3, "kgb-messenger User Resource value: "
    # 将 v3 寄存器中的字符串常量与 v0 寄存器中的字符串进行拼接，并打印到日志中
    invoke-static {v3, v0},
Landroid/util/Log;->d(Ljava/lang/String;Ljava/lang/String;)I
    if-nez v0, :cond_3
    const-string v1, "Integrity Error"
    const-string v2, "Must be on the user whitelist."
    invoke-direct {p0, v1, v2},
Lcom/tlamb96/kgbmessenger/MainActivity;->a(Ljava/lang/String;Ljava/lang/String;)V
    goto :goto_0
    :cond_3
    invoke-static {p0}, La/a/a/a/a;->a(Landroid/content/Context;)V
    new-instance v1, Landroid/content/Intent;
    const-class v2, Lcom/tlamb96/kgbmessenger/LoginActivity;
    invoke-direct {v1, p0, v2},
Landroid/content/Intent;-><init>(Landroid/content/Context;Ljava/lang/Class;)V
    invoke-virtual {p0, v1},
Lcom/tlamb96/kgbmessenger/MainActivity;->startActivity(Landroid/content/Intent;)V
    goto :goto_0
    :goto_0
    return-void
.end method
```

修改完代码之后，对应用程序重新打包安装，使用 adb logcat 命令连接并查看 Android 设备打印的日志信息。这时，我们就可以在日志中查看到资源 User 字段的属性值了。

6.4.2　利用 Frida 框架进行逆向动态分析

在第 4 章中，我们基于 Xposed 框架进行了关于 SSL Pinning 绕过的实验。本小节将介绍另一款名为 Frida 的 Hook 框架。Xposed 和 Frida 都是用于 Android 应用程序的动态运行时修改和注入的工具，它们可以用来分析、修改和扩展应用程序的行为。

Xposed 框架是一个运行在 Android 操作系统上的 Hook 工具，通过加载模块的方式实现对应用程序功能的修改和扩展。例如，我们之前使用的 JustTrustMe 模块。Xposed 需要在已经获得 root 权限的 Android 设备上运行。

相比之下，Frida 是一个跨平台的运行时修改和注入框架，支持 Android、iOS、Windows 和 macOS 等操作系统。Frida 通过注入 JavaScript 代码来修改应用程序的行为。与 Xposed 相比，Frida 在跨平台支持和开发调试的灵活性方面具有优势。由于底层实现原理的差异，Xposed 对模块的修改需要重启设备才能生效。而 Frida 开发的注入插件可以实时生效，无须重新编译和安装应用程序，也不需要重启设备。

接下来，我们将尝试安装和使用 Frida 框架，从而对 Frida 的整体工作流程有一个初步的认识。

1. Frida 的安装与使用

在安装 Frida 之前，我们需要在本地环境（台式计算机或者笔记本电脑）上安装 Python。既可以从 Python 官方网站直接下载并安装，也可以通过 Anaconda 工具来安装和管理 Python 执行环境。接下来，使用 pip 命令安装 frida-tools 到本地环境：

```
pip3 install frida-tools
```

我们需要一个可以获取 root 权限的 Android 真实设备或模拟器。这里使用模拟器来完成本次实验。启动 Android 模拟器之后，需要在模拟器上安装 frida-server。从官方网站下载对应 ABI 架构的 frida-server 版本。下载成功之后，解压缩该文件。然后，执行下面的命令将 frida-server 部署到 Android 设备并启动：

```
adb push frida-server 16.1.11 android x86 /data/local/tmp
adb root
adb shell
cd /data/local/tmp
chmod 755 frida-server-16.1.11-android-x86
./frida-server-16.1.11-android-x86 &
```

部署 Frida 相关工具后，下载并安装我们需要逆向分析的 App 到 Android 设备。

Frida 的官方文档中介绍了如何对 Android 应用程序进行 Hook 注入操作，并提供了一个 CTF 竞赛中的应用程序安装文件 rps.apk。本章将使用该应用程序作为我们对 Frida 的入门体验。下载并安装该应用程序后，可以看到这是一个关于石头、剪刀、布游戏的应用程序。根据相关题目的描述，需要在游戏中取胜 1000 次才能够获取通关旗帜。

通过利用 APKLab 反编译 rps.apk 文件，我们会发现相关的处理逻辑位于一个名为 ShowMessageTask 的 Runnable 类中，该任务是在 onClick 方法中触发的。具体处理逻辑如下：

```
TextView tv3 = (TextView) MainActivity.this.findViewById(R.id.textView3);
if (MainActivity.this.n - MainActivity.this.m == 1) {
    MainActivity.this.cnt++;
```

```
        tv3.setText("WIN! +" + String.valueOf(MainActivity.this.cnt));
    } else if (MainActivity.this.m - MainActivity.this.n == 1) {
        MainActivity.this.cnt = 0;
        tv3.setText("LOSE +0");
    } else if (MainActivity.this.m == MainActivity.this.n) {
        tv3.setText("DRAW +" + String.valueOf(MainActivity.this.cnt));
    } else if (MainActivity.this.m < MainActivity.this.n) {
        MainActivity.this.cnt = 0;
        tv3.setText("LOSE +0");
    } else {
        MainActivity.this.cnt++;
        tv3.setText("WIN! +" + String.valueOf(MainActivity.this.cnt));
    }
    if (1000 == MainActivity.this.cnt) {
        tv3.setText("SECCON{" + String.valueOf((MainActivity.this.cnt +
MainActivity.this.calc()) * 107) + "}");
    }
    MainActivity.this.flag = 0;
```

上述代码的处理逻辑并不复杂。我们可以像之前那样直接编写 Smali 代码，将
MainActivity.this.cnt 设置为 1000 来完成这个题目。那么，如果使用 Frida Hook 注入方式来解决这个
题目，应该如何处理呢？具体的 Frida 注入代码已在官方网站给出。下面来看具体的处理流程，并
对必要的代码进行解析。

```
import frida, sys
def on_message(message, data):
    if message['type'] == 'send':
        print("[*] {0}".format(message['payload']))
    else:
        print(message)
jscode = """
Java.perform(() => {
  // Function to hook is defined here
  const MainActivity =
Java.use('com.example.seccon2015.rock_paper_scissors.MainActivity');
  // Whenever button is clicked
  const onClick = MainActivity.onClick;
  onClick.implementation = function (v) {
    // Show a message to know that the function got called
    send('onClick');
    // Call the original onClick handler
    onClick.call(this, v);
    // Set our values after running the original onClick handler
    this.m.value = 0;
    this.n.value = 1;
    this.cnt.value = 999;
    // Log to the console that it's done, and we should have the flag
    console.log('Done:' + JSON.stringify(this.cnt));
  };
});
```

```
"""
process = frida.get_usb_device().attach('com.example.seccon2015.rock_paper_scissors')
script = process.create_script(jscode)
script.on('message', on_message)
print('[*] Running CTF')
script.load()
sys.stdin.read()
```

上述代码通过 Frida Python API 与 frida-server 进行通信交互。

Frida 的核心库是使用 C 语言编写的。通过 Frida，我们可以将 JavaScript 代码注入目标进程中。被注入的 JavaScript 代码能够访问目标进程的所有内存空间，能以 Hook Java 函数进行调用，甚至可以用 Hook Native 函数进行调用。

首先，忽略注入目标进程的 JavaScript 代码，主要关注 Frida Python API 的处理逻辑。简化后的代码逻辑如下：

```
1.  import frida, sys
2.  def on_message(message, data):
3.    if message['type'] == 'send':
4.      print("[*] {0}".format(message['payload']))
5.    else:
6.        print(message)
7.  jscode = """
8.  # 暂时忽略需要注入的 JavaScript 代码
9.  """
10. process =
frida.get_usb_device().attach('com.example.seccon2015.rock_paper_scissors')
11. script = process.create_script(jscode)
12. script.on('message', on_message)
13. print('[*] Running CTF')
14. script.load()
15. sys.stdin.read()
```

第 1~6 行代码定义了 on_message 函数，这个回调函数负责接收来自 frida-server 返回的数据，并将信息打印出来。

第 10 行代码实际执行了与 frida-server 的连接操作，并根据进程名称绑定目标进程（可以通过执行 frida-ps -U 命令查找对应进程名称和进程 ID），最终获取了用于与目标进程进行通信的会话对象。

第 11~15 行代码通过会话对象 process 把脚本发送给 frida-server，并返回 script 对象。script 对象通过 on(event, callback)方法绑定事件与回调函数。最后，通过 load 函数使 JavaScript 代码注入生效。

接下来，我们将查看被注入的 JavaScript 代码是如何工作的。

```
Java.perform(() => {
  // Function to hook is defined here
  const MainActivity =
Java.use('com.example.seccon2015.rock_paper_scissors.MainActivity');
  // Whenever button is clicked
  const onClick = MainActivity.onClick;
```

```
onClick.implementation = function (v) {
    // Show a message to know that the function got called
    send('onClick');
    // Call the original onClick handler
    onClick.call(this, v);
    // Set our values after running the original onClick handler
    this.m.value = 0;
    this.n.value = 1;
    this.cnt.value = 999;
    // Log to the console that it's done, and we should have the flag
    console.log('Done:' + JSON.stringify(this.cnt));
};
});
```

从上述代码中可以看出，所有需要注入的 JavaScript 逻辑都被包含在 Java.perform 代码块中。Java.perform 是 Frida 中的一个核心函数。它可以帮助我们在目标进程中安全地执行 Java 代码。在实际的逻辑实现中，首先使用 Java.use 接口获取指定 Java 类在 JavaScript 代码中的包装对象和 onClick 方法处理器。onClick.call(this, v)表示调用相关方法的原始逻辑。this 关键字指向当前对象，后面的参数是方法接收的参数列表。还需要注意的是，在设置变量值时，必须使用.value 属性对相关变量进行赋值。

现在，执行上述代码来查看效果。将上述代码保存到 rps.py 文件并执行 python rps.py 命令，我们就可以在目标 App 上获取到通关旗帜，如图 6-17 所示。

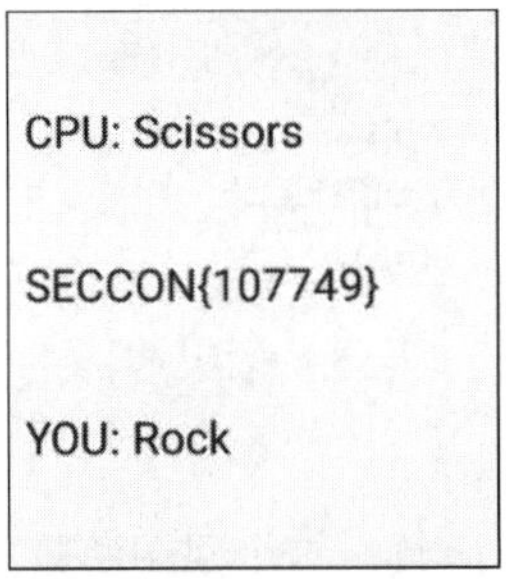

```
CPU: Scissors

SECCON{107749}

YOU: Rock
```

图 6-17　Frida 代码注入后成功获取通关旗帜

上面的 Frida 注入代码示例是通过 Python RPC 框架与 frida-server 进行通信的。实际上，我们也可以直接使用 Frida 命令行工具将相关的 JavaScript 代码提交到 frida-server。具体方法是将 JavaScript 代码提取出来存储到 rps.js 文件中，然后执行如下命令：

```
frida -U -f com.example.seccon2015.rock_paper_scissors -l rps.js
```

上述命令参数解释如下。

- -U：表示使用 USB 连接。
- -f：表示指定目标应用的包名。
- -l rps.js：表示加载 rps.js 文件中的 JavaScript 代码。

2. Frida 的工作原理

在深入使用 Frida 之前，有必要了解 Frida 的工作原理。首先来看 Frida 官方网站给出的整体架构，如图 6-18 所示。

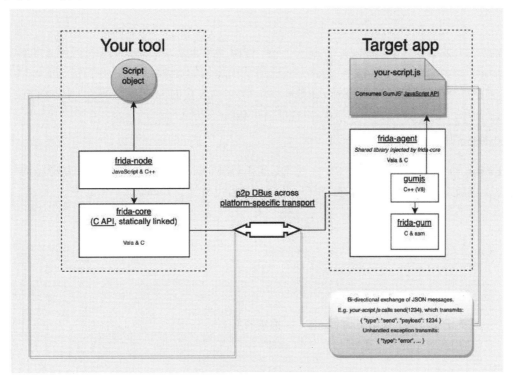

图 6-18　Frida 的整体架构

从上述架构图中可见，Frida 框架的主要组件包括 frida-node、frida-core、frida-agent、gumjs 和 frida-gum。下面对这些组件的功能进行详细介绍：

- frida-node：frida-node 是在 Node.js 执行环境中对 Frida 功能的封装，功能上与 frida-python 相似。它允许开发者使用 Node.js 编写脚本，并通过这些脚本与运行在设备或模拟器上的 frida-server 进行通信。这为 Node.js 开发者提供了一个便捷的方式来利用 Frida 的强大功能进行应用的动态分析和修改。

- frida-core：frida-core 是 Frida 框架的核心组件，提供了与不同编程语言交互的 API。无论是 frida-python、frida-node 还是命令行工具，它们都是通过 frida-core 与 frida-server 进行交互的。这个组件封装了底层的通信、数据处理和命令分发机制，确保了不同语言和 Frida Hook 功能的无缝集成。

- frida-agent：frida-agent 是注入目标进程中的动态链接库，负责实现 Frida 功能的执行。该组件包含 frida-gum 和 gum-js 两个关键子组件，负责实现和管理内存中的代码修改（inline-hook）和脚本执行。

- frida-gum：frida-gum 是 Frida 的底层库，专门用于实现 inline-hook（内联钩子）。它提供了一系列 API 用于直接操作目标进程的内存和执行流。通过 frida-gum，Frida 能够动态地修改运行时的二进制代码，实现对函数调用的拦截和修改。

- gumjs：gumjs 的主要功能是解析开发者编写的 JavaScript 代码，它是 JavaScript 运行环境和 frida-gum 之间的桥梁。gumjs 提供了丰富的 JavaScript API，使得开发者可以编写脚本来执行复杂的内存操作、调用拦截和修改应用逻辑。

3. Frida API

Frida 为开发者提供了功能强大的 JavaScript API，以帮助实现动态代码插桩操作（本书中提到的 Frida API 即指 Frida JavaScript API）。在 Frida API 中，不同的对象可以帮助我们实现不同的功能。例如，前面章节中提到的 Java.perform 函数就来自 Frida API 中的 Java 对象。接下来介绍 Frida API 中常用的对象。有关 API 的更多细节，读者可查阅 Frida 官方文档。

1）Frida 对象与 Script 对象

在 Frida API 中，Frida 对象和 Script 对象是用于获取 Frida 运行时基础信息的对象。例如，获取 Frida 框架的版本、堆空间大小和 JavaScript 代码的解析引擎等。具体操作示例如下：

```
[Galaxy S3::com.osfg.certificatepinning ]-> Frida.version
"16.1.11"
[Galaxy S3::com.osfg.certificatepinning ]-> Frida.heapSize
1800384
[Galaxy S3::com.osfg.certificatepinning ]-> Script.runtime
"QJS"
```

上面的交互式命令执行结果显示了 Frida 框架的版本为 16.1.11，当前占用的内存大小为 1800384 字节，当前的 JavaScript 解析引擎为 QJS（QuickJS）。

2）Java 对象

Frida API 中的 Java 对象是专为操作 Java 层代码设计的。它提供了一系列功能，使得在 JavaScript 环境中可以方便地操作 Java 代码中的类和对象。该对象的主要函数说明如下：

（1）Java.perform(callback)：Java.perform 的主要作用是为回调函数的正确执行提供 JVM 上下文环境，这是操作 Java 层代码对象或调用 Java 层对象方法所必需的。参数 callback 是一个回调函数，该函数中包含需要在 JVM 中执行的代码。

（2）Java.use(className)：该方法用于获取对 Java 层代码类的引用。通过这个引用，可以创建新的实例，访问静态字段和方法等。参数 className 是 Java 层代码类的完全限定名。示例代码如下：

```
Java.perform(() => {
    // 获取 Java String 类的引用
    var StringClass = Java.use("java.lang.String");
    // 创建一个新的 String 实例
    var stringObj = StringClass.$new("Hello, Frida!");
    // 打印字符串值
    console.log("String Value: " + stringObj.toString());
});
```

（3）Java.enumerateLoadedClasses(callbackObj)：该函数的主要功能是枚举目标进程中已经加载的所有 Java 层代码类。参数 callbackObj 是一个对象，包含 onMatch 和 onComplete 两个回调函数。onMatch 函数在找到一个类时被调用，onComplete 在所有类被枚举完成后被调用。示例代码如下：

```
Java.perform( () => {
    Java.enumerateLoadedClasses({
```

```
        onMatch: function (className) {
            // 对于每一个找到的类，打印出类名
            console.log("Class found: " + className);
        },
        onComplete: function () {
            // 当所有类都被枚举完毕后，打印完成消息
            console.log("Class enumeration complete.");
        }
    });
});
```

（4）Java.choose(className, callbackObj)：该函数的主要功能是根据指定的类限定名称，找到所有的实例化对象。该函数有两个参数，第一个参数 className 是 Java 类完全限定名称，第二个参数 callbackObj 是一个对象，该对象同样包含 onMatch 和 onComplete 两个回调函数。

（5）Java.cast(handle, klass)：该函数的主要功能是将一个未明确类型的对象转换成目标类型的 Java 对象。该函数有两个参数：第一个参数 handle 是需要转换类型的对象，第二个参数 klass 是目标类型的类引用。示例代码如下：

```
var result = Java.cast(retval, Java.use('java.lang.String'));
```

（6）Java.vm：Java.vm 提供了对 Java 虚拟机（JVM）的直接访问，可以帮助我们执行一些 JVM 底层操作，如执行自定义 Java 代码、获取类加载器等。示例代码如下：

```
Java.perform(function () {
  var className = "cn.crawler.java.Topic";
  var classLoader = Java.classFactory.loader;
  var myClass = Java.vm.tryLoadClass(className, classLoader);
  if (myClass !== null) {
      console.log(className + " loaded successfully.");
  } else {
      console.log("Failed to load class " + className);
  }
});
```

3）Interceptor 对象

Frida API 中的 Interceptor 对象主要用于拦截应用程序中的函数调用。Interceptor 对象对函数调用的拦截功能主要通过 attach 函数和 replace 函数来实现。

（1）Interceptor.attach(target, callbacks)：该函数的主要功能是指定函数地址，在函数调用前后执行自定义的代码。第一个参数 target 是目标函数地址。第二个参数 callbacks 是一个对象，该对象中有两个回调函数：onEnter 和 onLeave。顾名思义，onEnter 在目标函数执行前进行拦截，onLeave 在目标函数执行后进行拦截。示例代码如下：

```
        var exportAddr = Module.findExportByName("libEncryptHelloWorld.so", "${目标函数名
称}");
        console.log("exportAddr: ", exportAddr);
        Interceptor.attach(exportAddr, {
            onEnter: function(args) {},
            onLeave: function(retval) {
```

```
                var result = Java.cast(retval, Java.use('java.lang.String'));
                var decryptedValue = result.toString();
                console.log("encrypted value: " + decryptedValue);
            }
        });
```

（2）Interceptor.replace(target, replacement)：该函数的主要功能是替换目标函数的实现逻辑。第一个参数 target 是目标函数地址，第二个参数 replacement 是一个 NativeCallback 对象。

```
const openPtr = Module.getExportByName('libc.so', 'open'); ①
const open = new NativeFunction(openPtr, 'int', ['pointer', 'int']); ②
Interceptor.replace(openPtr, new NativeCallback((pathPtr, flags) => { ③
  const path = pathPtr.readUtf8String();
  log('Opening "' + path + '"');
  const fd = open(pathPtr, flags);
  log('Got fd: ' + fd);
  return fd;
}, 'int', ['pointer', 'int']));
```

上述代码来自 Frida 官方网站，该代码段的主要目的是拦截和记录对 libc.so 库中 open 函数的调用。代码解释如下：

① 获取 libc.so 动态链接库中 open 函数的地址。

② 创建原生 open 函数的 JavaScript 包装函数。

③ 通过 Interceptor.replace 替换原生 open 函数的实现逻辑，在本示例中主要是对文件的打开操作做日志记录。

4）Module 对象

Frida API 中的 Module 对象为我们提供了与应用程序中动态链接库进行交互的功能。例如，获取模块中的导出函数或变量地址、获取指定模块在内存中的基地址，以及枚举模块导出的所有函数和变量等。接下来介绍 Module 对象中两个比较常用的函数，分别是 getExportByName 和 findBaseAddress。

（1）Module.getExportByName(moduleName, exportName)：该函数的主要功能是获取模块中导出函数或变量的地址。例如，在 Interceptor.replace 函数的示例代码中，就是通过 Module.getExportByName 函数获取 libc.so 库中 open 函数的内存地址。

（2）Module.findBaseAddress(moduleName)：该函数的主要功能是获取模块在内存中的基地址。该函数可以帮助我们获取动态链接库中的非导出函数地址和变量值。

5）Process 对象

在 Frida 的 JavaScript API 中，Process 对象提供了与目标进程相关的功能。该对象可以帮助我们查询进程有关的信息，例如根据模块名称查询模块信息、获取目标进程的指针大小、枚举进程中的所有模块等。下面介绍 Process 对象中的主要功能函数和属性。

（1）Process.findModuleByName(name)：其主要功能是根据模块名称查找模块并返回模块的详细信息。例如，下面的代码是从内存中读取 libart.so 模块的详细信息。

```
var libart = Process.findModuleByName("libart.so");
```

（2）Process.pointerSize：该属性用于获取目标进程的指针大小。在不同的处理器架构下，指针会占用不同的内存空间。在 64 位架构下，指针通常占用 8 字节，而在 32 位架构下，指针通常占用 4 字节。在处理结构体或数组时，指针大小会影响元素的偏移量。

6）Memory 对象

在 Frida JavaScript API 中，Memory 对象提供了用于直接读写目标进程内存的功能。这个功能对于执行动态分析、修改运行时数据或实现内存补丁非常有用。接下来，介绍一些 Memory 对象中的常用函数。

（1）Memory.allocUtf8String(string)：该函数用于在目标进程的内存中分配空间，并将指定的 UTF-8 编码的字符串写入这块新分配的内存中。该函数传入的参数是一个字符串。返回值是一个 NativePointer 对象，指向已分配内存的起始地址，其中包含写入的 UTF-8 字符串。

假设我们现在需要在目标应用中调用一个需要字符串指针参数的原生函数，可以使用 Memory.allocUtf8String 来生成这个参数。示例代码如下：

```
// 获取 libc.so 中 open 函数的地址
const openPtr = Module.getExportByName('libc.so', 'open');
// 创建对应的 NativeFunction 对象，该对象的功能后面会详细介绍
const open = new NativeFunction(openPtr, 'int', ['pointer', 'int']);
// 定义要打开的文件路径和标志
const pathname = "/path/to/file";
const flag = 0; // 0 表示只读
// 将 JavaScript 字符串转换为内存中的 UTF-8 字符串
const pathnamePtr = Memory.allocUtf8String(pathname);
// 调用 open 函数
var fd = open(pathnamePtr, flag);
```

（2）Memory.readUtf8String(pointer, length)：该函数用于从目标进程的内存中读取编码格式为 UTF-8 的字符串。该函数有两个参数：第一个参数 pointer 指向目标进程内存中的 UTF-8 编码字符串的起始地址；第二个参数 length 是可选参数，该参数是要读取的最大字节数。如果省略此参数，函数将一直读取，直到遇到第一个 NULL 字节为止。如果我们已经知道了一个字符串在内存中的起始地址，就可以使用 Memory.readUtf8String 函数来获取该字符串的值。

（3）Memory.readCString(pointer, length)：该函数与 Memory.readUtf8String 方法类似，都是用于从内存中读取字符串。这两个函数的参数含义相同。它们的区别在于，readUtf8String 函数专门用于读取 UTF-8 编码格式的字符串，而 readCString 函数用于读取 C 语言风格的字符串，例如单字节编码字符串。

（4）Memory.alloc(size)：该函数用于在目标进程的内存中分配一块内存区域。该函数的返回值是一个 NativePointer 对象，指向新分配内存区域的起始地址。

7）NativePointer 对象

在 Frida 的 JavaScript API 中，NativePointer 对象是一个非常核心的组件，它通常指向目标进程中的一个内存地址。在之前介绍的 Frida 脚本示例中，我们实际上多次使用了 NativePointer 对象。

例如，Memory.alloc 函数、Memory.allocUtf8String 函数和 Module.getExportByName 函数的返回值都是 NativePointer 对象。

8）NativeFunction 对象

在 Frida 的 JavaScript API 中，NativeFunction 对象用于表示和调用目标进程中的原生函数。这使得我们可以直接从 JavaScript 代码中调用任何位于目标进程地址空间中的 C 语言函数。在 Interceptor.replace 函数的示例讲解中，我们创建了针对 C 语言 open 函数的 NativeFunction 对象。

如果我们想要创建一个 NativeFunction 对象，则需要知道目标函数的地址、返回值类型和参数类型。示例代码如下：

```
const nativeFunction = new NativeFunction(pointer, returnType, argTypes);
```

上述代码中的 pointer 是目标函数的内存地址；returnType 是函数的返回值类型；argTypes 是一个数组，数组中的元素是函数的参数类型。在创建 NativeFunction 对象时，需确保函数的内存地址正确，返回值类型和参数类型要与目标原生函数保持一致，否则可能会导致应用程序崩溃。

9）NativeCallback 对象

在 Frida 中，NativeCallback 对象用于创建可以被原生代码调用的 JavaScript 函数。它的用途与 NativeFunction 对象相反，NativeFunction 用来调用原生函数，而 NativeCallback 用来被原生函数调用。创建 NativeCallback 对象的示例代码如下：

```
const callback = new NativeCallback(jsFunction, returnType, argTypes);
```

上述代码中的 jsFunction 是需要被原生函数回调的 JavaScript 函数，returnType 是 JavaScript 函数的返回值类型，argTypes 是 JavaScript 函数的参数类型数组。

4. SSL Pinning Bypass

在第 4 章中，我们基于 Xposed 框架的 JustTrustMe 模块成功实现了对 Certificate-Pinning-demo.apk 中证书绑定机制的绕过。接下来介绍如何使用 Frida 框架来绕过证书绑定机制的限制。

在第 4 章中，我们提到 Certificate-Pinning-demo.apk 使用了有基于 HttpClient 和基于 HttpURLConnection 两种网络请求方式。反编译 Certificate-Pinning-demo.apk 安装文件后，会发现这两种网络请求方式实际上使用了相同的证书绑定实现机制。基本处理流程如下：

（1）加载所有预置的证书文件为 X509Certificate 对象列表。

（2）创建 SecureTrustManager 类并实现 X509TrustManager 接口，自定义实现 checkServerTrust 方法。

（3）在 HttpClient 对象和 HttpURLConnection 对象中绑定 SecureTrustManager 对象。

掌握了证书绑定机制的实现逻辑后，我们就可以利用 Frida 编写对应的处理脚本，以轻松绕过证书绑定机制的限制。Frida 处理脚本示例如下：

```
Java.perform(() => {
    const customTrustManager =
Java.use('com.osfg.certificatepinning.httpclient.SecureTrustManager');
    customTrustManager.checkServerTrusted.implementation = function(v1, v2) {
```

```
    return;
  };
});
```

将上面的脚本保存到 JS 文件中，通过 Frida 命令行工具执行下面的命令，就可以成功绕过证书绑定机制的限制。

```
frida -U -f com.osfg.certificatepinning -l ssl_pinning_bypass.js
```

处理之后的效果如图 6-19 所示。

实际上，很多常用的 Hook 功能甚至不需要自己编写 Frida 脚本。Frida CodeShare 是一个分享 Frida 脚本的在线社区平台。在 Frida CodeShare 上，我们可以找到很多 Frida 爱好者编写的脚本，其中有一些非常实用且代码结构清晰的优秀脚本。通过阅读这些脚本，我们可以很快提升编写 Frida 脚本的能力。

5. 在 Non-Rooted 设备上进行 Hook

Frida 有两种工作模式。第一种是我们之前使用的 Injection 工作模式，在这种工作模式下，需要一台具有 root 权限的移动设备，并且在移动设备上启动 frida-server 进程。

图 6-19　Frida Hook 脚本绕过 SSL Pinning

然而，当我们无法获取具有 root 权限的移动设备时，可以考虑使用 Frida 的第二种 Embedded 工作模式，也称为 Frida Gadget 模式。在这种工作模式下，Frida 不需要在移动设备上启动独立的 frida-server，而是通过修改 APK 安装文件，将 Frida 提供的组件 Frida-Gadget 打包到 APK 安装文件中。Frida Gadget 将替代 frida-server 监听 27042 端口并与 Frida 客户端进行通信交互。它的具体工作示意图如图 6-20 所示。

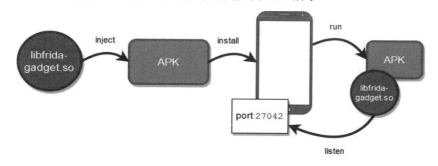

图 6-20　Frida Gadget 模式的工作流程图

接下来，我们来看如何进行具体的操作。本次实验依然以之前的 CTF 竞赛题目的 rps.apk 应用程序为例。

首先，下载与移动设备 ABI 架构相对应的 frida-gadget.so 文件。笔者使用的是 x86 架构的模拟器，所以选择下载 frida-gadget-16.1.11-linux-x86.so.xz。下载完毕之后，解压缩得到 frida-gadget-16.1.11-android-x86.so 动态链接库文件。

接着，对 rps.apk 文件进行反编译。反编译后，会生成一个包含项目文件的文件夹。在文件夹的 lib 目录下，可以看到多个子目录，每个子目录对应不同的 ABI 架构。然后，将 frida-gadget 动态链接库复制到 lib/x86 目录下。具体命令如下：

```
cp frida-gadget-16.1.11-android-x86.so rps/lib/x86/libfrida-gadget.so
```

随后，我们需要确保应用程序在启动时将 libfrida-gadget.so 动态链接库加载到内存中。理想的加载时机是在应用程序的其他二进制文件和动态链接库启动之前完成 libfrida-gadget.so 的加载。我们可以通过 AndroidManifest.xml 文件查找到应用程序的启动文件。com.example.seccon2015.rock_paper_scissors.MainActivity 就是该应用程序的启动文件。

在应用程序的启动文件中，我们添加静态代码块来完成 libfrida-gadget.so 动态链接库的加载。切记，这些修改需要在 Smali 代码中完成。相关 Smali 代码如下：

```
.method static constructor <clinit>()V
    .locals 1
    .prologue
    const-string v0, "frida-gadget"
    invoke-static {v0}, Ljava/lang/System;->loadLibrary(Ljava/lang/String;)V
    return-void
.end method
```

代码修改完成后，重新打包安装文件，并将它安装到 Android 设备中。启动应用程序之后，我们可以通过 adb logcat 命令找到 Frida: Listening on TCP port 27042 相关的日志信息。如果发现有类似 failed to connect to socket 'tcp:27042': Connection refused 的错误日志信息，就有可能是因为应用程序没有网络访问权限。我们需要为应用程序申请网络访问权限。在 AndroidManifest.xml 中添加如下配置项：

```
<uses-permission android:name="android.permission.INTERNET" />
```

如果 Frida-Gadget 正常工作，应用程序在 Frida-Gadget 启动时会暂停执行，等待进一步的指令处理。接下来，我们只需运行下面的命令，让 Frida 脚本与 Gadget 进程通信即可。

```
frida -l rps.js -U Gadget
```

再次单击应用程序的页面，同样可以获取到通关旗帜。

6. Hook 原生代码函数

在前面的几次实验中，我们都是对 Java 层的方法调用进行 Hook 操作。但是，有些时候 Android 应用程序可能会因为性能、安全、需要访问硬件设备或使用已有的动态链接库等原因，调用与本地环境架构紧密结合的 Native Library。这些 Native Library 通常是使用 C/C++ 语言编写的。那么，Android 应用程序中的 Java 代码或 Kotlin 代码是如何使用 C/C++ 语言编写动态链接库的呢？答案就是依赖 JNI 技术。有 Java 开发经验的读者对 JNI（Java Native Interface）这个名词应该有所了解。它的工作原理示意图如图 6-21 所示。

实际上，我们之前实验使用的一些 App 中也包含使用 JNI 调用 Native Library 的情况。为了加深读者对 JNI 的认识和理解，我们将快速搭建一个使用 JNI 的演示 App。

第一步：打开 Android Studio，使用 Empty Activity 模板创建一个名为 JNIDemo 的新工程。

第二步：创建一个 Java 类，在其中加载我们期望的动态链接库，并声明 native 方法。示例如下：

```java
public class HelloWorld {
    static {
        System.loadLibrary("HelloWorld");
    }
    public static native String getStr();
}
```

第三步：在 Android Studio 中单击 Add C++ to Module 选项，如图 6-22 所示。

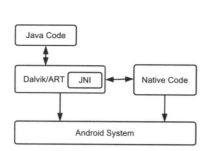

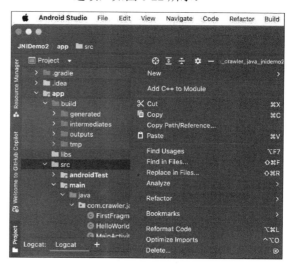

图 6-21　Android 应用程序中 JNI 的工作原理　　　　图 6-22　Android Studio 操作界面

第四步：在 src/main/cpp 目录下创建 HelloWorld.cpp 文件，并实现 HelloWorld.java 中声明的 native 方法。示例代码如下（注意 JNI 方法的命名规则为 Java_类全限定名称_方法名称）：

```cpp
#include <jni.h>
/* Header for class com_crawler_java_jnidemo_HelloWorld */
#ifndef _Included_com_crawler_java_jnidemo_HelloWorld
#define _Included_com_crawler_java_jnidemo_HelloWorld
#ifdef __cplusplus
extern "C" {
#endif
/*
 * Class:      com_crawler_java_jnidemo_HelloWorld
 * Method:     getStr
 * Signature:  ()Ljava/lang/String;
 */
JNIEXPORT jstring JNICALL Java_com_crawler_java_jnidemo_HelloWorld_getStr
      (JNIEnv *env, jclass) {
    return (*env)->NewStringUTF(env, "Hello World JNI!");
}
#ifdef __cplusplus
}
#endif
```

```
#endif
```

第五步：打开 CMakeLists.txt 文件，添加如下配置信息：

```
add_library(HelloWorld
        SHARED
        HelloWorld.cpp)
target_link_libraries(HelloWorld
    android
    log)
```

第六步：打开 activity_main.xml 文件，修改 TextView 标签并让它指向对应的资源文件，例如 android:id="@+id/textView"。同时，创建 ids.xml 文件，并在其中添加 id 为 textView 的 item 标签。ids.xml 文件的基本内容如下：

```
<?xml version="1.0" encoding="utf-8"?>
<resources>
    <item name="textView" type="id" />
</resources>
```

第七步：编译并运行应用程序，然后我们就可以在 Android 设备上看到对应的内容，如图 6-23 所示。

图 6-23　JNI Demo App 界面（1）

到目前为止，我们已经快速构建了一个使用 JNI 功能的 Android 应用程序原型。接下来，我们将进一步增强功能，使应用程序能够使用 OpenSSL 动态链接库对字符串进行加密处理。

首先，在 src/main/cpp 目录下创建 libs 目录，并使用 adb 命令从移动设备上把 OpenSSL 动态链接库下载到 libs 目录：

```
adb pull /system/lib/libssl.so
adb pull /system/lib/libcrypto.so
```

并在 CMakeLists.txt 中进行相应的配置：

```
add_library(crypto SHARED IMPORTED)
add_library(ssl SHARED IMPORTED)
set_target_properties(crypto PROPERTIES IMPORTED_LOCATION
${CMAKE_SOURCE_DIR}/jniLibs/libcrypto.so)
set_target_properties(ssl PROPERTIES IMPORTED_LOCATION
${CMAKE_SOURCE_DIR}/jniLibs/libssl.so)
target_link_libraries(EncryptHelloWorld android crypto ssl log)
```

编写符合 JNI 规范的 Java 端声明文件和 C/C++端实现文件，完整代码可以从本书附带的示例代码库中查看：

```
// Java 端声明文件
public class EncryptHelloWorld {
    static {
        System.loadLibrary("EncryptHelloWorld");
        System.loadLibrary("ssl");
        System.loadLibrary("crypto");
    }
    public native String getEncryptStr();
}
// C++端实现文件
#include <iostream>
#include <openssl/evp.h>
#include <openssl/rand.h>
#include <jni.h>
char* encryptString(const char* plainText, size_t plainTextLen, const char* key, size_t
keyLen, const char* iv, size_t ivLen) {
    //字符串加密实现逻辑
}
extern "C" JNIEXPORT jstring JNICALL
Java_com_crawler_java_jnidemo_EncryptHelloWorld_getEncryptStr(JNIEnv* env, jobject /* this
*/) {
    // 实现 Java 文件中声明的 native 方法
}
```

现在，我们将该 App 再次部署到 Android 设备上并启动，点击"显示加密文本"按钮，我们会在启动页上看到一串加密后的密文，如图 6-24 所示。

在对原生链接库函数进行 Hook 操作之前，我们需要先确定哪些原生链接库函数会被使用，以及具体的操作是如何触发相关函数的调用。

Frida 工具集中有一个名为 frida-trace 的命令行工具，它能够动态跟踪应用程序中的函数调用。在实际应用中，我们通常需要先对目标应用程序进行静态分析，初步定位我们感兴趣的函数后，再利用 frida-trace 进行函数调用的跟踪。因为本次实验

图 6-24　JNI Demo App 界面（2）

使用的是自己编写的示例程序，所以我们简化了静态分析这一步骤。假设我们已经锁定感兴趣的函数在 libEncryptHelloWorld.so 文件中。接下来，可以执行如下命令：

```
frida-trace -U  -I "libEncryptHelloWorld.so" JNIDemo
```

上述命令的参数解释如下：

● -U 代表连接 USB 设备或本地的虚拟设备。
● -I 代表跟踪的模块名称。
● JNIDemo 是进程名称，通过 frida-ps -U -a 命令可以获取进程列表。

命令执行成功之后，我们会看到很多日志信息。frida-trace 会自动遍历对应模块内的所有函数，并为它们创建 handler，从而对相关函数的调用进行跟踪。

现在，单击应用程序上的"显示加密文本"按钮，我们会在 frida-trace 启动的命令行窗口看到详细的函数调用栈信息，如图 6-25 所示。

图 6-25　frida-trace 捕获的函数调用栈信息

找到对应的关键函数之后，我们可以对这些函数执行 Hook 操作，以获取加密之前的明文信息。为实现这一目标，需要借助 Frida 框架中的 Interceptor API。通过前面学习的知识，我们知道 Frida 的 Interceptor API 可以帮助拦截和修改目标应用程序的函数调用。基于之前的分析，我们可以编写如下的 Frida 脚本来获取 JNI 方法 Java_com_crawler_java_jnidemo_EncryptHelloWorld_getEncryptStr 的返回值信息。

```
function hookEncrypt() {
    Java.perform(function() {
        var exportAddr = Module.findExportByName("libEncryptHelloWorld.so",
"Java_com_crawler_java_jnidemo_EncryptHelloWorld_getEncryptStr");
```

```
                console.log("exportAddr: ", exportAddr);
                Interceptor.attach(exportAddr, {
                    onEnter: function(args) {},
                    onLeave: function(retval) {
                        var result = Java.cast(retval, Java.use('java.lang.String'));
                        var decryptedValue = result.toString();
                        console.log("encrypted value: " + decryptedValue);
                    }
                })
            });
        }
```

执行命令 frida -U -l encrypt_hook.js JNIDemo 之后，我们会看到在命令行交互窗口上打印出的返回值与 App 界面上展示的加密信息一致，如图 6-26 所示。

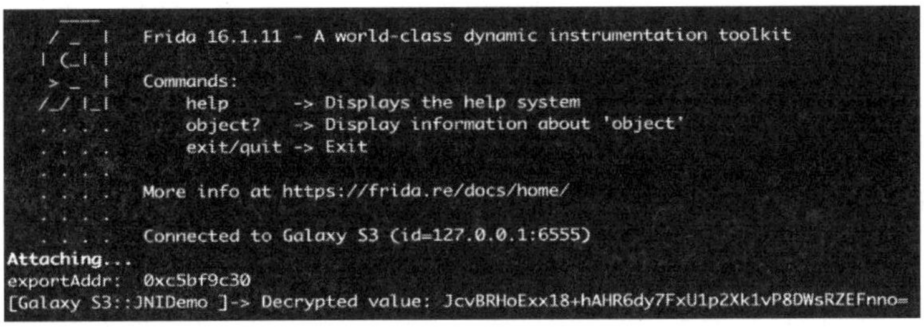

图 6-26　Frida 脚本 Hook 原生加密函数的日志输出信息

但遗憾的是，通过拦截 Java_com_crawler_java_jnidemo_EncryptHelloWorld_getEncryptStr 方法并没有获取到我们想要的明文信息，我们需要对 encryptString 方法进行拦截。但是，encryptString 方法并没有被导出，所以我们无法通过 Module.findExportByName 接口获取到 encryptString 方法的内存地址。现在的关键问题是如何获取 encryptString 方法的内存地址。针对这种情况，我们将在第 6.5 节介绍如何对未导出的 Native 方法进行拦截。

6.5　二进制文件逆向分析

在第 6.4 节中，我们学习了如何利用 Frida 框架对应用程序进行动态逆向分析和处理。然而，在使用 Frida 框架对原生链接库内部函数进行拦截时，我们遇到了无法获取函数内存地址的问题。如果我们想获取原生链接库函数在内存中的地址，就需要对二进制文件进行分析。

本节的逆向分析将以第 6.4 节开发的应用程序——JNIDemo 为目标。在本节的逆向分析过程中，我们将使用两个新的逆向分析工具：objdump 和 IDA。

6.5.1　利用 objdump 逆向分析

objdump 是一个命令行工具，用于反汇编二进制文件，将二进制文件转换成汇编语言，从而帮助我们分析目标二进制文件。objdump 是一个功能强大的二进制文件分析工具，但需要分析者具备相应的汇编语言知识。

首先，解压 JNIDemo.apk 安装文件，在 libs 目录下找到 libEncryptHelloWorld.so 文件。接下来，

尝试使用 objdump 来分析 libEncryptHelloWorld.so 文件。执行命令 objdump d libEncryptHelloWorld.so 即可得到相关文件的汇编语言代码：

```
libEncryptHelloWorld.so:        file format elf32-i386
Disassembly of section .text:
0000e750 <.text>:
    e750: 53                      pushl   %ebx
    e751: 83 ec 08                subl    $8, %esp......
// 省略代码段
...
0000e9a0 <encryptString>:
    e9a0: 55                      pushl   %ebp
    e9a1: 89 e5                   movl    %esp, %ebp
    e9a3: 53                      pushl   %ebx
    e9a4: 57                      pushl   %edi......
// 省略代码段
...
0000ebe0 <Java_com_crawler_java_jnidemo_EncryptHelloWorld_getEncryptStr>:
    ebe0: 55                      pushl   %ebp
    ebe1: 89 e5                   movl    %esp, %ebp
    ebe3: 53                      pushl   %ebx......
// 省略代码段
...
```

从上面的汇编语言代码中，我们可以清晰地看到相关函数的定义和指令。其中，函数定义信息是我们最感兴趣的。代码 "0000e9a0 <encryptString>:" 表达的含义是 0000e9a0 是地址偏移量，表示该函数在二进制文件中的位置，encryptString 代表的是函数名称。

有了这些信息，我们可以通过计算 "libEncryptHelloWorld.so 在内存中的起始地址 + encryptString 函数在原生库中的偏移地址" 来获取 encryptString 函数在内存中的入口地址。获取 encryptString 函数在内存中的入口地址后，我们就可以尝试通过 Frida Interceptor API 对该函数的调用进行拦截。相关的 Frida 脚本代码如下：

```
Java.perform(function() {
    var baseAddr = Module.findBaseAddress("libEncryptHelloWorld.so");
    var funcAddr = baseAddr.add(0x0000e9a0);
    Interceptor.attach(funcAddr, {
        onEnter: function(args) {
            console.log("plainText: " + Memory.readUtf8String(args[0]));
        }
    })
});
```

执行上述代码后，我们就可以得到对应的明文信息。

6.5.2　利用 IDA 进行逆向静态分析

IDA（Interactive Disassembler）是 Hex-Rays 公司开发的一款广泛使用的交互式反汇编和调试软件。与 objdump 工具类似，IDA 也可以将二进制文件反汇编成汇编语言代码。不过，IDA 的功能更加强大和全面，它不是一个命令行工具，而是一个带有图形用户界面的工具。除了强大的静态分析功能外，还支持动态分析功能。接下来，我们将通过分析 libEncryptHelloWorld.so 文件来体验一下 IDA 软件的强大功能。

首先，下载和安装 IDA 工具。IDA 是一款商业软件，提供付费版本 IDA Pro 和免费版本 IDA Freeware。IDA Pro 不仅支持 ARM、x86 等多种架构下的二进制文件的静态分析，还支持对二进制文件的动态调试分析。而 IDA Freeware 则多了一些限制，仅支持 x86 架构下的二进制文件分析，而且不支持对二进制文件的动态调试分析。

相对于开源工具 objdump，IDA 显然具有更加强大的功能。在正式开始使用之前，我们有必要了解一下相关功能的使用方法。表 6-1 整理了一些 IDA 主要功能的使用方法。

表 6-1　IDA 主要功能的路径和快捷键

操作路径或快捷键	功能介绍
View→Open subviews→Generate pseudocode	根据汇编代码生成可读性更强的高级语言代码
Ctrl + 1	快速查看当前窗口支持的高级功能特性
Shift + F4	打开 Names Window，列举代码中的符号信息。例如，通过 Names Window 查找函数定义的入口地址
Shift + F3	打开 Functions Window，列举二进制文件中所有的函数信息，主要包括函数名称、函数起始地址和大小
Options→General→Disassembly→Line Prefixes (graph)	在 IDA View 视图下，即 Graph 模式下，展示汇编指令对应的内存地址
Options→General→Disassembly→Auto Comments	给汇编指令自动添加注释，方便分析者理解汇编指令的作用
View→Graphs→User xrefs chart	展示函数的调用关系图

接下来，使用 IDA 工具对 libEncryptHelloWorld.so 文件进行逆向分析。通过选择 IDA→File→Open 路径，可以查看二进制文件内容对应的汇编代码，如图 6-27 所示。

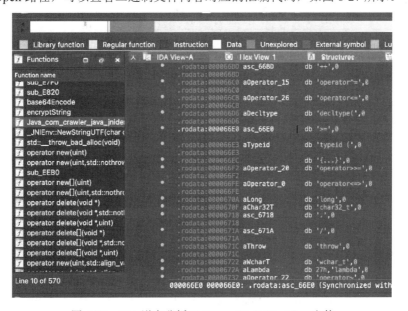

图 6-27　IDA 逆向分析 libEncryptHelloWorld.so 文件

可以看到，IDA 工具提供了多个展示视图，帮助我们分析汇编代码。单击 Functions 视图下的任意一个函数，会在 IDA view 视图中展示该函数的定义和内部的调用关系。

另外，通过选择 View→Open Subviews→Generate Pseudocode 路径选项，IDA 会尝试将汇编代码逆向还原成 C 语言风格的伪代码，如图 6-28 所示。

```
int __cdecl Java_com_crawler_java_jnidemo_EncryptHelloWorld_getEncryptStr(_JNIEnv *a1)
{
  int v1; // eax
  const char *v2; // eax
  int v4; // [esp+24h] [ebp-64h]
  int v5; // [esp+2Ch] [ebp-5Ch]
  int v6; // [esp+34h] [ebp-54h]

  v6 = __strlen_chk("encrypted Hello World JNI!", -1);
  v5 = __strlen_chk("0123456789abcdef", -1);
  __strlen_chk("0123456789abcdef", -1);
  v4 = encryptString((int)"encrypted Hello World JNI!", v6, (int)"0123456789abcdef", v5, (int)"0123456789abcdef"
  v1 = __strlen_chk(v4, -1);
  v2 = (const char *)base64Encode(v4, v1);
  return _JNIEnv::NewStringUTF(a1, v2);
}
```

图 6-28　IDA 生成的 C 语言风格的伪代码片段

可以看到，IDA 生成的伪代码可读性大大增强。

6.5.3　利用 IDA 进行动态逆向分析

在前面的章节中，我们使用 IDA 对二进制文件进行了静态分析。本小节将尝试使用 IDA 对二进制文件进行动态调试分析。请注意：IDA 的动态调试功能仅在 IDA Pro 版本中支持，本小节的内容默认读者已经下载并安装了 IDA Pro 版本的软件。

步骤 01　在 Android 设备上配置 IDA Android Server。

首先，打开 IDA 目录下的 dbgsrv 子目录，将该目录下的 android_server 文件上传到 Android 设备上，并为该文件赋予执行权限。执行 android_server 文件之后，将启动 android_server 服务，并监听 23946 端口。使用 adb forward 命令将本地主机 23946 端口的流量转发到 Android 设备的 23946 端口。接着，在 Android 设备上启动目标应用程序。

步骤 02　在本地主机配置 IDA Debugger 功能。

接下来，在 IDA 客户端上配置 Debugger 功能。单击 Debugger 选项卡，会看到针对不同应用场景的 Debugger 选项。在本场景中，选择 Remote Linux Debugger，打开如图 6-29 所示的界面。

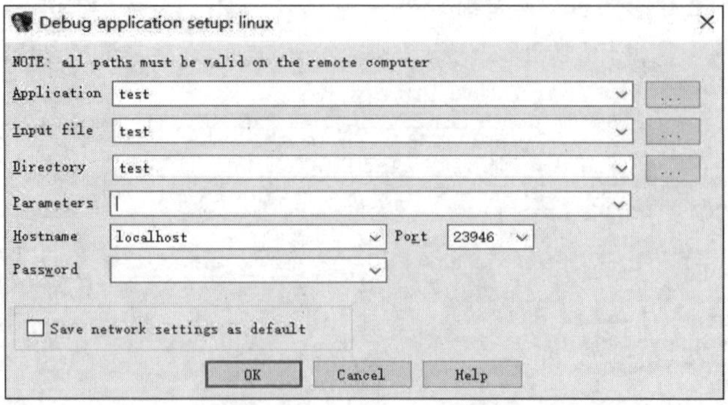

图 6-29　IDA Remote Linux Debugger 配置界面

配置好远程连接的地址和端口后，打开 Debug Options 配置，预先设置中断断点。如图 6-30 所示，设置了三处中断断点，分别是进程入口处、线程起止处和库（library）加载/卸载处。

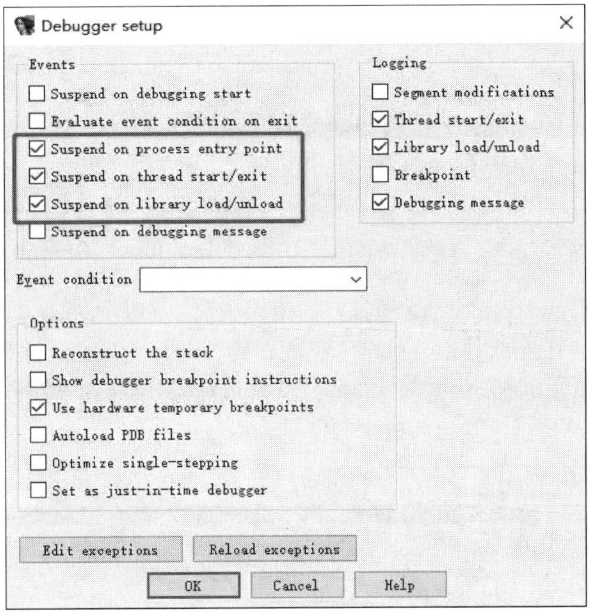

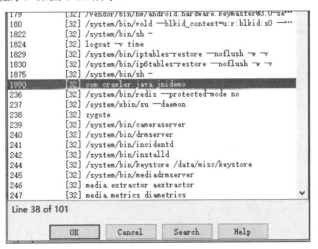

图 6-30　IDA Debug Options 配置界面

步骤 03 　启动远程 Debug 功能。

配置完毕后，单击 OK 按钮，我们将看到 Android 设备上的所有启动进程。根据包名（package name）找到目标应用程序，如图 6-31 所示。

```
179     [32] /vendor/bin/hw/android.hardware.keymaster@3.0-se···
180     [32] /system/bin/vold —blkid_context=u:r:blkid:s0 ···
1822    [32] /system/bin/sh -
1824    [32] logcat -v time
1829    [32] /system/bin/iptables-restore —noflush -w -v
1830    [32] /system/bin/ip6tables-restore —noflush -w -v
1875    [32] /system/bin/sh -
1990    [32] com.crawler.java.jnidemo
236     [32] /system/bin/redis —protected-mode no
237     [32] /system/xbin/su —daemon
238     [32] zygote
239     [32] /system/bin/cameraserver
240     [32] /system/bin/drmserver
241     [32] /system/bin/incidentd
242     [32] /system/bin/installd
244     [32] /system/bin/keystore /data/misc/keystore
245     [32] /system/bin/mediadrmserver
246     [32] media.extractor aextractor
247     [32] media.metrics diametrics
Line 38 of 101
```

OK　　Cancel　　Search　　Help

图 6-31　选择需要 Debug 的目标应用程序

启动成功后，我们可以在 Modules 窗口中看到 App 加载的所有文件。通过检索，我们可以找到目标动态链接库文件 libEncryptHelloWorld.so。单击感兴趣的文件后，可以看到文件内部的相关变量名、函数名以及符号的入口地址，如图 6-32 所示。

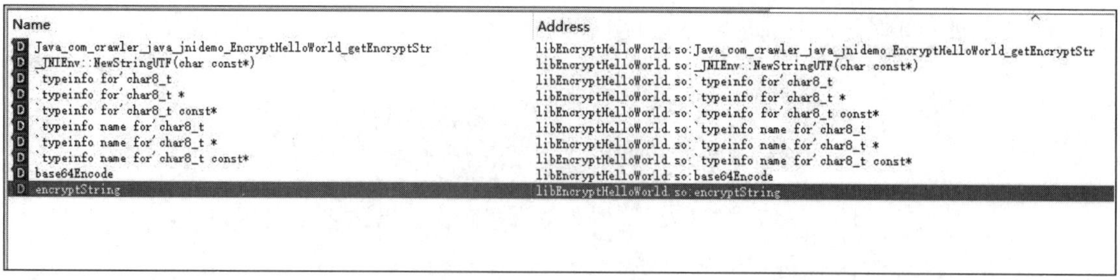

图 6-32   动态调试获取的原生文件中的变量和函数的内存地址

从图 6-32 中可以找到 encryptString 函数。右击该函数，添加断点，我们就可以在 Debug view 窗口看到对应的断点。在 IDA 软件中，单击绿色的三角按钮，将应用程序恢复到可以执行的状态。

接下来，在 App 上单击"显示加密文本"按钮，可以看到汇编代码在执行到预设断点处暂停了，如图 6-33 所示。这时就可以进行具体的单步调试了。

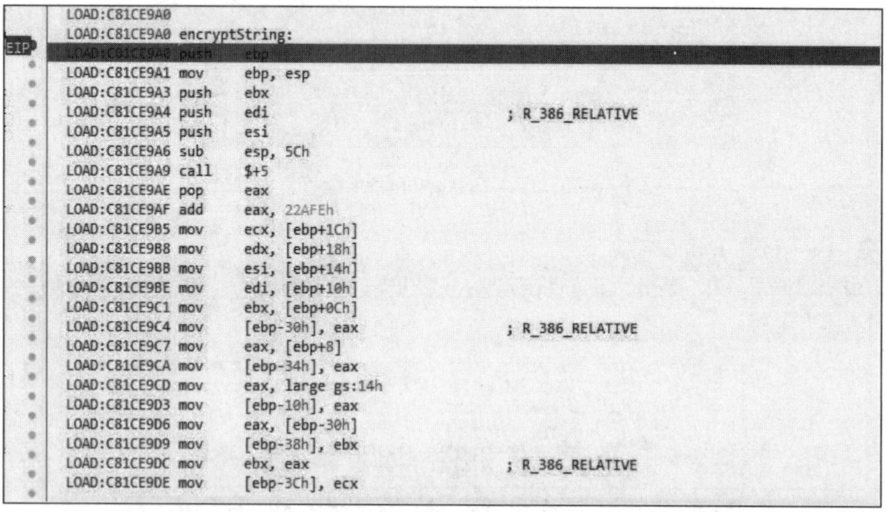

图 6-33   应用程序在预设断点处暂停执行

对二进制文件进行动态分析需要具备一定的汇编语言知识的基础。原生链接库中的 encryptString 函数对应的汇编代码如下：

```
LOAD:C81CE9A0 encryptString:
    LOAD:C81CE9A0 push ebp
    LOAD:C81CE9A1 mov ebp, esp
    LOAD:C81CE9A3 push ebx
    LOAD:C81CE9A4 push edi ; R_386_RELATIVE
    LOAD:C81CE9A5 push esi
    LOAD:C81CE9A6 sub esp, 5Ch
    LOAD:C81CE9A9 call $+5
    LOAD:C81CE9AE pop eax
    LOAD:C81CE9AF add eax, 22AFEh
    LOAD:C81CE9B5 mov ecx, [ebp+1Ch]
    LOAD:C81CE9B8 mov edx, [ebp+18h]
    LOAD:C81CE9BB mov esi, [ebp+14h]
```

```
LOAD:C81CE9BE mov edi, [ebp+10h]
LOAD:C81CE9C1 mov ebx, [ebp+0Ch]
LOAD:C81CE9C4 mov [ebp-30h], eax ; R_386_RELATIVE
LOAD:C81CE9C7 mov eax, [ebp+8]
LOAD:C81CE9CA mov [ebp-34h], eax
LOAD:C81CE9CD mov eax, large gs:14h
LOAD:C81CE9D3 mov [ebp-10h], eax
LOAD:C81CE9D6 mov eax, [ebp-30h]
LOAD:C81CE9D9 mov [ebp-38h], ebx
```

其中，第 2~6 行的汇编代码指令用于保存旧的堆栈指针并为 encryptString 函数创建一个新的堆栈帧。

第 11~17 行的汇编代码指令从栈帧中读取了 6 个数据并放到了通用寄存器中。由于栈帧中首先存储的是函数的返回地址，而且在本次实验中，我们使用的是 x86 架构，返回地址会占用 4 字节。因此，函数的第一个参数地址应该是[ebp+8]。我们可以大胆猜测这些指令是在读取函数的参数值。

经过以上分析，我们可以单步执行到第 18 行。切换到 General registers 窗口，在该窗口中可以看到相关寄存器中存储的数据的值和地址，如图 6-34 所示。

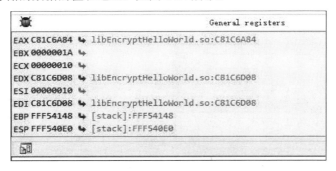

图 6-34　寄存器中存储的数据的值和地址

从图 6-34 中可以看到，EAX 寄存器存储的是一个内存地址。通过 Modules 窗口，我们获取到 libEncryptHelloWorld.so 文件在内存中的起始地址为 C81C0000。使用 EAX 寄存器中存储的地址 C81C6A84 减去起始地址 C81C0000，就可以得到 libEncryptHelloWorld.so 文件中的相对地址 00006A84。得到相对地址后，使用 IDA 对 libEncryptHelloWorld.so 文件进行静态分析，并跳转到 00006A84 地址处，就可以看到该地址对应的具体数据信息。这些数据就是我们需要的明文信息。

6.6　加壳与脱壳技术

在前面的章节中，我们学习了如何对 Android 应用程序进行静态和动态分析。然而，在实际应用场景中，大部分应用程序会使用加壳技术来保护自身，以防止被静态和动态分析。本节将介绍主流的加壳技术、如何识别壳技术以及如何对加壳的应用程序进行脱壳处理。

在 Android 开发中，应用程序加壳（Application Packing）是指对 APK 安装包进行额外的保护和优化措施，从而增强应用程序的安全性和防止逆向工程。

要想了解 Android 加壳技术的实现原理，首先需要了解 Android 应用程序的启动流程和结构。

6.6.1　相关基础知识

Android 应用程序在启动时，Zygote 系统进程会复制并为该应用程序创建一个新的进程，同时加载一些必要的组件，包括 libc.so 等动态链接库、系统 Framework 代码以及 Java 执行环境。在 Android 4.4 及以下版本中，Java 执行环境使用的是 Dalvik 虚拟机，它会解释执行 Dex 文件中的 Dalvik 字节码。但是，从 Android 5.0 开始，Java 执行环境变成了 ART 运行时，它会先将 Dex 文件编译成 Oat 文件，也就是将 Dalvik 字节码预编译为二进制指令，从而提升 Android 应用程序执行时的性能，但应用程序的安装时间相对增加。它的主要启动流程如图 6-35 所示。

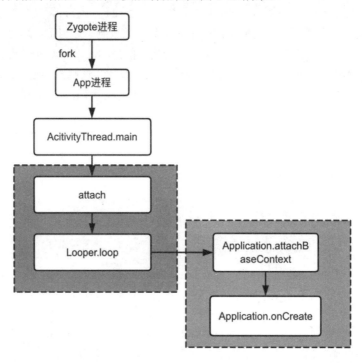

图 6-35　Android 应用程序的主要启动流程

Android 应用程序是一个以.apk 为后缀名的 ZIP 压缩包，其中安装文件的内容结构如表 6-2 所示。

表 6-2　Android 应用程序安装文件内部结构

文件/目录名称	主要作用
AndroidManifest.xml	配置清单
lib	本地原生链接库
res	会被编译的资源文件，如布局文件、图像、字符串等。通过资源 ID 进行访问
assets	不经过编译的原始资源文件，通过 AssetManager 进行访问
META-INF	APK 签名信息
classes.dex	面向 Dalvik 虚拟机的字节码文件

在加壳技术中，另一个必须了解的知识点是 Dex 文件的结构。Dex 文件具有固定的文件格式，它的整体结构如图 6-36 所示。

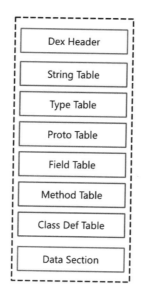

图 6-36　Dex 文件结构

Dex 文件主要包括以下三个部分。

- 文件头：提供 Dex 文件的基本属性。
- 索引区：包含相关数据的索引，这些数据实际放在数据区中。
- 数据区：存放真实的字符串、代码。

在加壳和脱壳技术中，尤其要关注 Dex 文件的文件头，即 Dex Header。Dex 文件的文件头包含很多字段，其中需要特别注意的字段见表 6-3。

表 6-3　Dex Header 部分字段介绍

字段名称	字段描述
magic	标识 Dex 文件，其中 DEX_FILE_MAGIC ="dex\n035\0"
checksum	除 magic 和此字段外的文件剩余内容的 Adler32 校验和，用于检测文件是否损坏
signature	除 magic、checksum 和此字段外的文件内容的 SHA-1 签名（哈希），用于对文件进行唯一标识
file_size	整个文件（包括文件头）的大小，以字节为单位
header_size	文件头的大小，以字节为单位

6.6.2　加壳技术实现原理

Android 应用程序加壳技术从问世到现在一直不断完善和演进。根据主要技术手段的不同，加壳技术整体上可以分为 4 代。

第一代加壳技术一般将应用程序的 APK 文件整体加密后，保存到动态链接库文件中，或直接添加到壳程序的 Dex 文件中。在应用程序启动时，壳程序会使用自定义的 Application 对象解密原始应用程序的 APK 文件，并使用自定义的 classloader 加载原始应用程序中的类和资源数据，最后在 Application.onCreate 方法中将后续的执行流程交还给原始应用程序。经过加壳处理后，应用程序的基础结构如图 6-37 所示。

图 6-37   第一代加壳技术处理后的 APK 文件结构

假设壳程序自定义的 Application 类名称为 SubApplication，加壳之后的应用程序启动流程如图 6-38 所示。

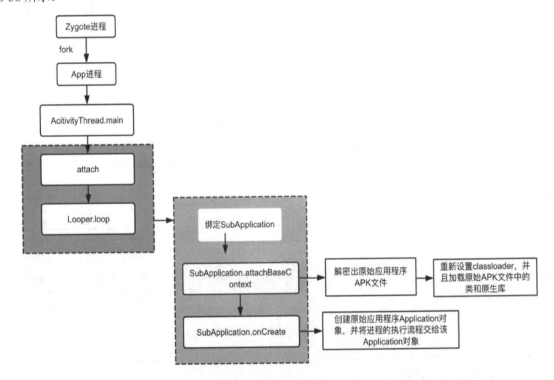

图 6-38   加壳应用程序的启动流程

在第一代加壳技术中，解密原始应用程序 APK 文件的过程中，会将解密后的 APK 文件存储到文件系统中。为了解决这个问题，第二代加壳技术不再将解密后的 APK 文件存储到文件系统中，而是直接在内存中完成所有的操作。

第一代和第二代加壳技术都是针对整个文件执行加壳操作。这种加壳方式容易被分析者从内存中转储（dump）出整个原始文件内容。为了避免这种情况，第三代加壳技术在运行阶段对函数进行了抽取操作，并对函数的加载和调用进行 Hook 操作，再将函数内容填充回去。经过第三代加壳技术处理后的 APK 安装文件如图 6-39 所示。

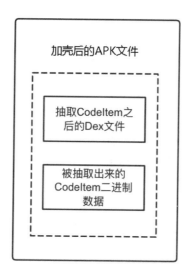

图 6-39　第三代加壳技术处理后的 APK 文件结构

　　第三代加壳技术采用了函数指令抽取技术,导致完整的 Dex 文件在内存中不再连续存储。然而,随着基于内存搜索技术的脱壳工具的出现,基于函数抽取技术的第三代加壳技术也面临着更大的挑战。因此,基于 Dex-VMP 技术的第四代加壳技术逐渐成为各大加壳厂商的主流技术。第四代加壳技术通过用自定义的虚拟机指令替换掉原来的 Dalvik 字节码指令,实现了对原始应用程序处理逻辑的保护。

6.6.3　脱壳技术实现原理

　　随着加壳技术的不断发展,脱壳技术也在不断地迭代和演进。本小节将分析几款主流脱壳工具的实现原理。在后续的逆向工程实践中,如果遇到需要脱壳处理的需求,可以参考这些主流脱壳工具的实现思路,手动编写自己特定的脱壳工具。

1. DexHunter

　　DexHunter 是由资深的安全领域研究人员张跃骞开发的面向 Android 应用程序的通用脱壳工具。虽然目前市场上很多加壳产品已对 DexHunter 添加了相应的防护机制,但它的实现原理还是非常值得我们学习的。

　　在学习 DexHunter 的实现原理之前,需要熟悉 Android 应用程序中 DexFile 文件的结构。对于 DexFile 文件的结构,前面已经简单介绍过了,在第一代和第二代的整体加壳和脱壳技术中,我们只需关注 DexFile Header 信息。然而,在函数指令抽取类型的加壳与脱壳技术中,需要对该文件有更加深入的了解。在 DexFile 文件结构中,有一个区域叫作 class_defs,该区域包含很多 class_def_items 结构体,每个 class_def_item 代表一个类,如图 6-40 所示。一个 class_def_item 会指向一个 class_data_item 结构体,class_data_item 结构体代表类的具体信息,类中的每种方法都由 encoded_method 结构体描述,而 encode_method 最终会指向 code_item 结构体。code_item 中存放的是方法处理逻辑的具体指令集合。

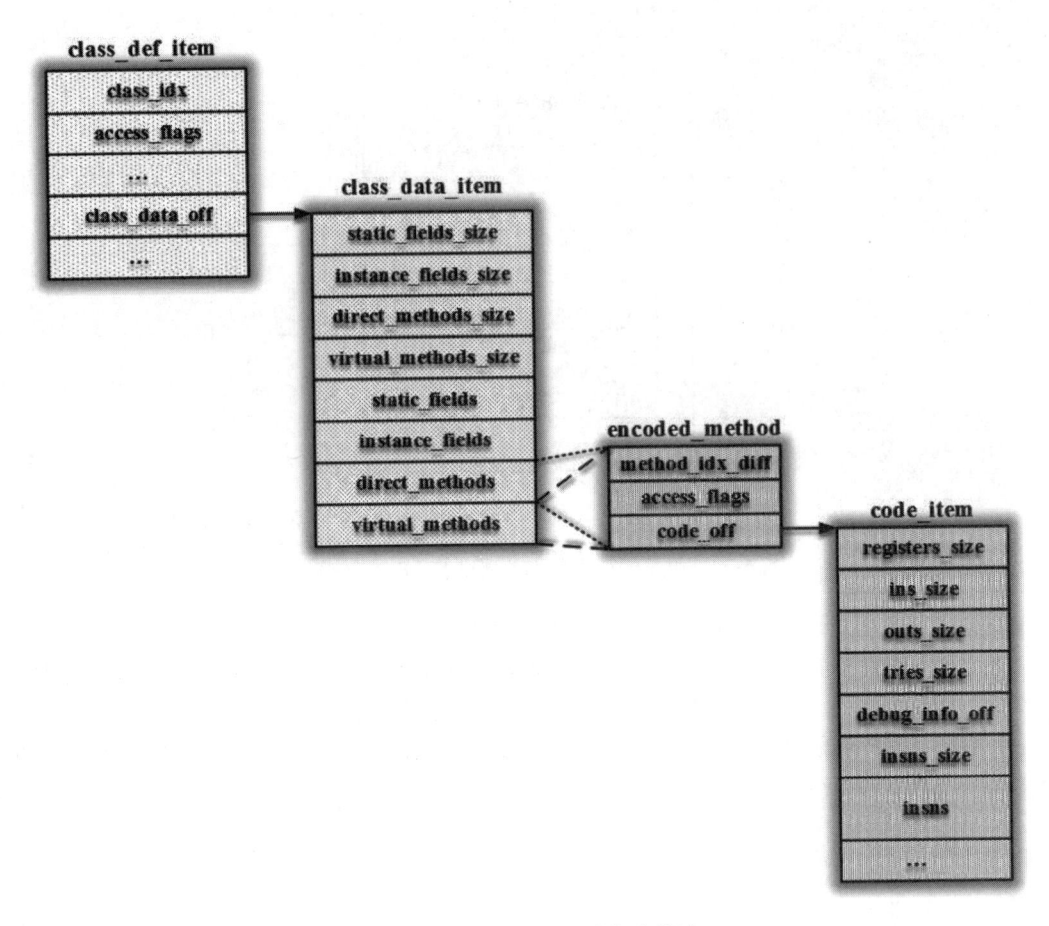

图 6-40　class_defs 区域信息描述

在进行具体脱壳操作时，需要解决三个主要问题：

（1）在什么地方进行脱壳操作？

（2）在什么时机进行脱壳操作？

（3）如何进行脱壳操作？

对于这三个问题，DexHunter 作者在其发表的论文中都给出了明确的回答。

1）在什么地方进行脱壳操作

DexHunter 在虚拟机层面进行脱壳操作，在 ART 环境中选择 DefineClass 方法作为脱壳点，在 DVM（Dalvik Virtual Machine）环境中选择 Dalvik_dalvik_system_DexFile_defineClassNative 方法作为脱壳点。

2）在什么时候进行脱壳操作

在进行具体的脱壳操作时，时机选择非常重要。只有找到正确的脱壳时机，我们才能从内存中 dump 出正确的 Dex 文件内容。DexHunter 作者认为，在 App 中的第一个类被加载时，是一个非常好的脱壳时机。原因有三点：①当类被加载时，类的全部内容应该已经被加载到内存中；②如果一个类已完成初始化并且运行过，那么内存中类的信息可能已经发生了改变；③在方法被调用之前，方法体的指令集应该是完整有效的。

3）如何进行脱壳操作

DexHunter 的基本脱壳思路和步骤如下：

（1）主动遍历并初始化所有的类。

（2）定位目标内存区域。

（3）对 DexFile 分块进行 dump 操作。

（4）对分块 dump 出来的数据进行合并操作。

2. frida-dexdump

frida-dexdump 是一款开源的基于 Frida 脚本实现的脱壳项目，它的主要实现思想是基于对 DexFile 文件结构的理解，利用 Frida 对内存进行搜索，最终从内存中获取所有关于 DexFile 的信息。它的核心代码比较简单，接下来将通过 frida-dexdump-0.0.9 版本的代码来解释 frida-dexdump 的实现原理，具体代码如下：

```
scandex: function scandex() {
    var result = [];
    Process.enumerateRanges('r--').forEach(function (range) {
        try {
            Memory.scanSync(range.base, range.size, "64 65 78 0a 30 ?? ??
00").forEach(function (match) {
                if (range.file && range.file.path
                    && (
                        range.file.path.startsWith("/data/dalvik-cache/") ||
                        range.file.path.startsWith("/system/"))) {
                    return;
                }
                if (verify(match.address, range, false)) {
                    var dex_size = match.address.add(0x20).readUInt();
                    result.push({
                        "addr": match.address,
                        "size": dex_size
                    });
                }
            });
            if (enable_deep_search) {
                Memory.scanSync(range.base, range.size, "70 00 00
00").forEach(function (match) {
                    var dex_base = match.address.sub(0x3C);
                    if (dex_base < range.base) {
                        return
                    }
                    if (dex_base.readCString(4) != "dex\n" && verify(dex_base, range,
true)) {
                        var dex_size = dex_base.add(0x20).readUInt();
```

```
                        result.push({
                            "addr": dex_base,
                            "size": dex_size
                        });
                    }
                })
            } else {
                if (range.base.readCString(4) != "dex\n" && verify(range.base, range,
true)) {
                    var dex_size = range.base.add(0x20).readUInt();
                    result.push({
                        "addr": range.base,
                        "size": dex_size
                    });
                }
            }
        } catch (e) {
        }
    });
    return result;
}
```

接下来，我们分析一下上述代码的实现逻辑。

Process.enumerateRanges('r--')用于遍历目标进程内存中所有具有读取权限的内存块。

Memory.scanSync(range.base, range.size, "64 65 78 0a 30 ?? ?? 00")利用 Frida 的 Memory.scanSync 方法对所有的可读内存块进行扫描，查看当前内存块中是否存在 DexFile 魔数的序列。魔数是 DexFile Header 中的第一个字段，一共 8 个字符。它的 ASCII 编码为 64 65 78 0a 30 ?? ?? 00，对应的可读文本内容是 dex\n0**\0，其中的两个字符根据 Android 版本的不同而变化。相关数据结构在 DexFile.h 文件中有清晰的定义。例如，下面的代码就是 Android 10 版本中有关 DexFile Header 中魔数的定义。

```
/* DEX file magic number */
#define DEX_MAGIC      "dex\n"
/* The version for android N, encoded in 4 bytes of ASCII. This differentiates dex files
that may
 * use default methods
 */
#define DEX_MAGIC_VERS_37  "037\0"
/* The version for android O, encoded in 4 bytes of ASCII. This differentiates dex files
that may
 * contain invoke-custom, invoke-polymorphic, call-sites, and method handles.
 */
#define DEX_MAGIC_VERS_38  "038\0"
/* The version for android P, encoded in 4 bytes of ASCII. This differentiates dex files
that may
 * contain const-method-handle and const-proto
 */
#define DEX_MAGIC_VERS_39  "039\0"
/* current version, encoded in 4 bytes of ASCII */
#define DEX_MAGIC_VERS "036\0"
```

```
/*
 * older but still-recognized version (corresponding to Android API
 * levels 13 and earlier
 */
#define DEX_MAGIC_VERS_API_13 "035\0"
```

代码段 if (range.file && range.file.path && (range.file.path.startsWith ("/data/dalvik-cache/") || range.file.path.startsWith("/system/"))) { return; }的处理逻辑是，如果该内存区域中的数据来自 Dalvik 虚拟机或系统文件，则直接跳过。

verify(match.address, range, false)方法的主要作用是继续判断内存块的有效性，具体判断流程如下：

步骤01 检查从 match.addess 开始的内存区域是否大于 0x70，因为 dex_header 的大小为 0x70，所以如果内存区域容量小于 0x70，则直接跳过。

步骤02 检查 dex_header 中记录的 file_size 是否大于从 match.address 起始处的内存区域实际容量。如果比实际容量大，则直接跳过。

步骤03 检查从 match.address 开始偏移 0x3C 字节的内存地址中存储的数据。在 DexFile 结构体中，该位置存放的是 header_size，检查该字段值是否等于 0x70。如果不等于 0x70，则直接跳过。

enable_deep_search 代表是否开启深度搜索模式。如果开启了深度搜索模式，则继续使用 Memory.scanSync(range.base, range.size, "70 00 00 00")检查候选内存块中是否包含 dex_header 中的 header_size 字段值 0x70。另外，还会使用 verify(dex_base, range, true)方法对内存块进行更多逻辑检查。相对于非深度搜索逻辑，主要是添加了对 map_list 字段的有效性检查。map_list 字段使用 map_item 结构体描述所有字段的信息。具体检查流程如下：

步骤01 检查内存块中的 map_off 字段，map_off 字段存储的是 map_list 偏移量，如果 dex_base + map_off 偏移量的内存地址大于内存区域的结束地址，则检查不通过。

步骤02 检查 map_list 包含的元素数量是否在合适范围内。

步骤03 检查 map_list 的结束地址是否在内存区域的有效地址范围内。

步骤04 对比 map_list 的实际偏移地址与 map_item 中记录的 map_list 偏移地址是否一致。

6.7　App 逆向分析实战一

前面已经学习了如何对 Android 应用程序进行逆向静态分析和动态分析。本节将运用前面学到的知识和技能进行一次 App 逆向分析实战。

本次实验的目标应用程序是一款来自应用市场的 App。本次实验只是基于教学和研究的目的对该应用程序进行逆向分析，涉及的 App 的隐私信息将进行脱敏处理。

对该 App 进行反编译操作后，打开 AndroidManifest.xml 配置文件，找到应用程序的启动文件 *.*.app.ui.SplashActivity。

```
<activity android:enabled="true" android:exported="true"
android:label="@string/app_name" android:name="com.*.*.app.ui.SplashActivity"
android:screenOrientation="portrait" android:targetActivity="*.*.app.ui.SplashActivity"
android:theme="@style/SplashStyle">
```

```
    <intent-filter>
        <action android:name="android.intent.action.MAIN"/>
        <category android:name="android.intent.category.LAUNCHER"/>
    </intent-filter>
    ...
</activity>
```

但是，我们在 java_src 目录和 smali 目录下都无法查找到该入口文件，这表明该应用程序具有明显的壳保护特征。

接下来，我们尝试通过网络数据包抓取的方式获取所需的数据。打开 res/xml 目录后，我们发现该 App 下已经配置了 network_security_config.xml 并设置了信任用户安装的证书，因此我们可以直接启动代理抓包软件进行抓包。通过抓包发现，我们的目标数据被加密处理，如图 6-41 所示。

图 6-41　服务端返回的加密数据

接下来，我们尝试通过 Frida Hook 的方式获取相关信息的明文。Android 应用程序中的加解密处理函数通常依赖于 javax.crypto.*相关类来完成。我们可以编写脚本来尝试对这些函数的调用进行 Hook。编写 Frida 代码如下：

```
Java.perform(function() {
    Java.use('javax.crypto.spec.SecretKeySpec').$init.overload('[B',
'java.lang.String').implementation = function(key, spec) {
        console.log("KEY: " + bin2ascii(key));
        return this.$init(key, spec);
    };

Java.use('javax.crypto.Cipher')['getInstance'].overload('java.lang.String').implementati
on = function(spec) {
        console.log("CIPHER: " + spec);
        return this.getInstance(spec);
    };
    Java.use('javax.crypto.Cipher')['doFinal'].overload('[B').implementation =
function(data) {
```

```
        var result = this.doFinal(data);
        console.log("Result: " + bin2utf8(result));
        return result;
    };
});
```

上述代码 Hook 了三个类方法的调用，分别用于获取加解密的 key、加解密算法和加解密结果。

执行上述脚本后，Frida 客户端打印出错误日志 Failed to attach: unable to write to process memory: No such process。打开 Android 设备，发现应用程序已经关闭。

这表明该应用程序可能具有 Frida 检测功能，一旦发现 Frida 相关进程，就会终止应用程序运行，从而阻止分析者对相关代码进行动态分析。Frida 的常用检测手段和应对方案如表 6-4 所示。

表 6-4　Frida 的常用检测手段和应对方案

检测手段	实现原理	应对方案
frida-server 进程名称检测	检查当前系统中运行的进程是否包含 frida 关键字。例如，通过 ActivityManager 获取当前系统进程列表和进程名称	修改 frida-server 可执行文件名称。例如，修改可执行文件名称为 abc
frida-server 默认监听端口检测	检查当前系统的 27042 端口是否处于监听状态。例如，创建 Socket 连接本地系统的 27042 端口	修改 frida-server 监听端口。执行启动命令 frida-server -l 0.0.0.0:9999 来监听 9999 端口
frida 特征库检测	例如，通过读取/proc/self/maps 文件来获取当前应用程序的内存映射信息。检查是否存在包含 frida 关键字的二进制文件被加载	该检测方式通常有两种应对方式： （1）简单修改 Frida 程序代码，重新命名相关动态链接库文件名称 （2）拦截应用程序对 fopen、strstr 和 strcmp 等文件操作函数和字符串判断的调用

掌握了 Frida 检测手段和应对方案之后，我们就可以着手进行相应的修改了。

步骤01　执行如下命令，重新命名 frida-server 可执行文件名称。

```
adb shell
cd /data/local/tmp
mv frida-server abc
```

步骤02　执行下面的命令，修改 frida-server 监听端口。

```
adb shell ./data/local/tmp/abc -l 0.0.0.0:9999
adb forward tcp:27042 tcp:9999
```

上面的第一条命令是让 frida-server 监听 Android 设备的 9999 端口，第二条命令是将发送到本地计算机 27042 端口的流量转发到 Android 设备的 9999 端口。

步骤03　修改 Frida 脚本，添加对 libc.so 动态库中 strstr 函数和 strcmp 函数的调用 Hook 操作。

```
Interceptor.attach(Module.findExportByName("libc.so", "strstr"), {
    onEnter: function(args) {
        var args0 = Memory.readCString(args[0]);
```

```
            this.frida = Boolean(0);
            if (args0.indexOf("frida") !== -1) {
                this.frida = Boolean(1);
            }
        },
        onLeave: function(retval) {
            if (this.frida) {
                retval.replace(0);
            }
            return retval;
        }
    });
    Interceptor.attach(Module.findExportByName("libc.so", "strcmp"), {
        onEnter: function(args) {
            var args0 = Memory.readCString(args[0]);
            this.frida = Boolean(0);
            if (args0.indexOf("frida") !== -1 || args1.indexOf("frida") !== -1) {
                this.frida = Boolean(1);
            }
        },
        onLeave: function(retval) {
            if (this.frida) {
                retval.replace(0);
            }
            return retval;
        }
    });
```

上述代码使用了 Frida 的 Interceptor.attach 方法来 Hook libc.so 动态库中导出的 strstr 和 strcmp 函数。如果在检索字符串时发现 Frida 相关关键词，则会将返回结果值修改为 false。

完成上述修改后，我们再次尝试使用 Frida 脚本对目标应用程序的加解密函数进行 Hook 操作。这一次，我们能够成功获取到对应的 key、加密算法和明文信息了。相关明文信息片段如下：

```
    {"questionpointList":[{"pointName":"公共关系的含义
","questionID":10683397},{"pointName":"公共关系的含义
","questionID":10683398},{"pointName":"公共关系的组织机构
","questionID":10683399},{"pointName":"公众概述","questionID":10683400},{"pointName":"公众
概述","questionID":10683401},{"pointName":"政府公众、名流公众、国际公众
","questionID":10683402},{"pointName":"态度与公众行为
","questionID":10683403},{"pointName":"态度与公众行为
","questionID":10683404},{"pointName":"知觉与公众行为
","questionID":10683405},{"pointName":"公共关系传播模式
","questionID":10683406},{"pointName":"公共关系策划的含义、特征和作用
","questionID":10683407},{"pointName":"公共关系策划方法、策划书
","questionID":10683408},{"pointName":"广告与公共关系的融合、广告策划及其内容
","questionID":10683409},{"pointName":"整合营销传播","questionID":10683410},{"pointName":"
庆典活动","questionID":10683411}...
```

上面的明文信息是代理抓包软件从网络通信数据包中获取的加密数据 paramValue 所对应的明文数据。在获取到加密算法和密钥之后，结合接口调用逻辑和数据解密逻辑就可以编写对应的爬虫

程序。

6.8　App 逆向分析实战二

本节将进行第二次 App 逆向分析实战。假设你是一家教育机构的研究员,你的研究课题是如何提高学生的考试成绩。为了完成这项研究,需要获取大量的题目和答案数据,以便进行分析和研究。虽然可以手动复制/粘贴所有的题目和答案数据,但这样将非常费时费力。

现在,我们尝试通过爬虫程序来获取研究数据。首先,从应用市场中下载并安装一款含有中小学生题目和答案文档的 App。通过代理软件抓包之后,我们可以找到获取免费题目文档列表的接口,并且可以直接通过调用接口获取明文数据。然而,当我们在爬虫程序中实现该接口时,发现该接口返回了请求失败的结果,如图 6-42 所示。

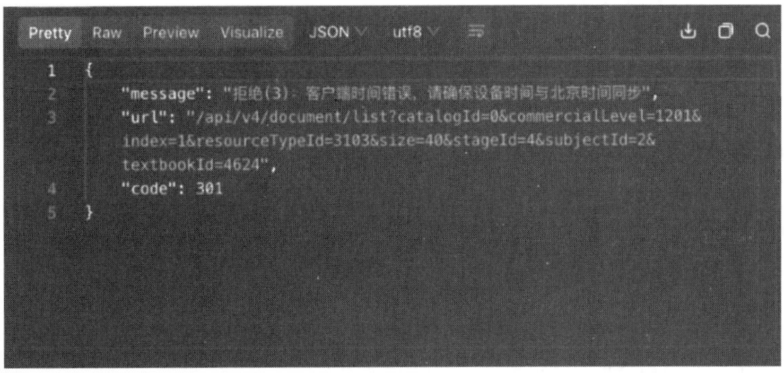

图 6-42　直接调用题目列表接口返回失败结果

检查接口请求参数和 HTPP 请求头信息时,发现 HTTP 请求头中包含 sign 加密参数。它的值为 app|s21b0Us1L12y34k-1709089201-5301137652b807f4026b63fba821ebec。可以看到,该字符串的中间值很像时间戳,手动修改时间戳后会返回验证失败错误,如图 6-43 所示。

图 6-43　客户端数据验证错误返回值

通过这一现象,我们猜测 sign 参数是一个与时间戳有关的加密参数。如果希望通过调用 HTTP 请求接口的方式快速采集所需的数据,就必须了解 sign 参数的生成算法。接下来,我们将对该 App 进行逆向分析。

步骤01　对该 App 进行反编译操作,查看它的 APK 文件结构,如图 6-44 所示。

从图 6-43 的代码目录结构可以确定，该 App 使用了 qihoo 加固方案进行加壳保护。

步骤 02   对该 App 进行脱壳处理后，可以获得相关的 Dex 文件列表，如图 6-45 所示。

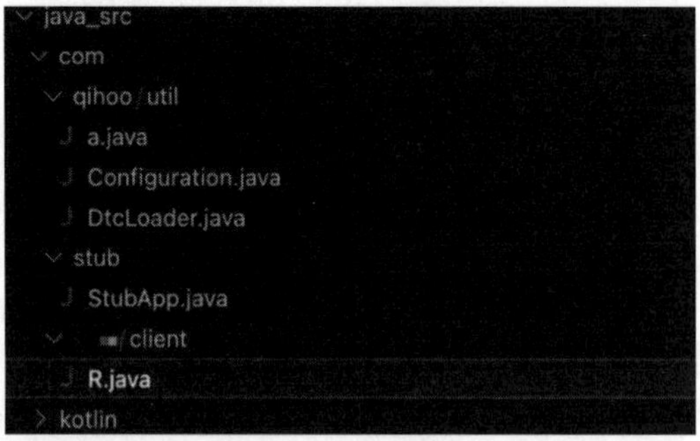

图 6-44   反编译后的 APK 文件结构 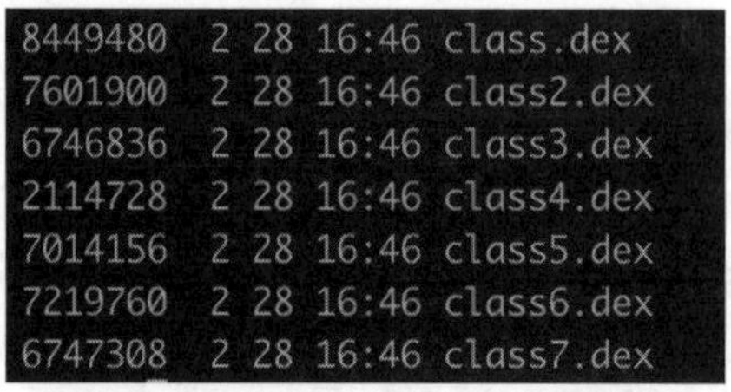   图 6-45   脱壳之后的 Dex 文件列表

步骤 03   使用反编译工具再次对所有的 Dex 文件进行反编译处理，就可以获得对应的 Java 代码。通过直接搜索 sign 字符串，可以定位到为 sign 参数赋值的函数。具体代码如图 6-46 所示。

```
private final String a(t tVar, a0 a0Var) {
    List b5;
    String X2;
    int U;
    b0 f;
    List b52;
    String X22;
    int U2;
    boolean V2;
    y.d(y.a, null, a0Var.m() + ' ' + ((Object) a0Var.q().O()), 1, null);
    String m = a0Var.m();
    int hashCode = m.hashCode();
    if (hashCode == 70454) {
        if (m.equals(Constants.HTTP_GET)) {
            ArrayList arrayList = new ArrayList();
            if (tVar.U() > 0 && (U = tVar.U()) > 0) {
                int i = 0;
                while (true) {
                    int i2 = i + 1;
                    String S = tVar.S(i);
                    if (S != null) {
                        if (S.length() > 0) {
                            arrayList.add(tVar.Q(i) + '|' + ((Object) tVar.S(i)));
                        }
                    }
                    if (i2 >= U) {
                        break;
                    }
                    i = i2;
                }
            }
            b5 = CollectionsKt___CollectionsKt.b5(arrayList);
            X2 = CollectionsKt___CollectionsKt.X2(b5, "||", null, null, 0, null, null, 62, null);
```

图 6-46   静态分析定位到为 sign 参数赋值的函数

通过图 6-46 所示的代码，我们可以看出相关 Java 代码已经被混淆处理，其中包含了很多无效代码（dead code），并且对函数名称和变量名称也进行了无意义处理。

步骤 04   进一步对混淆后的代码进行静态分析。面对混淆加密的代码，我们要多多练习，克服恐惧心理。分析混淆代码有一个小技巧，即采用回溯分析法，尽量从距离目标结果最近的逻辑处开始逆向分析。

经过静态分析之后，我们可以得出 sign 参数的基本生成算法逻辑，如图 6-47 所示。

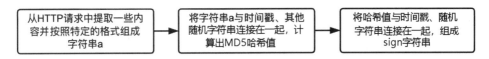

图 6-47　sign 参数的生成算法逻辑

从这里开始，我们有两种方案来获取 sign 参数的生成算法。

第一种方案是对混淆代码进行完全的反混淆处理，并进行静态分析，最终得到相关算法逻辑。当然，只要投入足够的时间进行静态分析，最终肯定可以分析出相关的算法逻辑。

第二种方案是将静态分析与动态分析相结合，以获取准确的生成算法逻辑。接下来，将展示如何利用动态分析方法进行辅助分析。

步骤 05　在本实验中，我们使用 Frida 脚本辅助进行动态分析。通过静态分析找到关键的函数后，编写如下 Frida 脚本：

```
Java.perform(function() {
    var ActivityThread = Java.use("android.app.ActivityThread");
    var currentApplication = ActivityThread.currentApplication();
    var classLoader = currentApplication.getClassLoader();
    Java.classFactory.loader = classLoader;
    var eClass = Java.classFactory.use("com.*.*.e");
    eClass["A"].implementation = function (data) {
        console.log('e.A is called: data=${data}');
        let result = this["A"](data);
        console.log('e.A result=${result}');
        return result;
    };
    eClass["X"].implementation = function (text) {
        console.log('e.X is called: text=${text}');
        let result = this["X"](text);
        console.log('e.X result = ${result}');
        return result;
    };
});
```

运行 Frida 脚本后，我们可以对指定的函数执行 Hook 操作，从而获取相关的关键数据，如图 6-48 所示。

```
e.A is called: data=stageId|4||subjectId|1
e.X is called: text=app|s3040IlM9TgkXYU&1709621648&stageId|4||subjectId|1&Z]bAWs;J`rb@a/K8/4-R
e.X result = 5b8c4c4823fd72328dbe8459d5de0824
e.A result=app|s3040IlM9TgkXYU-1709621648-5b8c4c4823fd72328dbe8459d5de0824
```

图 6-48　Hook 相关函数后得到的关键数据

通过动态分析与静态分析相结合的方法，我们可以相对容易地得到生成 MD5 哈希值的字符串内容以及 sign 参数的组成方法。解决了 sign 加密参数的生成算法问题后，我们就可以直接通过调用 HTTP 接口的方式来采集数据，随后进行数据分析和科学研究。

6.9　本章小结

　　本章系统讲解了如何完成移动端 App 的数据爬取功能。首先，介绍了如何直接利用抓包软件捕获网络通信交互接口和数据来完成爬虫程序的开发任务。然后，讲解了如何通过 Appium 自动化框架实现移动端应用程序的数据自动化爬取。接着，详细介绍了 Android 应用程序逆向分析的知识，包括静态分析、动态分析、二进制文件逆向分析以及加壳与脱壳的实现原理等技术内容。最后，通过逆向分析实战展示了如何将逆向分析理论知识付诸实践。

6.10　本章练习

1. Appium 自动化框架爬取实战

　　从应用市场中下载一款 App，利用 Appium 框架爬取该 App 在页面上展示的内容。

2. Smali 代码修改实战

　　对第 6.4.2 节中使用的 CTF 竞赛挑战项目 rps.apk 进行反编译，通过修改 Smali 代码的方式取得游戏胜利并获取通关旗帜。

3. App 逆向实战

　　在本章内容中，我们多次进行了 App 逆向实践操作。笔者对某个 CTF 挑战题目中的 App 进行了加固处理，提升了该 App 的逆向分析难度。接下来，请从本书附带的源代码库中下载并安装 password.apk 文件，然后对该 App 进行逆向分析，以获取正确的登录密码。

## 第 7 章

分布式爬虫系统关键技术

本章将深入探讨构建高效、可扩展的分布式爬虫系统所涉及的关键技术。随着互联网数据量的激增和持续广泛数据获取的需求不断增加，传统的单机爬虫系统已无法满足现代数据采集的要求。因此，设计和实现分布式爬虫系统变得至关重要。

首先，我们将介绍分布式架构的常见模式，这些模式为爬虫系统的基础架构提供了设计参考。接着，我们将深入任务调度策略，这是确保爬虫系统高效运行的核心。随后，我们会详细讨论任务调度器的实现，它是系统中分配和管理任务的关键组件。

此外，我们将讨论分布式消息队列的类型与作用，这些队列为系统提供了重要的解耦和可扩展性。我们还将介绍服务注册与发现机制，这对于维护系统稳定性和可扩展性至关重要。

最后，我们将探讨重复性检测技术，这有助于提升数据质量，避免资源浪费，并提高采集效率。

通过本章的学习，读者将掌握分布式爬虫系统设计与实现的关键技术，为处理大规模数据采集任务提供坚实的技术支持。

在前面的章节中，我们已经介绍了许多数据采集的理论知识并进行了实践操作。在需要长期、持续、大规模采集数据的场景中，如新闻热点追踪、舆情监控、股票数据分析等，搭建一套分布式爬虫系统显得尤为重要。本章将详细介绍分布式爬虫系统的关键技术，以满足这些需求。

7.1 常用的分布式架构模式

常见的分布式网络爬虫架构模式主要有两类：主从模式和自治模式。其他类型的架构模式通常是主从模式和自治模式的混合应用与改进。

7.1.1 主从模式

主从模式架构的分布式网络爬虫系统将爬虫系统分成两个部分：主节点和从节点。

主节点负责协调和管理整个爬虫系统。它的主要工作内容说明如下:

(1)任务分配:负责划分爬取任务,并将这些任务分配给各个从节点。

(2)状态跟踪:主节点跟踪每个从节点的状态,确保它们正常工作,并处理异常或故障。

(3)内容去重:主节点通常负责检查 URL 和内容是否重复,以防止多次爬取相同的内容。

(4)资源管理:管理 IP 代理池和 Cookie 资源池。

从节点负责执行具体的数据采集任务。它的主要工作内容说明如下:

(1)任务接收:从节点接收主节点分配的爬取任务。

(2)内容爬取:从节点执行网页爬取,并提取所需的数据。

(3)数据存储:从节点将提取的数据存储在指定的位置。

(4)状态汇报:从节点定期向主节点汇报任务完成情况和自身状态。

主从模式的分布式爬虫系统基础架构如图 7-1 所示。

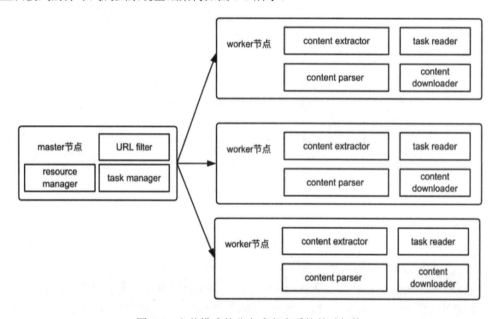

图 7-1 主从模式的分布式爬虫系统基础架构

主从模式架构的分布式爬虫系统在网络内容下载和存储方面具有良好的可扩展性。系统可以根据需求动态增加或减少从节点,以适应不同规模的爬取任务。主节点负责对整个系统进行监控和管理,有利于统一管理节点状态和进行任务调度。

不过,在主从模式架构中,主节点容易成为性能瓶颈,这可能影响系统的可扩展性和性能。

7.1.2 自治模式

第二种常见的分布式架构是自治模式。在自治模式下,分布式爬虫系统采用去中心化的架构,每个节点都是一个独立的爬虫实例,具有自主决策和协作能力。自治模式下的分布式爬虫系统架构如图 7-2 所示。

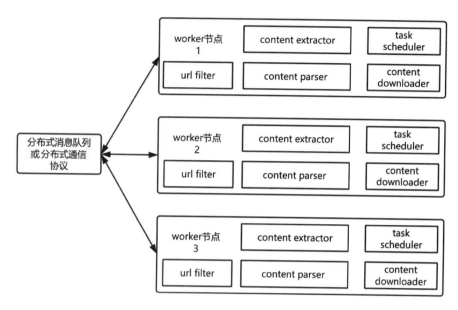

图 7-2　自治模式下的分布式爬虫系统架构

在自治模式下，由于没有中心化的主节点，分布式爬虫系统理论上可以扩展到任意规模。此外，自治模式下的分布式爬虫系统具有很高的容错性，因为任何单个节点的故障都不会影响整个系统的正常运行。

当然，自治模式下的分布式爬虫系统在实现和维护上相对于主从模式更加复杂。因为自治模式下的分布式爬虫系统需要考虑节点之间的协调通信和数据同步等问题。

7.2　任务调度策略

在分布式爬虫系统中，实现各个节点的并行工作并保持负载均衡至关重要，这是确保系统性能最大化的关键所在。有效的任务调度策略能够使系统中的节点充分利用资源，避免出现负载不均衡，从而提高系统整体的爬取效率。通过优化任务调度策略，分布式爬虫系统能够更好地利用服务器资源，缩短整体爬取任务的完成时间。

本节将介绍一些常用的分布式爬虫系统任务调度策略。任务调度策略大体上可分为几类：基于数据分区的调度策略、基于资源感知的调度策略、基于优先级的调度策略和基于自定义规则的调度策略。这些任务调度策略既可以单独使用，也可以将多种调度策略结合使用。

7.2.1　基于数据分区的调度策略

基于数据分区的任务调度策略包括基于轮询算法的任务调度策略和基于一致性哈希算法的任务调度策略等。下面主要介绍基于一致性哈希算法的任务调度策略。

一致性哈希算法在分布式系统中有着非常广泛的应用，在数据分片、负载均衡和任务调度领域都发挥着重要的作用。

一致性哈希算法抽象出了哈希环的概念，哈希环的范围是一个大的整数空间，例如 $0\sim2^{32}-1$。系统中的每个节点通过哈希算法将其映射到哈希环上的一个点。当需要分配任务时，首先通过相同的哈希算法计算数据的哈希值，并将其映射到哈希环上的一个点。然后根据顺时针方向找到离该点最近的节点，该节点就是执行对应任务的节点。在一致性哈希算法中，当节点加入或退出系统时，只有少量数据需要重新映射，大部分数据仍然映射到原来的节点上，从而保持了数据的均衡分布和高效的数据访问。

图 7-3 展示了基于一致性哈希算法对爬取任务进行调度的工作原理。

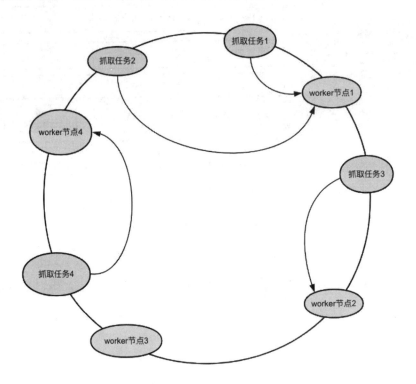

图 7-3   基于一致性哈希算法对爬取任务进行调度的工作原理

如图 7-3 所示，每一个 worker 节点都可以通过哈希算法计算出哈希值（例如，根据服务器的 IP 地址计算哈希值），并将它映射到哈希环上。同理，每一个数据爬取任务也可以通过哈希算法计算出哈希值（例如，根据数据爬取任务的目标 URL 计算哈希值），并将它映射到哈希环上。接下来，在哈希环上顺时针寻找距离最近的 worker 节点并将爬取任务分配给该 worker 节点。

图 7-3 展示的一致性哈希算法在实际应用中还不够完善，上述算法在应用过程中可能存在任务调度倾斜性的问题。该问题可能导致各个 worker 节点的负载不均衡，进而降低爬虫系统的整体性能。具体原因如下：哈希算法的随机性可能导致 worker 节点并没有均匀地分布在哈希环上，从而导致爬取任务无法均匀地分配给系统中的所有 worker 节点。当系统中新增 worker 节点或现有 worker 节点退出时，爬取任务调度的不均衡性可能会进一步加剧。任务调度的不均衡性可以通过图 7-4 来表示。

为了解决任务调度倾斜性的问题，我们可以引入虚拟节点的概念。虚拟节点是物理节点在哈希环上的虚拟化表示。通过引入虚拟节点，可以增加物理节点在哈希环上的分布位置，从而提高任务调度的均匀性和负载均衡性。引入虚拟节点后，基于一致性哈希算法的任务调度工作机制如图 7-5 所示。

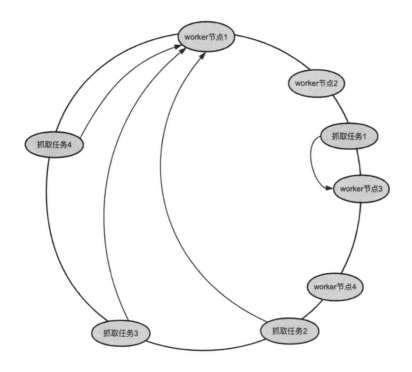

图 7-4　任务调度倾斜性问题示意图

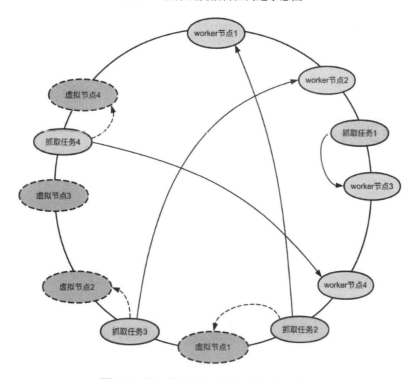

图 7-5　引入虚拟节点后的任务调度示意图

从图 7-5 中，我们可以直观感受到虚拟节点带来的好处。将每个物理 worker 节点映射到多个虚拟节点上，这样一个物理 worker 节点就对应多个虚拟节点，每个虚拟节点在哈希环上都有自己的位置。当需要将调度任务分配给 worker 节点时，先对任务进行哈希计算得到一个哈希值，然后沿着哈希环顺时针寻找离这个哈希值最近的虚拟节点，该虚拟节点映射的物理 worker 节点就是该任务所属的真实节点。

　　虚拟节点有助于将任务更加均匀地调度到各个物理节点上，以避免数据倾斜问题，同时提高系统的负载均衡性。虚拟节点的数量可以根据实际情况进行调整，以满足系统的性能要求。

7.2.2　基于资源感知的调度策略

　　基于资源感知的任务调度策略是指调度器根据每个 worker 节点的当前负载情况来分配任务。worker 节点的负载可以通过当前活跃的任务数、CPU 使用率或内存使用率等指标来衡量。这种任务调度策略有助于动态调整爬取任务的分配，从而最大化资源的使用效率。它的实现思路如下：

```java
class DistributedCrawlerScheduler {
    private List<CrawlerNode> nodes;
    public DistributedCrawlerScheduler(List<CrawlerNode> nodes) {
        this.nodes = nodes;
    }
    public void scheduleTask(Task task) {
        CrawlerNode selectedNode = null;
        int minLoad = Integer.MAX_VALUE;
        for (CrawlerNode node : nodes) {
            if (node.getCurrentLoad() < minLoad) {
                minLoad = node.getCurrentLoad();
                selectedNode = node;
            }
        }
        if (selectedNode != null) {
            selectedNode.executeTask(task);
        } else {
            // 所有节点负载都很高，可以进行其他处理，比如任务队列排队等
        }
    }
}
class CrawlerNode {
    private int nodeId;
    private int currentLoad;
    public CrawlerNode(int nodeId) {
        this.nodeId = nodeId;
        this.currentLoad = 0;
    }
    public void executeTask(Task task) {
        // 下发爬取任务给相应的 worker 节点
    }
    public int getCurrentLoad() {
        return currentLoad;
    }
}
```

```
public void caculateLoad(ResourceInfo resource) {
    // 从 worker 节点收集资源数据。根据自定义算法，计算当前节点的 load 值并赋值给 currentLoad 属性
    }
}
```

7.2.3　基于优先级的调度策略

普通的爬取任务调度策略对所有的网站页面设置相同的调度周期。在每个调度周期内，爬虫程序会对所有的网站页面进行全量爬取。每个网站的内容更新频度并不相同，有些网站内容更新周期很短，而有些则很长。这种调度策略可能导致每次重新爬取过程消耗大量资源，但获取的新数据却很有限。

基于优先级的任务调度策略则根据 URL 的重要性、网站内容更新频率、历史数据或用户自定义设置，将爬取任务划分为不同的优先级别。不同优先级的爬取任务将采用不同的调度周期，或者分配给不同的 worker 节点进行处理，它的基本工作架构如图 7-6 所示。

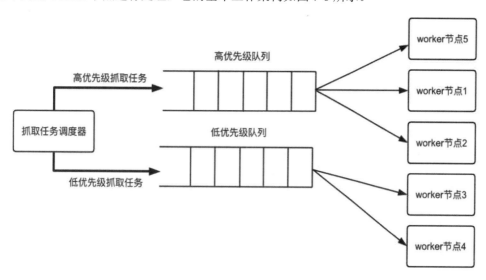

图 7-6　基于不同优先级的爬取任务调度架构

分布式爬取任务调度器将不同优先级的爬取任务放到优先级不同的待处理队列中。不同优先级的爬取任务会采用不同的调度周期。例如，高优先级爬取任务的整体调度周期为 5 分钟，而低优先级爬取任务的整体调度周期是 30 分钟。不同优先级的爬取任务既可以设置成分配给不同的 worker 节点，也可以设置成分配给任意 worker 节点，由 worker 节点内部优先处理高优先级的爬取任务。

基于优先级的任务调度策略的关键在于爬取任务优先级的设定和调整。任务优先级可以根据网站内容的历史更新记录来设定。对于内容更新频繁的网页，可以提高相应网页爬取任务的优先级。对于内容更新较少的网页，则可以降低相应网页爬取任务的优先级。

7.2.4　基于自定义规则的调度策略

基于自定义规则的任务调度策略在分布式爬虫系统中非常常见。这种策略通过定义一组具体的规则来控制任务的分配和执行，使调度过程更加符合业务需求。

常见的自定义规则如下：

（1）自定义数据分片规则：例如，将具有相同域名的网页抓取任务分配给相同的 worker 节点。这种的自定义规则通常有利于问题排查和跟踪。

（2）自定义优先级规则：例如，某些网站页面的内容可能被认为更重要，因此被赋予更高的爬取优先级。

（3）错误处理规则：例如，当爬虫在执行任务时遇到错误（如 404 错误）时，可以根据规则决定是否跳过针对该网页的爬取任务。

7.3 任务调度器

分布式爬虫系统中的任务调度策略最终通过分布式任务调度器来执行。从系统分析角度来看，基本上所有的分布式任务调度器都包含 4 个核心概念。

- Job（作业）：代表需要被调度和执行的任务。
- Trigger（触发器）：定义 Job 的触发时机。
- Executor（执行器）：执行任务的工作节点。
- Scheduler（调度器）：根据 Trigger 信息对 Job 进行调度分配。

一个完善的分布式任务调度器应具有如下功能：

（1）任务管理功能。

- 按照设置好的任务调度策略触发任务的分配与执行。
- 允许用户添加新任务，编辑已有任务的配置信息，以及删除不再需要的任务。
- 支持设置任务之间的依赖关系，确保任务按照指定的顺序执行。
- 有且只有一个服务节点执行某个触发器上的作业。

（2）任务监控功能。

- 提供实时的任务执行状态监控。
- 记录任务执行的开始时间、结束时间、执行结果和具体的执行器地址等。

（3）具有良好的可扩展性和可用性。

- 每天可以调度数千、数万甚至上百万个任务的执行。
- 不会因为系统中部分机器的故障导致任务调度失败。

目前，在 Java 生态中有很多成熟的分布式任务调度框架可供选择。接下来，我们列举一些常用的分布式任务调度框架。

7.3.1 Quartz

Quartz（Quartz Enterprise Job Scheduler）是一款开源的分布式任务调度框架。Quartz 框架依赖数据库来记录任务状态，并进行任务调度。

Quartz 框架具有如下几个核心概念。

- Job：代表一个需要被调度的具体任务。

- JobDetail：用于描述 Job 详细信息的类。每个 JobDetail 对象包含 Job 的关键信息，包括 Job 的名称、Job 组名、Job 类、Job 数据等。
- Trigger：用于定义任务执行时间和执行规则的组件。每个 Job 都需要关联一个或多个 Trigger，以指定任务何时执行。常用的 Trigger 类型有 SimpleTrigger 和 CronTrigger 等。
- JobStore：负责 Job 和 Trigger 的持久化存储。
- Scheduler：是 Quartz 框架的核心组件，负责管理和协调所有的任务调度工作。
- Listener：Quartz 框架提供了丰富的监听器接口，开发人员可以实现自定义的监听器来监控任务的执行状态、处理任务执行事件等。

Quartz 框架的工作流程如图 7-7 所示。

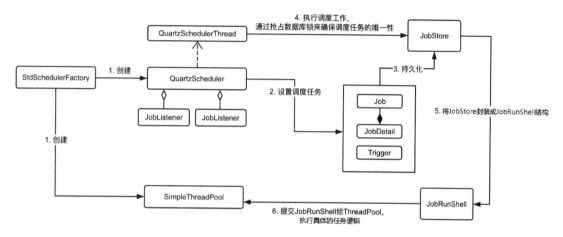

图 7-7　Quartz 框架的工作流程

当使用 Quartz 框架时，通常需要编写一些代码来配置调度器（Scheduler）、定义任务逻辑（Job）和触发器（Trigger），并启动调度器。相关示例代码如下：

```
// 创建调度器
Scheduler scheduler = StdSchedulerFactory.getDefaultScheduler();
// 创建 Job 实例
JobDetail job = JobBuilder.newJob(SimpleJob.class)
        .withIdentity("simpleJob", "group1")
        .build();
// 创建 Trigger，20 秒后执行
Trigger trigger = TriggerBuilder.newTrigger()
        .withIdentity("simpleTrigger", "group1")
        .startAt(DateBuilder.futureDate(20, DateBuilder.IntervalUnit.SECOND))
        .build();
// 启动调度器
scheduler.start();
// 将 Job 和 Trigger 关联到调度器，完成任务调度设置
scheduler.scheduleJob( jobDetail, trigger );
```

Quartz 是一款比较古老的分布式任务调度框架，它简单易用和上手方便，适用于小型分布式系统。然而，该框架也存在一些缺点，例如水平扩展性差（Quartz 依赖数据库锁来确保有且仅有一个

执行器运行某个具体的 Job）、缺少可视化管理等。

7.3.2　ElasticJob

ElasticJob 最初由当当网开源，是一个分布式调度框架，目前已成为 Apache ShardingSphere 开源项目下的子项目。ElasticJob 的底层处理逻辑依赖于 Quartz 框架，但与 Quartz 框架相比，ElasticJob 的核心竞争力在于良好的可扩展性、任务分片和可视化管理。ElasticJob 在发布之初只有一个 elastic-job-core 项目。从 2.x 版本开始，该项目被拆分成 elastic-job-lite 和 elastic-job-cloud 两个子项目。elastic-job-lite 为轻量级的无中心化解决方案，通过 JAR 包提供分布式任务的调度和治理。elastic-job-cloud 采用中心化架构设计，通过 Mesos 对资源进行控制，并通过部署在 Mesos Master 上的调度器进行任务和资源的分配。

接下来，主要介绍 elatic-job-lite 框架的工作原理（基于 elastic-job-lite 2.1.5 版本）。

在 ElasticJob 框架中，任务调度流程如图 7-8 所示。

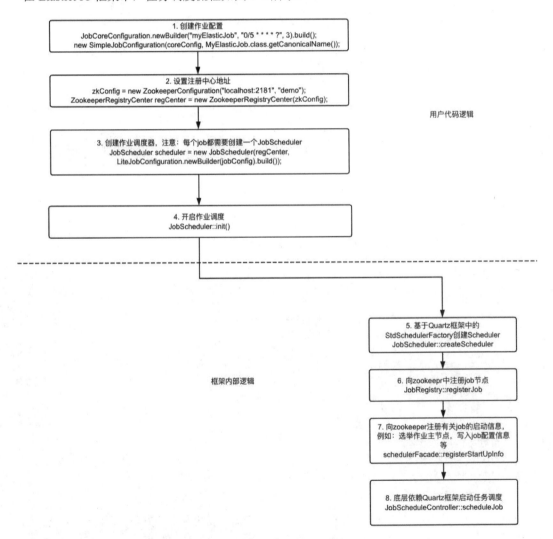

图 7-8　ElasticJob 框架任务调度流程

虽然 ElasticJob 在底层依然依赖 Quartz 框架来进行单个 Job 的任务调度，但它在确保任务执行节点唯一性方面具有显著优势 ElasticJob 不再依赖分布式锁抢占机制来保证任务执行节点的唯一性，而是通过向 ZooKeeper 的 Job 节点添加相关配置信息，提前为任务调度工作分配执行器节点，同时利用 ZooKeeper 的服务注册与发现功能实现任务调度的故障迁移。ElasticJob 中的任务分片功能也极大地提高了任务执行的速度和效率。

7.3.3　XXL-JOB

XXL-JOB 是一款目前国内使用较多的开源分布式任务调度系统。该系统的早期版本也依赖于 Quartz 框架进行任务调度。但是，从 v2.1.0 版本开始，该系统使用自研调度组件替代了底层对 Quartz 框架的依赖（注意：这一版本升级并不是向前兼容的。因此，如果想要将生产环境使用的 v1.x 版本 XXL-JOB 系统升级到 v2.1.x 版本，可能会在已有任务的无缝迁移上面临一些比较头疼的问题）。与 ElasticJob 不同的是，XXL-JOB 具有明确的任务调度服务器集群用于任务调度。目前，官方网站给出的 XXL-JOB v2.4.0 版本架构如图 7-9 所示。

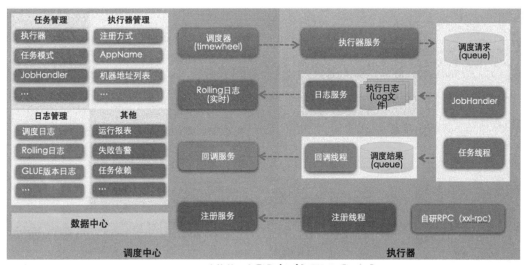

图 7-9　XXL-JOB 架构图

有关该系统的具体使用方法，这里不做过多介绍。感兴趣的读者可以前往官方网站查看。这里我们仅介绍 XXL-JOB 自研任务调度组件的工作原理。

如图 7-9 所示，XXL-JOB 主要由两个子系统组成：调度中心侧子系统和执行器侧子系统。自研任务调度组件的功能在调度中心侧子系统中实现。下载相关源代码后，我们可以直接对相关功能进行静态分析和动态分析。分析之后，我们会发现任务调度的主要处理逻辑是在 JobScheduleHelper 类中完成的。主要处理流程如图 7-10 所示。

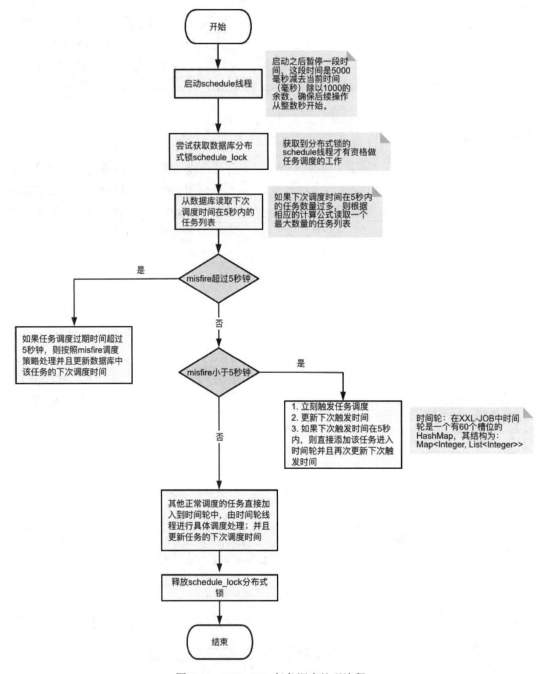

图 7-10　XXL-JOB 任务调度处理流程

7.4　分布式消息队列

　　分布式消息队列（Distributed Message Queue，DMQ）是一种关键的分布式系统组件，它可以帮助分布式系统中的各个组件之间实现异步通信和解耦。DMQ 提供了一种可靠且可扩展的方式，使生产者和消费者之间能够交换消息，确保消息的可靠传递和高效处理。DMQ 充当中介的角色，允许生产者将消息发送到队列中，然后由消费者按照自己的节奏来接收和处理这些消息。

7.4.1　应用场景

在各种类型的分布式系统中，DMQ 发挥着重要的作用。一般来讲，DMQ 在以下三个场景中发挥着重要作用。

（1）异步处理：通常一个接口可能涉及许多业务逻辑，有些业务逻辑需要快速处理并返回结果。而有些业务逻辑并不需要实时响应，这些业务逻辑处理完毕之后再通知用户即可。这种做法可以有效提高接口的并发处理能力。例如，在在线社区的帖子发布接口中，内容发布的成功与否需要实时同步给用户，而积分奖励等业务逻辑则可以放入 DMQ 中进行异步处理。

（2）降低流量峰值：DMQ 在各种业务营销活动场景中也发挥着重要作用。通过 DMQ，我们可以将流量高峰时期的用户请求放到 DMQ 中进行排队处理，从而避免请求并发数量超过服务器处理能力而导致服务崩溃的情况。例如，在抢购、秒杀等营销活动中，分布式消息队列可用于控制并发流量。

（3）组件之间的解耦合：利用 DMQ，我们可以实现组件之间的松散耦合。只要消息的发送方和接收方定义好消息协议，双方可以独立修改内部处理逻辑而不会互相影响。在性能方面，消息的发送方和接收方也可以根据需要进行扩容和缩容操作。

在分布式爬虫系统中，分布式消息队列也发挥着重要的作用。在前面的章节中，我们讲到按照数据通信机制的不同，分布式爬虫架构分为主从架构模式和自治架构模式。主从架构模式通常依赖多线程方式工作，而自治模式则会依赖分布式消息队列进行数据通信。分布式消息队列的应用极大地提高了分布式爬虫系统的扩展性，能够更好地实现调度中心与数据爬取工作节点之间的解耦合。

7.4.2　分布式消息队列的类型

从消息的发送模式和处理模式来看，我们可以将分布式消息队列分为发布-订阅模式和点对点模式。

在发布-订阅模式中，发布者将消息发布到特定的主题（Topic），而订阅者则订阅感兴趣的主题。如图 7-11 所示，消息被发送到主题后，所有订阅该主题的订阅者都会接收到消息的副本。

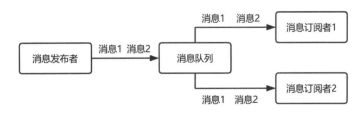

图 7-11　发布-订阅模式分布式消息队列

在点对点工作模式中，消息被发送到队列中，但每条消息只能被一个消费者接收和处理。一旦被某个消费者接收了消息，该消息在队列中就会消失。它的基本处理流程如图 7-12 所示。

目前常用的分布式消息队列有 Apache Kafka、ActiveMQ 和 RabbitMQ 等。

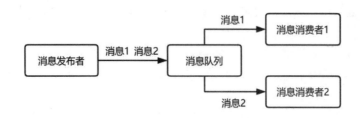

图 7-12　点对点模式分布式消息队列

7.5　服务注册与发现

服务注册与发现机制在分布式系统，尤其是微服务系统中发挥着重要的作用。在一个功能完整的分布式爬虫系统中，通常包含多个微服务系统，例如分布式调度系统、数据爬取系统、标签提取系统、风控系统和审核系统等。在分布式爬虫系统的整体运行过程中，这些子系统之间需要互相通信。例如，分布式调度系统可能需要与数据爬取系统进行通信，以便让数据爬取系统执行调度任务；审核系统需要调用风控系统的接口，以确保内容及时、正确地展示。这些子系统之间在通信之前必须知道对方的服务地址。

当分布式系统包含众多子系统并且需要支持这些子系统的动态扩容和缩容时，手动配置和管理服务的 IP 地址和端口号是一项非常困难的事情。服务注册与发现机制可以帮助我们解决这个难题。

服务注册与发现框架主要由三个部分组成：服务提供者（Service Provider）、服务注册中心（Service Registry）和服务消费者（Service Consumer）。

服务注册与发现架构类型

服务注册与发现架构主要有两种工作模式：客户端发现模式（Client-Side Discovery）和服务端发现模式（Server-Side Discovery）。在客户端发现模式下，查找和路由到具体服务提供者的工作和相关策略设置在客户端这一侧。在服务端发现模式下，查找和路由到具体服务提供者的工作和相关策略设置在服务端这一侧。

1. 基于客户端发现模式

基于客户端发现模式的服务注册与发现框架的工作流程如图 7-13 所示，主要分为以下 4 个步骤：

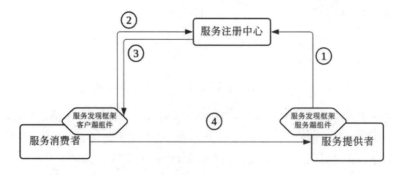

图 7-13　基于客户端发现模式的服务注册与发现框架的工作流通

（1）服务提供者向服务注册中心提供自己的 IP 地址和端口号等信息。

（2）服务消费者通过服务注册与发现框架的客户端组件向注册中心查询服务提供者的信息。

（3）服务注册中心将服务提供者的信息返回给服务消费者。

（4）服务消费者直接向服务提供者发送请求。

目前，主流的基于客户端发现模式的服务注册与发现框架主要包括 ZooKeeper、Eureka 和 Consul 等。下面以 ZooKeeper 和 Eureka 为例，介绍基于客户端发现模式的服务注册与发现框架的工作原理和流程。

1）ZooKeeper

ZooKeeper 是 Apache 软件基金会的一个开源项目，提供分布式的协调服务。ZooKeeper 可以作为服务注册与发现框架使用。在第 7.3 节介绍的分布式调度器 Elastic-Job 框架就是基于 ZooKeeper 实现任务执行器的注册与发现机制的。ZooKeeper 主要通过创建临时节点与监听临时节点的变化来实现服务注册与发现机制。基于 ZooKeeper 的服务注册与发现框架的工作流程如图 7-14 所示。

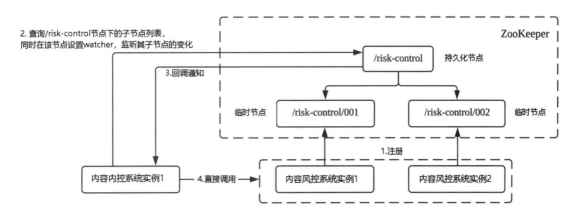

图 7-14　基于 ZooKeeper 的服务注册与发现框架的工作流程

步骤 01　服务提供者实例向 ZooKeeper 发送请求，在预设的服务提供者命名节点（例如图 7-14 中的/risk-control 节点）下创建临时节点，临时节点内部信息包含服务提供者实例的 IP 地址和端口号等基础信息。该步骤就是向服务注册中心注册服务。

步骤 02　服务消费者实例向 ZooKeeper 发送请求，查询目标服务提供者命名节点下的临时节点信息，以获取可用的服务提供者实例列表。与此同时，服务消费者实例在目标服务提供者命名节点下添加 Watcher，监听其子节点的变化情况。

步骤 03　如果服务提供者实例断开与 ZooKeeper 的连接，那么该服务提供者实例在 ZooKeeper 创建的临时节点被删除，ZooKeeper 会回调通知所有的相关事件监听者。

步骤 04　服务消费者根据相应的服务提供者实例列表，基于相应的负载均衡策略发送请求给服务提供者。

2）ZooKeeper Watcher 机制介绍

Watcher 机制是 ZooKeeper 中的一个重要特性，用于实现客户端对指定数据节点的监控，当这些节点的状态发生变化时，ZooKeeper 能够实时通知客户端。客户端可以在一个或多个 ZooKeeper

节点上设置 Watcher。这些 Watcher 会在节点发生特定事件时被触发，事件类型包括节点创建、节点删除、节点数据改变和子节点变化等。

3）Eureka

Eureka 是古希腊语，原本意思是"我发现了"。Eureka 是 Netflix 公司开发的一款开源服务注册与发现框架。目前，Spring Cloud 框架已将 Eureka 框架集成到 spring-cloud-netflix-eureka 组件中。Eureka 框架主要分为 Eureka Server 和 Eureka Client 两个子组件。Eureka Server 端启动之后作为服务注册中心，并提供对外注册接口，用于接收 Eureka Client 的注册请求。Eureka Client 工作在服务提供者和服务消费者侧。

在服务提供者一侧，Eureka Client 会向 Eureka Server 发送服务提供者的基本信息，以完成服务注册，例如 IP 地址、端口号、分区和名称等。这些基本信息会被 Eureka Server 存储到服务注册表中。在注册完成后，Eureka Client 还会定期向 Eureka Server 发送心跳进行服务续约。

在服务消费者一侧，Eureka Client 会定期向 Eureka Server 发送请求以获取服务提供者的基础信息。

基于客户端发现模式的服务注册与发现框架具有很强的灵活性，服务消费者可以根据自身的需求制定相应的路由策略。但是，这种模式要求客户端实现服务注册与发现逻辑，从而增加了客户端与服务注册中心之间的耦合度。如果系统中有多个不同编程语言开发的服务需要向服务注册中心注册，那么需要为每种编程语言开发相应的客户端，从而增加了系统开发的工作量。

2. 基于服务端发现模式

基于服务端发现模式的服务注册与发现框架采用了另一种工作方式，这种工作方式的特点在于服务消费者不必获取具体的服务提供者实例列表，而是通过路由器向服务提供者发出请求。路由器如果发现了可用的服务地址，则会根据预先设置的路由策略将请求转发给服务提供者。具体工作流程如图 7-15 所示。

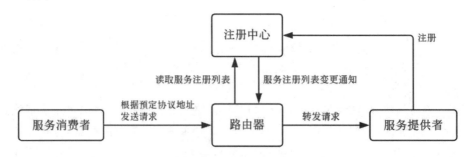

图 7-15　基于服务端发现模式的服务注册与发现框架工作流程

基于服务端发现模式的服务注册与发现框架一般通过 API 网关或类似于 Nginx 的反向代理软件来实现。在这种模式下，服务消费者不需要获取服务提供者的实例列表，从而简化了客户端的开发工作量。与此同时，因为服务消费者无法获取到服务提供者的实例列表，所以该工作模式下的路由策略不如客户端发现模式下的路由策略灵活和智能。

7.6　完全重复内容检测

在大规模爬取内容或数据的过程中，分布式爬虫程序难免会遇到重复性爬取的情况。爬虫程序可能会重复访问已经爬取过的页面地址，也可能因为目标内容或数据被转载而导致爬取到重复的内容或数据。

因此，在分布式爬虫程序中添加目标地址和目标内容的重复性检测组件是十分必要的。重复性检测组件不但可以提高分布式爬虫程序的效率，还可以提高采集内容或数据的质量。重复性内容检测包括完全重复内容检测和近似重复内容检测两个方向。完全重复内容检测在分布式爬虫程序中常用的策略主要有两种：利用概率数据结构（Probabilistic Data Structure）进行重复性检测和利用哈希指纹进行重复性检测。

7.6.1　布隆过滤器

首先，我们来看如何利用布隆过滤器（Bloom Filter）进行内容的重复性检测。布隆过滤器是一种概率数据结构，它的发明者是 Burton Howard Bloom。布隆过滤器的主要作用是查询一个元素是否在集合中。布隆过滤器主要包含以下两个操作。

- 添加操作 add(a)：在布隆过滤器的集合中添加标记，记录元素 a 已经添加到集合中。
- 查询操作 contains(a)：向布隆过滤器询问元素 a 是否在集合中。

上面讲到布隆过滤器是一种概率数据结构，原因是布隆过滤器并不是 100%准确的。它返回的查询结果可能存在假阳性现象，也就是说，在查询某个元素是否在集合中时，尽管真实的情况是该元素不在集合中，但布隆过滤器依然返回 true。

通俗来讲，布隆过滤器返回 false 时，被查询的元素可以 100%确认不在集合中。但是在布隆过滤器返回 true 时，被查询的元素可能在集合中，也可能不在集合中。

布隆过滤器为什么有这种特性呢？既然它存在误判的可能性，为什么我们要使用它呢？接下来解答这些疑问。

布隆过滤器的实现原理

接下来，我们了解一下布隆过滤器的实现原理。布隆过滤器主要有三个核心概念：位图、哈希函数和哈希函数数量（执行哈希函数的次数）。

当一个布隆过滤器在初始创建时，它的位图元素都被标记为 0。当一个元素被添加到布隆过滤器时，布隆过滤器会对它进行多次哈希运算，具体执行的哈希运算次数由设置的哈希函数数量决定。多次哈希运算有多种实现方式：可以使用一个哈希函数执行多次从而得到多个哈希值，例如 $Hash(x)$、$Hash(Hash(x))$、$Hash(Hash(Hash(x)))$。除此之外，也可以使用多个不同的哈希算法对元素进行哈希运算，例如 $Hash_1(x)$、$Hash_2(x)$、$Hash_3(x)$。

得到哈希值后，布隆过滤器会在位图中找到该哈希值对应的索引位置，并将该比特位设置为 1。伪代码逻辑如下：

```
hash_val = hash(x)
index = hash_val % bit_array_length
bitArray[index] = 1
```

图 7-16 可以更加直观地展示布隆过滤器中添加元素的操作过程。

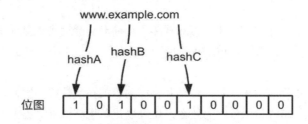

图 7-16　布隆过滤器添加元素的操作过程

当我们检查某个元素是否已经在集合中时，布隆过滤器会使用与上述流程相同的哈希运算，检查所有哈希值所对应位图的索引位置是否都被设置为 1。如果所有对应的索引位置都被设置为 1，那么布隆过滤器就认为该元素已经在集合中；否则，布隆过滤器会认定该元素不在集合中。对应的工作示意图如图 7-17 所示。

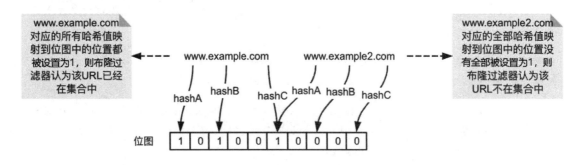

图 7-17　布隆过滤器查询操作的工作流程

可以看出，随着集合内元素数量的增加，位图中被设置为 1 的比特位也会不断增加。布隆过滤器的误判率的影响因素包括：位图大小、添加到元素中的数量、哈希函数和哈希函数的数量。其中，哈希函数的计算结果是否能够均匀分布极大地影响着布隆过滤器的误判率，目前很多开源布隆过滤器在实现时会选择哈希计算结果均匀并且性能良好的非加密哈希算法，例如 Murmur 系列哈希算法。

在哈希函数输出均匀分布的前提下，可以按照如下公式计算布隆过滤器的误判率：

$$P = \left(1 - \mathrm{e}^{\frac{kn}{m}}\right)^k$$

其中，P 表示误判率，k 表示哈希函数的数量，m 表示位图大小，n 表示预估插入元素的数量。因此，我们在给出误判率 P、哈希函数数量 k 以及元素数量 n 的情况下，就可以计算出所需要的空间大小。

从布隆过滤器的实现原理可以看出，布隆过滤器在空间使用上具有极大的优势。假设我们按照如下参数构建布隆过滤器：

```
n: 10000
P: 0.0001
k: 13
```

根据上面的计算公式，我们可以得到布隆过滤器所需要的空间大小为 23.4KB。

假设每个元素大小为 100 字节，如果使用 Set 数据结构来存储，大概需要的存储空间为 1MB。

因为布隆过滤器在节省存储空间方面有巨大优势，所以即使布隆过滤器在进行重复性检测时可能存在误判率，也被广泛使用。

7.6.2 基于哈希指纹的重复性检测

基于概率数据结构的重复内容过滤方案具有占用空间小的显著优势，目前在分布式爬虫系统被广泛使用。但是，基于概率数据结构的重复内容过滤方案也存在着假阳性的误判率这个劣势。如果分布式爬虫系统不希望出现这种假阳性的误判率，导致某些重要的内容被遗漏，那么基于哈希指纹的重复内容过滤方案会是一个不错的选择。

另外，基于哈希指纹的重复内容过滤方案在修改和删除已存储记录方面具有显著的优势。虽然直接存储哈希值相对于概率数据结构会占用更多的存储空间，但是在具体实现上具有很多优化方案。

优化方案一：优化哈希值的存储方式

为了能够对数据唯一性进行标识，我们需要使用面向加密领域的哈希算法生成待检测内容的哈希值。这种类型的哈希值较大，一般会转换成字符串类型进行存储。以 MD5 算法为例，该算法生成的哈希值大小为 128 位。同样的哈希值使用不同的方式进行存储，占用的空间大小也不同。假设某个 MD5 算法哈希值以十六进制存储，表示为 2c6ee3d3015b3b8c2df3a8e8a3c4c3e6，同样的哈希值采用其他类型进行存储，占用的空间大小如表 7-1 所示。

表 7-1 哈希值存储方式与字符长度的对应关系

存储方式	结　　果	字符长度
二进制	10110001…1111100110	128
十进制	59061805293517227350751445332573602790	38
十六进制	2c6ee3d3015b3b8c2df3a8e8a3c4c3e6	32
二十六进制	jplodhvxybyjwpymctbkgsayldm	27
六十二进制	1lQl20e0UvkoEZd2KK1ztY	22

从表 7-1 给出的结果可以看出，使用高进制表示哈希值可以有效节省存储空间。

优化方案二：使用多级存储体系结构

当爬虫程序需要爬取大规模内容时，即使我们使用合适的压缩技术来节省哈希值存储带来的空间开销，将所有内容的哈希值都保存在内存中，依然是不现实的（存储 1 亿个哈希值大概需要占用 3GB 内存）。而且将所有内容的哈希值常驻内存也是没有必要的。例如，一个内容非常陈旧的网页地址被爬虫程序再次访问的概率非常低。

这时，我们可以依赖多级存储体系结构来构建重复内容检测组件。多级存储体系结构是一项使用非常广泛的技术，从处理器、操作系统到各式各样的应用程序，多级存储的方案无处不在。在重复内容检测组件中，使用多级存储体系结构依然可以获得显著的收益。

首先，在 MySQL 数据库中创建多张 crawler_record_${index} 数据库表，根据待检测内容的哈希值取模进行分表存储。表结构示例如下：

```
CREATE TABLE crawler_record_${index} (
```

```
    id INT AUTO_INCREMENT PRIMARY KEY,
    content_hash CHAR(32) NOT NULL,
    content TEXT NOT NULL,
    created_at TIMESTAMP DEFAULT CURRENT_TIMESTAMP,
    UNIQUE (content_hash)
);
```

为了进一步提升数据库的读写性能，我们可以考虑进行读写分离配置。

接下来，可以在本地内存构建一个缓存，用来缓存已爬取内容记录的哈希值，例如 URL 的哈希值。具体实现方法不再详细展开，直接引用一项相关的实验结论，该结论来自论文 *Efficient URL Caching for World Wide Web Crawling*。这篇论文由谷歌等公司的工程师于 2003 年发表。该论文对 Web 网络爬虫应用中的 URL 缓存过滤机制进行了实验，实验结果表明，在模拟真实工作场景的情况下，一个基于 LRU 淘汰算法，容量为 50 000 条记录的本地缓存可以达到 80%左右的命中率。

7.7　近似重复内容检测

第 7.6 节介绍了完全重复内容检测的相关实现算法。本节主要介绍如何实现近似重复内容检测功能。目前，计算文本相似度的算法类型比较广泛，基本上可以分为以下三类。

● 　基于词特征的文本相似度计算算法，例如余弦相似度、Jaccard 相似度和编辑距离等。
● 　深度学习算法，从语义相似度的角度预测文本内容之间的相似度，例如 BERT 算法等。
● 　基于近似最近邻算法的文本相似度计算算法，例如 MinHash 算法等。

接下来，将详细介绍这 3 种类型的算法的工作原理。

7.7.1　基于词特征的文本相似度计算算法

基于词特征的文本相似度计算算法主要通过比较文本中词语的顺序和组成来计算文本的相似度。本节将介绍 Jaccard 相似度算法和余弦相似度算法。

1. Jaccard 相似度算法

Jaccard 相似度，也称为 Jaccard 指数或 Jaccard 系数，是一种用于衡量两个集合之间相似度的统计度量方法。它广泛应用于各种领域，包括数据挖掘、电子商务、推荐系统等。具体应用场景示例如下。

● 　数据挖掘领域：用于比较两个文本文档之间的相似度。
● 　电子商务领域：通过比较购买记录找到相似的客户。
● 　推荐系统领域：通过比较用户的评价记录找到兴趣相同或相似的用户。

Jaccard 相似度算法的计算基于两个集合的交集和并集。具体来说，它是两个集合交集大小与并集大小的比例。它的数学公式为：

$$J(A,B) = \frac{|A \cap B|}{|A \cup B|}$$

其中，A 和 B 是两个集合，$|A \cap B|$ 是两个集合的交集元素数量，$|A \cup B|$ 是两个集合的并集元素数量。

使用 Jaccard 相似度算法比较两段文本相似度的基本处理步骤如下。

步骤01 文本预处理：去除停用词、常用词和标点符号等，以减少噪声数据对结果的影响。

步骤02 分词：将每段文本分解成词的集合。

步骤03 计算交集和并集。

- 交集：两个文本中共同出现的词的集合。

- 并集：两个文本中所有出现的词的集合，不包括重复的词，即每个词只计算一次。

步骤04 根据上面的数学公式计算 Jaccard 相似度。

Jaccard 相似度算法简单直观，但在计算文本相似度时，只考虑了词语是否存在，没有考虑词序和频度因素。

2. 余弦相似度算法

余弦相似度算法通过测量两个向量夹角的余弦值来度量它们之间的相似性。余弦相似度算法的核心思想是：两个向量的方向越接近，它们的余弦值越接近 1，余弦值越大，则它们越相似。当两个向量有相同的指向时，其余弦相似度的值为 1；当两个向量的夹角为 90°时，其余弦相似度的值为 0；当两个向量指向完全相反的方向时，其余弦相似度的值为-1。

余弦相似度算法的计算公式如下：

$$\text{consine similarity} = \frac{\boldsymbol{A} \cdot \boldsymbol{B}}{|\boldsymbol{A}||\boldsymbol{B}|} = \frac{\sum_{i=1}^{n} A_i B_i}{\sqrt{\sum_{i=1}^{n} A_i^2} \sqrt{\sum_{i=1}^{n} B_i^2}}$$

使用余弦相似度算法计算两个文本相似度的基本步骤如下：

步骤01 文本向量化。例如使用 TF-IDF 算法或 Word2Vec 算法将文本转换成一个多维向量。

步骤02 使用余弦相似度公式计算两个文本的相似度。

在使用余弦相似度算法计算两个文本之间的相似度的过程中，基于向量化方法的不同，可以侧重使用不同的计算因素。

7.7.2　基于深度学习的文本相似度计算算法

基于深度学习的文本相似度计算算法主要利用深度学习模型的相似度比较算法来捕捉文本中复杂的语义特征，从而提供比传统方法更精确的相似度预测结果。

利用深度学习模型的相似度比较算法计算文本之间的相似度，通常采用孪生神经网络（Siamese Neural Network）模型架构，该模型架构如图 7-18 所示。

孪生神经网络中的两个子网络具有完全相同的参数和结构，它们可以是任何类型的神经网络。例如，子网络可以是循环神经网络模型（RNN），也可以是长短期记忆网络模型（LSTM）。两个子网络计算在输入文本的特征之后，会将它们的特征输出送入比较层，以计算两个特征之间的相似度。基本处理步骤如下。

步骤**01** 输入处理：包括文本清洗、分词处理等。

步骤**02** 特征提取：子网络将输入文本转换为特征向量。

步骤**03** 相似度计算：将输出特征向量传递到比较层，比较层可以使用余弦相似度等算法计算两个特征向量之间的相似性。

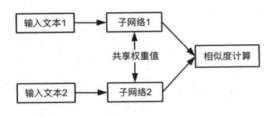

图 7-18   孪生神经网络模型架构

7.7.3   近似最近邻算法

在分布式爬虫系统中，近似重复文本内容检测与过滤问题，实际上属于大规模文本数据相似度比较问题。

在前面的章节中，我们介绍了基于词特征的相似度比较算法和基于深度学习模型的相似度比较算法。然而，无论是基于词特征的相似度比较算法还是基于深度学习模型的相似度比较算法，在处理海量数据集时，计算相似度都存在一定的局限性。

假设我们已经采集了一万篇房地产新闻文章，现在需要检查一篇新爬取的文章是否与已持久化存储的文章存在高度重复性。使用余弦相似度算法时，我们需要将所有已存储的文章与新爬取的文章进行一次比较。假设每篇文章使用 m 维向量表示，那么每爬取一篇新文章的内容，判断近似重复内容所需计算的时间复杂度为 $O(n \times m)$。这个时间复杂度对于分布式爬虫系统来讲是不切实际的。随着爬取文章数量的增加，近似重复内容过滤函数的耗时也会不断增加。

为了提升海量数据中重复内容的检测效率，我们可以依赖近似最近邻（Approximate Nearest Neighbor，ANN）算法。ANN 算法通常用于在海量数据中查找相似内容。接下来，我们以 LSH（Locality Sensitive Hashing，局部敏感哈希）算法为例，介绍 ANN 算法在大规模数据集相似度检索中的显著优势。

LSH 算法的基本思想是使用局部敏感哈希函数将相似的数据映射到相同的哈希桶中，而不相似的数据则映射到不同的哈希桶。LSH 算法可以大幅度减少在海量数据中进行相似性搜索时需要比较的数据数量，从而提高效率。

普通的哈希函数，例如 MD5 和 SHA 等哈希函数，对内容的微小变化非常敏感，即使是一个比特的变化也会完全改变哈希值。这种对内容变化的敏感性是我们进行精确重复内容检测所需要的，但在近似重复内容检测的过程中，我们希望哈希函数对内容的变化不那么敏感，只有这样，两个近似的文档才有可能产生相似的签名。为此，我们可以采用局部敏感哈希函数。

局部敏感哈希函数是一种特殊类型的哈希函数，它使得相似的输入以比较高的概率具有相同的哈希值，而不相似的输入有较大概率生成不同的哈希值。

在 LSH 算法中，根据不同相似性度量标准，所使用的局部敏感哈希函数也不同。

假设我们希望使用 Jaccard 相似度来衡量不同文本内容之间的相似度，那么我们需要尝试将

Jaccard 相似度公式转换成局部敏感哈希函数。根据之前学习的知识，我们知道 Jaccard 相似度的计算公式为：

$$J(A,B) = \frac{|A \cap B|}{|A \cup B|}$$

其中，A 和 B 是两个样本集合。

如果我们希望将 Jaccard 相似度公式转换成局部敏感哈希函数，那么该局部敏感哈希函数 h 应该满足条件：$P(h(A) = h(B)) = J(A, B)$。也就是说，局部敏感哈希函数计算出来的两个样本集合的哈希值相等的概率应该等于 Jaccard 相似度系数。MinHash 就是这样的一种哈希算法。MinHash 算法最初由 Andrei Broder 在 1997 年提出，并在 Altavista 搜索引擎的开发中用于检测并过滤重复的 Web 页面。如今，MinHash 算法已广泛应用于各种相似度内容检测和识别的场景中。

接下来，我们来看 MinHash 算法的具体实现原理。假设现在我们有 4 个文档 $D1$、$D2$、$D3$ 和 $D4$。每个文档都可以用 10 000 维的词向量$\{w1, w2, w3, w4, w5, \cdots, w9999, w10000\}$来表示。那么 4 个文档的词向量表示如表 7-2 所示。

表 7-2　文档向量化表示示例

词向量元素	D1	D2	D3	D4
$w1$	1	0	0	1
$w2$	0	0	1	0
$w3$	0	1	0	1
$w4$	1	0	1	1
$w5$	0	0	1	0
…	…	…	…	…
$w9999$	1	0	0	1
$w10000$	0	0	0	1

假设我们现在有 k 个哈希函数，这些哈希函数可以将每个文档的词向量元素均匀地"映射"到哈希桶中，而且不会发生碰撞，从而达到对词向量中的元素进行随机重新排序的效果。k 个哈希函数可以按照如下方法生成：

```
public static interface MinHashFunction {
    int apply(int x);
}
public static MinHashFunction generateMinHashFunction() {
    int p = 10000019;  // 一个大质数
    int m = 10000;     // 哈希桶个数
    int a = random.nextInt(p - 1) + 1;  // 保证 a 在 1~p-1
    int b = random.nextInt(p);          // b 在 0~p-1
    return new MinHashFunction() {
        @Override
        public int apply(int x) {
            return (int)(((long)a * x + b) % p) % m;
        }
    }
```

```
        };
    }
```

我们将重新排序后的文本词向量中的第一个非零元素作为该文本的特征值。经过 k 次哈希运算之后，可以得到一个新的 k 维向量来表示对应的文本，该向量称为签名向量。假设 $k=100$，我们可以成功地将原来 10 000 维的稀疏词向量转换成 100 维的签名向量。在两个文档的文本签名向量构成的签名矩阵中，对应的索引位置元素相等且为 1 的概率是 $P(h(A) = h(B))$，也就是 Jaccard 相似度 $J(A, B)$。

下面我们来证明上述结论。现在，我们计算一下表 7-2 中文档文本 $D1$ 和 $D2$ 之间的相似度。通过观察，我们可以将表 7-2 中每一行的元素值分为三种情况：

（1）两个文档中对应的元素值都为 1，记作类型 X。

（2）两个文档中对应的元素值一个为 0、一个为 1，记作类型 Y。

（3）两个文档中对应的元素值都为 0，记作类型 Z。

在 Jaccard 相似度计算过程中，类型为 Z 的行不会对 Jaccard 相似度计算有任何影响。假设类型为 X 的元素个数为 x，类型为 Y 的元素个数为 y，那么 $J(D1, D2) = x / (x + y)$。同时，在 MinHash 算法中，哈希函数将元素位置随机分配，那么在元素随机分配后，首先遇到类型为 X 的概率同样为 $x / (x + y)$。因此，可以得出结论 $P(h_{min}(D1)) = h_{min}(D2) = J(D1, D2)$。

在得到签名向量后，我们对签名向量进行分区处理。使用哈希函数对每个区间内的元素值计算哈希值，并将其映射到对应的哈希桶中，两个签名向量的相似度越高，这两个签名向量在相同区间内映射到同一个哈希桶的概率就越高。

假设我们将签名向量分为 b 个区间，每个区间包含 r 行，两个文档的 Jaccard 相似度为 s。则可以得出如下结论：

（1）在相同区间内，这两个文档的签名向量完全一致的概率为 s^r。

（2）在相同区间内，这两个文档的签名向量不完全一致的概率为 $1-s^r$。

（3）整体签名向量在所有区间都不完全一致的概率为 $(1-s^r)^b$。

（4）整体签名向量在至少一个区间内完全一致的概率为 $1-(1-s^r)^b$。

因此，两个文档进入相同哈希桶的概率与它们之间的 Jaccard 相似度有如图 7-19 所示的曲线关系。

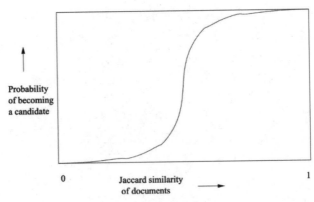

图 7-19   两个文档进入相同哈希桶的概率与 Jaccard 相似度的 S 曲线关系

现在我们假设 $b=20$、$r=5$,那么根据上面的公式,可以预测两个文档在 Jaccard 相似度大于 0.7 的情况下进入同一个哈希桶的概率为 0.975。

因此,依赖 LSH 算法,可以极大地降低候选重复性文本的检测范围。

7.8 本章小结

本章深入介绍了构建高效分布式爬虫系统的关键技术,涵盖了从架构设计到具体技术细节的多个方面。

首先,介绍了分布式爬虫系统中常见的架构模式,包括主从架构和自治架构。选择合适的架构是高效爬虫系统设计的基础,每种架构都有其优势和适用场景。

接下来,介绍了如何有效地分配和管理爬虫任务,以优化资源使用和提高爬取效率。我们介绍了多种任务调度策略及其在不同场景下的应用。

然后,详细说明了任务调度器的设计和实现。作为分布式爬虫系统中的核心组件,任务调度器负责分配任务给各个爬虫节点。

此外,还介绍了分布式消息队列的发布-订阅工作模式和点对点工作模式。

紧接着,介绍了在分布式爬虫系统中,如何通过服务注册与发现机制来动态管理和协调大量的爬虫节点,以确保系统的可扩展性和高可用性。

最后,分析了如何识别和处理爬取过程中遇到的完全重复内容和近似重复内容。我们介绍了常用的技术和算法,如哈希检测、布隆过滤器、局部敏感哈希算法等。这些技术不仅有助于提高数据质量,还能减少存储需求。

通过本章的学习,读者可以获得设计和实现一个高效、可扩展的分布式爬虫系统所需的关键技术知识。这些技术不仅有助于提高爬虫的效率和效果,还能确保系统的稳定运行和爬取数据的准确性。

7.9 本章练习

1. 网页爬取算法

网页爬取算法决定着相关网页是否会被爬取以及爬取的先后顺序,请查阅相关资料列举常用的网页爬取算法。

2. 基于余弦相似性度量标准的 LSH 算法的实现原理

本章介绍了基于 Jaccard 相似度量标准的 LSH 算法的实现原理。请查阅相关资料,详细介绍基于余弦相似性度量标准的 LSH 算法的实现原理。

3. 分布式网络爬虫系统架构设计

本章介绍了一些分布式网络爬虫系统涉及的关键技术,请根据所学到的知识设计一个完整的分布式网络爬虫系统架构,并细化到各个功能模块。给出你的设计思路和理由。

第8章

分布式爬虫系统实战

　　按照爬取内容范围的不同，网络爬虫可以分为通用网络爬虫和主题网络爬虫两类。通用网络爬虫旨在爬取整个互联网络或广泛范围的网站，以收集尽可能多的信息。这类爬虫通常用于搜索引擎，例如百度的网页爬虫，用于索引网页内容并提供搜索服务。而主题网络爬虫则专注于特定主题或内容类型的网页。它们通过分析网页内容和链接的相关性来决定是否下载和索引某个网页，从而提高爬取效率和相关性，提高所爬取数据和内容的质量。相对于普通的通用网络爬虫，主题网络爬虫对于公司来讲往往具有更高的商业价值和应用意义。

　　本章将完成一个分布式网络爬虫实战项目——构建一个面向特定新闻主题领域的分布式主题网络爬虫系统。

　　需要注意的是，本章所实现的分布式网络爬虫系统适用于教学应用场景。在实际应用中，读者需根据具体需求进一步优化性能、扩展功能，并提高数据爬取质量和准确性等。

8.1　需求分析

　　本节将对分布式网络爬虫系统进行需求分析，包括系统需要提供的功能需求分析，以及性能、可靠性、可用性、容错性等方面的非功能性需求分析。

8.1.1　功能需求分析

　　本章的分布式网络爬虫系统的主要功能需求如下。

1. 自动爬取功能

- 能够从多数据源（如新闻网站、政府部门通知公告、金融机构和市场研究机构网站）爬取所需的数据。
- 支持爬取任务的定时调度功能，具备基于时间的触发机制，例如每日定时进行数据爬取。
- 支持爬取任务的手动触发功能。如果出现重大新闻，可手动触发相关数据的爬取。
- 增量爬取。仅爬取自上一次爬取后新增或更新的数据。
- 内容自动识别。自动识别出目标内容并过滤掉与指定新闻主题无关的内容。

- 重复性内容识别。为了提高数据爬取的效率并提高数据质量，系统需要自动识别重复性内容。

2. 数据处理与存储功能

- 数据清洗：清除爬取数据中的无用信息，如 HTML 标签、广告等。
- 数据转换：将原始数据转换为结构化格式，便于分析和存储。
- 数据存储：将清洗后的数据存储在数据库中，支持高效的数据检索和管理。

3. 用户交互界面

- 爬虫配置界面：为用户提供友好的交互界面，供用户配置爬取任务模板、配置目标网站和触发爬取任务等。
- 内容检索界面：为用户提供内容检索交互界面，供用户方便地搜索感兴趣的内容。

8.1.2　非功能需求分析

1. 数据爬取策略

- 设置合适的数据爬取策略，确保相关主题数据爬取高效、全面。

2. 分布式处理

- 负载均衡：在多个爬虫节点之间分配任务，保持系统在负载均衡的状态下运行。
- 容错机制：确保单个节点失败不会影响整个系统的稳定性。
- 动态扩展：根据任务量动态调整爬虫节点的数量。

3. 监控与日志记录

- 性能监控：实时监控系统性能，如响应时间和系统负载，及时发现潜在的问题。
- 爬取任务状态监控：目标网站改版或更新可能会导致爬取任务失败，所以爬虫系统需要有爬取任务状态监控，方便维护人员及时处理失败任务。
- 详细的日志记录：系统应记录详细的爬取日志，包括爬取时间、源地址、错误信息等，并将相关日志记录采集到便于检索查询的日志系统中。

4. 反爬虫应对机制

部分目标爬取网站出于系统安全性或用户体验方面的考虑，限制爬虫程序的访问。分布式爬虫系统需要支持灵活的反爬虫应对机制。

5. 网页结构变化容错机制

在网页结构布局发生变化的情况下，爬取任务仍然能够以较高的概率正常进行。

8.2　系统设计与实现

前面的内容对分布式主题网络爬虫系统进行了需求分析，本节将对分布式网络爬虫系统进行整体设计并确定各功能模块的实现方案。

8.2.1　总体设计

根据之前的需求分析，分布式爬虫系统的整体架构如图 8-1 所示。从层次划分的角度来看，我们的分布式爬虫系统分为三个层次：表现层、逻辑处理层和数据存储层。

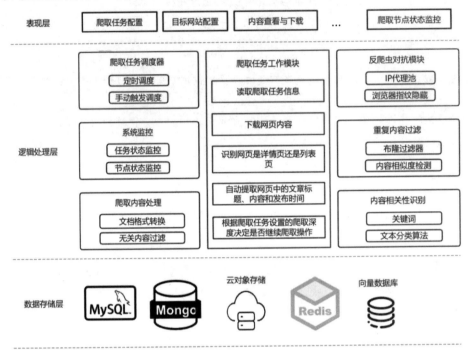

图 8-1　分布式爬虫系统层次架构图

表现层主要为用户和系统管理人员提供交互界面，用于展示内容和数据、搜索爬取的内容、下载相关内容。同时，也为管理人员提供爬虫任务配置管理界面、系统状态监控界面等。

逻辑处理层是分布式爬虫系统的核心处理层，主要负责数据爬取、识别和解析等复杂逻辑。它需要智能地处理各种复杂网络环境和多样化的数据格式等挑战问题。具体模块包括：

爬取任务调度模块：负责管理和调度爬取任务，决定何时启动爬虫任务。

反爬虫对抗模块：应对目标网站的各种反爬取措施，确保爬虫可以持续有效地爬取数据。

系统监控模块：监控爬取任务的执行状态和工作节点的状态信息。

重复内容检查与过滤模块：过滤爬取过程中遇到的重复内容，提高爬取效率和数据质量。

爬取内容处理模块：将下载的网页内容转换成期望的数据结构，并去除其中的无效信息。

相关内容识别模块：自动识别与主题相关的内容，并过滤掉无关信息。

网页内容自动提取模块：自动识别网页文章的正文标题和正文内容等。

数据存储层负责持久化存储处理过的数据，并为逻辑处理层中的各个功能模块提供持久化存储的支撑服务。在爬虫系统中，选择合适的存储技术至关重要，能够确保数据读写的高性能，数据存储的高可靠性和数据成本的高性价比。在设计数据存储层时，通常需要根据数据的类型、访问模式和业务需求来选择合适的存储技术。例如，可以将结构化的业务数据存储在 MySQL 中，将爬取的文本数据存储在 MongoDB 中，使用 Redis 作为各服务节点的分布式缓存，将图片资源存储在云对象存储中。向量数据库在高效存储和比较文本向量相似度方面发挥着重要作用。这样的多存储架构可以充分利用各种存储技术的优势，提高系统的整体性能和可靠性。

结合上述需求分析和整体系统架构设计，接下来将对系统关键子系统和功能模块进行详细设计，并对其中使用的关键技术进行详细讲解。

8.2.2　爬取任务调度模块

爬取任务调度模块是分布式网络爬虫系统的核心模块之一，负责合理分配和管理爬虫任务，以确保数据的高效抓取和系统资源的最优化使用。本小节将设计并实现的分布式爬虫系统中的爬取任务调度模块内嵌到爬虫管理平台子系统中。爬取任务调度模块的主要功能如下。

（1）合理的任务分配：将爬取任务分配到不同的爬取节点，确保所有爬虫节点在负载均衡的情况下工作，避免出现某些节点过载而其他节点空闲的情况。

（2）任务优先级管理：支持对爬取任务设置不同的优先级，并能够根据优先级调整爬取任务的执行频率和顺序。

（3）故障恢复机制：在调度任务执行失败的情况下，可以在其他节点重新执行调度任务。

（4）可扩展性：系统具有横向可扩展性，能够随着爬虫工作节点的增加而提高系统性能。

（5）高可用性：单个节点故障不会影响调度任务的正常执行。

本章开发的分布式爬虫系统的任务调度模块采用主从模式与自治模式相结合的架构模式。它的具体工作架构如图 8-2 所示。

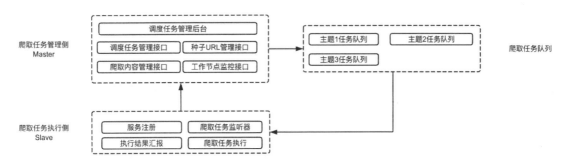

图 8-2　爬取任务调度模块工作架构图

在技术选型上，我们将基于开源的分布式任务调度系统 XXL-JOB 进行二次开发，以搭建我们的爬虫管理平台和爬取任务调度模块，并基于 Redis 构建分布式爬取任务处理队列。

接下来，重点介绍如何基于 Redis 构建分布式爬取任务处理队列。Redis 是一款开源的内存数据结构存储系统，它不仅可以作为内存数据库使用，还可以用作分布式缓存或分布式消息队列。Redis 支持多种数据结构，包括字符串、哈希、列表、集合和有序集合，这使它能够满足各种不同的使用场景。

Redisson 是一个基于 Java 语言开发的 Redis 客户端库，它可以帮助我们更加友好、方便地使用 Redis 的功能。Redisson 提供了多种类型的分布式消息队列实现方案，这些方案基于不同的 Redis 数据结构，以满足不同的应用场景和需求。以下是 Redisson 中几种主要的分布式消息队列类型。

- RBlockingQueue: RBlockingQueue 是一个阻塞分布式消息队列，当队列为空时，获取元素的操作可以阻塞，直到队列中有新的元素可用。RBlockingQueue 是基于 Redis 中的 LIST（列表）数据结构来实现的。
- RPriorityQueue: RPriorityQueue 是一个基于 Redis 的 ZSET 数据结构的优先级分布式消息队列。元素可以根据提供的比较器进行排序，以确保优先级高的元素先被处理。基于 RPriorityQueue 的爬取任务处理流程如下：

步骤 01　定义 CrawlTask 类，在类内部定义任务的优先级。

步骤 02　创建 CrawlTaskComparator 类作为自定义优先级比较器，该类实现 Comparator 接口，用于比较任务之间的优先级。

步骤 03　在 RpriorityQueue 中设置 步骤 02 中创建的自定义优先级比较器。

步骤 04　消息消费者从队列中读取爬取任务。

- RDelayedQueue: RDelayedQueue 支持将元素延迟一定时间后自动转移到另一个队列中。这种队列适用于实现延时任务，如消息推迟发送、任务延迟执行等场景。

RDelayedQueue 主要是以 Redis 的 ZSET 数据结构和 LIST 数据结构为基础来实现的。每个元素在被添加到 RDelayedQueue 时都会被插入一个 ZSET 中。在 ZSET 中，元素的分数（Score）是一个时间戳，表示何时应该将该元素转移到目标队列。它的具体处理流程如下：

步骤 01　将元素添加到 ZSET 中，并将元素的分数设置为目标时间戳。

步骤 02　在 Redisson 内部启动定时任务，定期检查 ZSET，查询分数小于或等于当前时间的所有元素。

步骤 03　将查询到的元素添加到 LIST 数据结构中，并从 ZSET 数据结构中移除这些元素。

步骤 04　消息消费者从队列中读取元素。

在本章实现的分布式网络爬虫系统中，我们将基于 RPriorityQueue 来构建多优先级爬取任务的分布式消息队列。多优先级爬取任务分布式消息队列的相关类设计如图 8-3 所示。

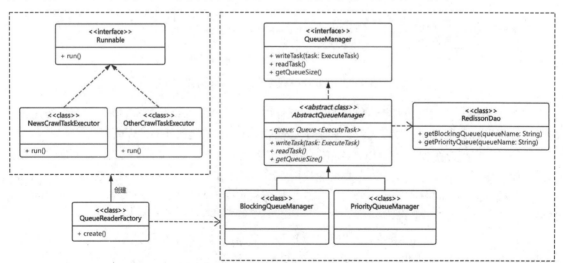

图 8-3　多优先级爬取任务分布式消息队列的相关类设计

8.2.3 反爬虫对抗组件

本章实现的分布式爬虫系统使用 Selenium 自动化框架来驱动浏览器下载网页内容。为了防止我们开发的爬虫系统被识别和屏蔽，需要隐藏 Selenium 框架驱动浏览器的特征属性。

目前，主流的自动化框架都提供了指纹隐藏组件，例如 Puppeteer 框架中的 puppeteer-extra-plugin-stealth 组件、Selenium 框架中的 selenium-stealth 组件和 Playwright 框架中的 playwright-stealth 组件。selenium-stealth 和 playwright-stealth 是 puppeteer-extra-plugin-stealth 组件的重新实现版本。

puppeteer-extra-plugin-stealth 组件是一个用于 Puppeteer 框架的插件，它可以帮助自动化框架驱动的浏览器实例绕过大多数网站使用的反爬虫检测技术。puppeteer-extra-plugin-stealth 提供了多个功能模块，每个模块针对特定的反爬虫技术。主要模块功能说明如下。

- chrome.runtime 特征隐藏：在自动化框架驱动的 Chrome 浏览器中，window.chrome.runtime 值为 undefined，而在真实用户使用的 Chrome 浏览器中，window.chrome.runtime 值为一个对象。
- 重新定义 navigator.plugins 属性值：在 headless 模式下，Chrome 浏览器中的 navigator.plugins 属性值为空对象。puppeteer-extra-plugin-stealth 重新定义了 navigator.plugins 属性值。
- 隐藏 navigator.webdriver 属性值：在自动化框架驱动的浏览器中，navigator.webdriver 值不等于 undefined。puppeteer-extra-plugin-stealth 重新将它设置为 undefined。
- 重新定义 navigator.userAgent 属性值：在自动化框架驱动的 headless 模式浏览器中，navigator.userAgent 属性值会带有 Headless 关键词。puppeteer-extra-plugin-stealth 将它伪装成正常浏览器的属性值。
- 重新定义 GPU 详细信息：通过 WebGL JavaScript API，JavaScript 脚本可以获取到有关 GPU 的渲染器信息和供应商信息。puppeteer-extra-plugin-stealth 用于对相关信息进行自定义设置。
- 设置浏览器窗口的外部高度和宽度。

正如前面介绍的，浏览器版本在不断更新，相关 API 返回的结果值也在不断变化。反爬虫脚本在不断尝试使用新的浏览器指纹特征来检测爬虫程序。因此，如果我们遇到了上述公开通用的浏览器指纹特征隐藏技术失效的情况，仍需逆向分析 JavaScript 脚本来解决问题。

本章实现的分布式网络爬虫系统将使用自定义脚本来隐藏由自动化框架驱动的浏览器的一些明显指纹特征。

在反爬虫对抗组件中，除隐藏浏览器指纹的功能外，我们还提供了动态代理 IP 的支持。使用代理 IP 地址访问目标网站可以避免因频繁访问而导致的 IP 封禁问题，从而有效提高数据爬取效率。然而，正如第 1 章所述，Selenium WebDriver 实例无法动态更换代理 IP。要使用新的代理 IP，必须重新创建一个 Selenium WebDriver 实例并设置新的代理。频繁地创建和销毁 WebDriver 实例会显著降低爬虫程序的数据采集速度。

在本章实现的分布式网络爬虫系统中，我们会使用 browsermob-proxy 来帮助 Selenium WebDriver 实例支持动态代理 IP 功能。第 1 章曾对 browsermob-proxy 库进行过简单介绍，并给出了 Selenium WebDriver 框架与 browsermob-proxy 库结合使用的简单示例代码。接下来将重点讲解 browsermob-proxy 库的内部实现原理。将 Selenium 框架与 browsermob-proxy 结合使用的工作流程如图 8-4 所示。

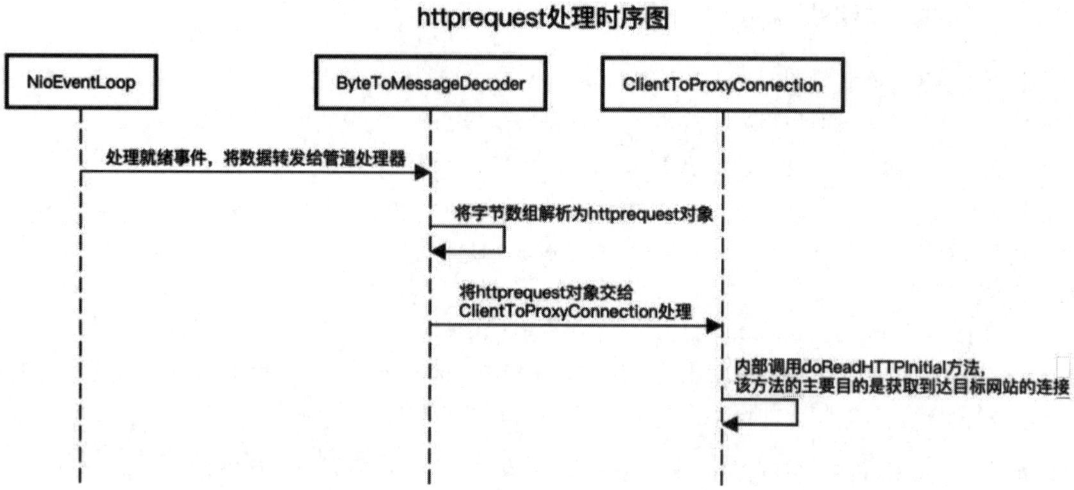

图 8-4　Selenium 与 browsermob-proxy 结合使用的工作流程

在上述工作流程中，使 Selenium WebDriver 实例能够动态选择代理 IP 地址的关键逻辑包括以下两点：

（1）实现 ChainedProxyManager 接口，并在 lookupChainedProxies 方法中实现动态设置代理 IP 地址的功能。示例代码如下：

```java
public class DynamicChainedProxyManager implements ChainedProxyManager {
    @Override
    public void lookupChainedProxies(HttpRequest request, Queue<ChainedProxy>
chainedProxies) {
        // 根据请求的特定属性选择代理
        if (request.getUri().contains("condition")) {
            chainedProxies.add(new ChainedProxyAdapter() {
                @Override
                public InetSocketAddress getChainedProxyAddress() {
                    // 从 MobProxy Server 中读取最新设置的代理 IP 地址
                    return upstreamProxy;
                }
            });
        } else {
            chainedProxies.add(ChainedProxyAdapter.FALLBACK_TO_DIRECT_CONNECTION);
        }
    }
}
```

（2）修改 LittleProxy 源代码，使 ProxyToServerConnection 对象实例在每次使用之前检查并重新设置代理 IP 地址。为了实现这一功能，我们需要对 ProxyToServerConnection 进行改造，因为在 LittleProxy 开源项目中，ProxyToServerConnection 对象实例仅在创建时设置和更新上游代理 IP 地址。通过分析 httprequest 对象在 LittleProxy 内部的处理流程来找到合适的代码修改点，如图 8-5 所示。

分析上述时序图可以发现，ClientToProxyConnection::doReadHTTPInitial 方法是一个理想的代码修改点。在这个方法中，我们可以检查 ProxyToServerConnection 对象的上游代理 IP 地址是否仍然有效。如果发现上游代理 IP 地址已经失效，可以为 ProxyToServerConnection 对象重新设置 ChainedProxy。

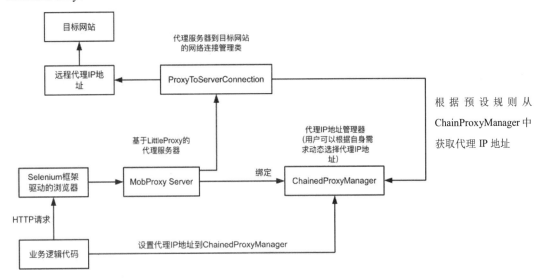

图 8-5　httprequest 处理时序图

8.2.4　系统监控模块

系统监控模块主要包含两个主要功能：①监控各个爬取任务的工作节点状态；②监控爬取任务的执行状态。

1. 爬取任务工作节点监控

首先，我们来了解爬取任务工作节点监控的实现原理。爬取任务工作节点的监控主要依赖于 JMX（Java Management Extension）框架，用于监控爬取任务工作节点的 CPU 和内存资源使用状态。

JMX 框架提供了一系列用于管理和监控 Java 虚拟机（Java Virtual Machine，JVM）的接口，这些接口可以帮助我们获取和监控 JVM 的运行时信息，包括内存使用情况、线程状态、类加载情况和垃圾回收情况等。

在获取到系统的 CPU 和内存资源使用情况之后，这些资源信息将通过爬虫工作节点发送的心跳请求一同上报给爬虫管理平台。爬取任务工作节点监控功能的效果展示如图 8-6 所示。

爬取节点状态监控

每页 10 条记录

机器地址	CPU状态	内存状态	注册时间	最后心跳时间	健康状态
test	2.46	堆内存:2744MB 非堆内存:95MB	2024-08-17 09:09:40	2024-08-17 11:59:50	健康
test2	2.59	堆内存:2434MB 非堆内存:94MB	2024-08-17 09:04:40	2024-08-17 09:13:10	失联
test3	1.00	堆内存:2521MB 非堆内存:90MB	2024-08-17 09:04:50	2024-08-17 09:09:50	失联

第1页(总共1页，3条记录)　　　上页　1　下页

图 8-6　爬取节点状态监控效果图

2. 爬取任务状态监控

爬取任务状态监控功能主要为爬虫系统管理人员提供详尽的爬取任务执行记录和统计数据。在具体实现方面，本章实现的分布式网络爬虫系统基于自定义 Logback Appender 的方式来存储爬取任务执行记录数据，从而实现底层存储结构与上层代码的松散耦合。

关键代码实现如下：

步骤 01 实现自定义 Appender 类。

```java
public class MonitorAppender extends AppenderBase<ILoggingEvent> {
    private static MongoClient mongoClient = MongoClients.create("{mongodb-url}");
    protected Encoder<ILoggingEvent> encoder;
    protected Layout<ILoggingEvent> layout;
    @Override
    protected void append(ILoggingEvent iLoggingEvent) {
        String msg = iLoggingEvent.getMessage();
        Document doc = new Document();
        doc.append("msg", msg).append("time", System.currentTimeMillis());
        mongoClient.getDatabase("monitor").getCollection("monitor").insertOne(doc);
    }
    public Encoder<ILoggingEvent> getEncoder() {
        return encoder;
    }
    public void setEncoder(Encoder<ILoggingEvent> encoder) {
        this.encoder = encoder;
    }
    public Layout<ILoggingEvent> getLayout() {
        return layout;
    }
    public void setLayout(Layout<ILoggingEvent> layout) {
        this.layout = layout;
    }
}
```

步骤 02 在 logback.xml 文件中添加配置。

```xml
<appender name="monitor" class="cn.javacrawler.worker.monitor.MonitorAppender">
    <encoder>
        <pattern>%msg%n</pattern>
    </encoder>
</appender>
<logger name="monitor" level="info" additivity="false">
    <appender-ref ref="monitor"/>
</logger>
```

步骤 03 创建 monitor Logger 实例。

```java
public class MonitorUtil {
    private static Logger monitor = LoggerFactory.getLogger("monitor");
    public static void info(String msg) {
        monitor.info(msg);
```

```
        }
    }
```

8.2.5 重复内容过滤模块

在分布式爬虫系统中，重复内容过滤模块是非常重要的模块，它可以有效减少资源浪费，提高爬取效率并提高数据质量。在重复内容过滤模块中，主要有两种类型的重复内容需要进行过滤：一种是在内容完全一致的情况下进行过滤处理，也就是精确重复内容过滤，例如 URL；另一种是在内容高度相似的情况下进行过滤处理，也就是相似重复内容过滤，例如内容高度相似的新闻。

1. 精确重复内容过滤

精确重复内容过滤方案可以采用之前讲到的布隆过滤器技术或加密类型哈希指纹检测技术。在本章实现的分布式爬虫系统中，我们选择使用基于 Redisson 实现的分布式布隆过滤器作为完全一致重复内容过滤方案，Redisson 提供的 RBloomFilter 对布隆过滤器功能进行了良好的封装，极大地简化了分布式布隆过滤器的使用，它的代码实现如下：

```java
// 配置 Redisson 客户端
Config config = new Config();
config.useSingleServer().setAddress("redis://127.0.0.1:6379");
RedissonClient redisson = Redisson.create(config);
// 创建布隆过滤器
RBloomFilter<String> bloomFilter = redisson.getBloomFilter("realestate-bloomfilter");
bloomFilter.tryInit(100000000L, 0.001);
// 添加元素
bloomFilter.add("http://www.example.com");
// 检查元素是否存在
boolean result = bloomFilter.contains("http://www.example.com");
System.out.println("Element is present: " + result);
```

接下来，我们重点介绍 Redisson RBloomFilter 的实现原理。理解 Redisson 相关数据结构的实现原埋有助于我们根据自身业务需求实现类似的分布式数据结构。

Redisson RBloomFilter 在 Redis 命令使用方面主要涉及 SETBIT 命令、GETBIT 命令、HGET 命令和 HSET 命令。其中，SETBIT 命令和 GETBIT 命令主要用于操作位数组，而 HGET 命令和 HSET 命令主要用于设置和读取 RBloomFilter 的配置信息（例如位数组大小、预估存储元素数量和可接受误判率等）。

从上面的示例代码中可以看到，RBloomFilter 在使用之前需要执行 tryInit 方法。tryInit 方法的主要功能是计算位数组的最优大小和哈希函数的最优数量，并将 RBloomFilter 对象的相关配置信息写入 Redis 哈希表中。位数组最优大小的计算公式为：$-n*math.log(p)/(math.log(2)*math.log(2))$，其中 n 为预期添加的元素数量，p 为可接受误判率。哈希函数最优数量计算公式为：$(m/n)*\ln(2)$，其中 m 为预期添加的元素数量，n 为位数组大小。相关公式理论基础和推导过程，感兴趣的读者可以查阅布隆过滤器相关论文资料。

布隆过滤器相关配置参数计算完毕后，tryInit 方法会调用 Lua 脚本将这些配置参数写入 Redis 的哈希表中。对于上述示例代码，我们可以通过 Redis 命令 HGETALL {realestate-bloomfilter}:config 读取相关布隆过滤器的配置信息：

```
1) "size"
2) "1437758756"
3) "hashIterations"
4) "10"
5) "expectedInsertions"
6) "100000000"
7) "falseProbability"
8) "0.001"
```

RBloomFilter 对象初始化操作完成后，布隆过滤器的相关功能就可以正常使用了。在向 RBloomFilter 中添加元素时，RBloomFilter 会先计算元素的哈希值。哈希值的计算是通过 highwayhash 算法来实现的。highwayhash 算法的核心实现思想是将输入数据分块处理，并通过一系列的打乱和压缩操作生成最终的哈希值。highwayhash 算法的主要处理逻辑如下：

步骤 01 利用 4 个 64 位整型密钥对内部参数进行初始化操作。

步骤 02 将数据切分成 32 字节大小的块。

步骤 03 对于每块数据，使用 HighwayHash 算法进行拆分，旋转并与内部参数进行组合运算，从而达到数据打乱的效果。

步骤 04 对数据进行压缩处理，以获取指定大小的哈希值。

哈希值生成完毕，RBloomFilter 会通过 SETBIT 命令将位数组的对应索引位置设置为 1。RBloomFilter::contains 方法与 RBloomFilter::add 方法的处理步骤类似，这里不再赘述。

2. 近似重复内容过滤

关于近似重复内容过滤的主要实现思路，我们在第 7 章从理论方面进行了介绍。接下来，我们介绍一下在真实应用场景中如何在海量数据中找到相似的内容。在具体实现之前，先介绍一种特殊类型的数据库。这种类型的数据库专门用于存储、管理和查询高维向量数据，并在向量相似性搜索领域发挥着重要作用。这种类型的数据库被称作向量数据库。

1）向量数据库

目前，业界比较流行的开源向量数据库主要有 FAISS（Facebook AI Similarity Search）和 Milvus。FAISS 支持多种近似最近邻（Approximate Nearest Neighbor，ANN）搜索算法，如 IVF、HNSW 等。FAISS 为使用者提供了 C++接口和 Python 接口。如果我们希望在 Java 项目工程中使用 FAISS，则需要使用 JNI 技术将 FAISS 提供的 C++库封装为 JNI library。

接下来，我们主要介绍目前非常流行的开源向量数据库 Milvus。Milvus 由 Zilliz 公司开发，最初版本是以 FAISS 为基础进行构建的。首先，我们先来了解 Milvus 中的一些关键概念。

- 集合（Collection）：在 Milvus 中，集合相当于关系数据库 MySQL 中的表。集合用于存储和管理实体。
- 实体（Entity）：Milvus 同时支持矢量数据和非矢量数据的查询处理。Milvus 中的每个实体包含一个或多个向量和一些可选属性，每个实体都有一个主键。实体类似于关系数据库 MySQL 中的行。
- 字段（Field）：字段是组成实体的单位，也是集合中的一个属性。字段可以是向量数据，也可以是非向量数据。

- 索引（Index）：索引是为了加速向量搜索而构建的数据结构。Milvus 支持多种索引类型，以适应不同的应用需求和数据特性。以浮点型向量为例，Milvus2.4.x 版本主要支持的内存索引类型如下。

  - ➢ FLAT：最简单的索引类型，直接计算查询向量与数据集中每个向量之间的距离。适用于数据集规模比较小且需要精确搜索结果的场景。

  - ➢ IVF_FLAT：该索引类型将向量分割到若干聚类中，查询时先找到最近的聚类中心，再在该聚类中搜索。默认情况下，Milvus 会将数据集划分为 128 个聚类。

  - ➢ IVF_SQ8：在 IVF_FLAT 的基础上对向量进行标量量化，将向量的每个维度从 4 字节压缩到 1 字节，从而减少了存储空间并提升了查询速度。

  - ➢ IVF_PQ：依赖 PQ（Product Quantization）将原始高维向量空间分解为若干低维向量空间的笛卡儿积，然后对分解后的低维向量空间进行量化。IVF_PQ 具有更高的检索速度，但查询准确性相对降低。

  - ➢ SCANN：在向量聚类和乘积量化方面与 IVF_PQ 类似，不同之处在于乘积量化的实现细节以及 SIMD 指令的使用。

  - ➢ HNSW：基于图的索引。根据一定的规则为图像建立多层导航结构。在该结构中，上层较为稀疏，节点之间的距离较远；下层较为密集，节点之间的距离较近。搜索从最上层开始，在这一层找到离目标最近的节点，然后进入下一层开始新的搜索。经过多次迭代后，就能快速接近目标所在位置。

- 相似度度量算法（Similarity Metrics）：相似度度量算法是衡量向量相似度的指标。在 Milvus2.4.x 版本中，浮点型向量支持的相似度度量算法如下。

  - ➢ 欧氏距离（Euclidean Distance，简称 L2）：使用欧氏距离衡量两个向量之间的相似度，主要是通过计算向量中对应维度两点之间的直线距离来判断两个向量之间的相似度。其公式为：

$$d(\boldsymbol{a},\boldsymbol{b}) = \sqrt{\sum_{0}^{n-1}(\boldsymbol{b}_i - \boldsymbol{a}_i)^2}$$

其中，$\boldsymbol{a}$ 和 $\boldsymbol{b}$ 是两个 n 维向量。

  - ➢ 内积（Inner Product，IP）：两个向量之间的 IP 距离为：

$$\boldsymbol{a} \cdot \boldsymbol{b} = \sum_{0}^{n-1} \boldsymbol{a}_i \cdot \boldsymbol{b}_i$$

其中，$\boldsymbol{a}$ 和 $\boldsymbol{b}$ 是两个 n 维向量。内积通常用来比较非标准化向量之间的相似度。

  - ➢ 余弦相似度（Cosine Similarity）：余弦相似度使用两个向量之间角度的余弦值来衡量它们的相似程度。该算法的具体工作原理在第 7 章已经介绍，这里不再赘述。

接下来，我们了解一下 Milvus 的整体架构，如图 8-7 所示。

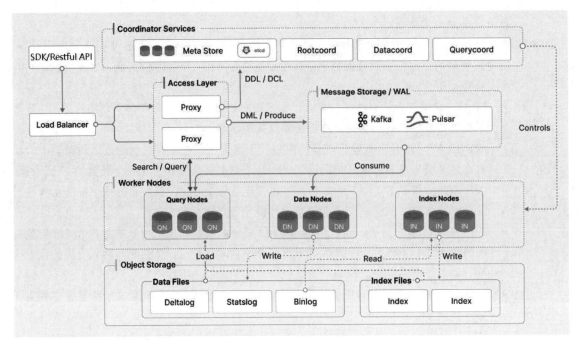

图 8-7　Milvus 整体架构图

从层级结构来看，Milvus 的整体架构分为 4 个层次：访问层、协调器层、工作节点层和存储层。访问层主要接收来自客户端的请求，验证客户端请求并返回请求结果。协调器层充当整个系统的大脑。协调器服务层中包含 Root Coordinator、Data Coordinator 和 Query Coordinator 三种类型的协调器节点。协调器服务层的主要任务包括分配任务给工作节点、集群拓扑管理、负载均衡、时间戳生成、数据声明和数据管理等。工作节点层包括 Query Node、Data Node 和 Index Node 三种类型的节点。工作节点的主要指责是执行协调器下发的指令并执行来自访问层的数据操作命令。存储层主要负责数据的持久化存储，包括元数据存储、对象数据存储和日志数据存储。

2）搭建 Embedding 模型服务

在本章实现的分布式网络爬虫系统中，近似重复内容过滤模块的工作流程如图 8-8 所示。

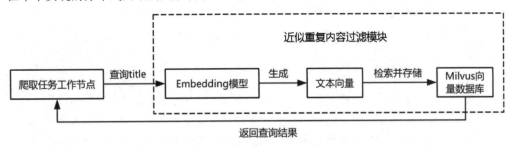

图 8-8　近似重复内容过滤模块的工作流程图

上述流程可以划分为两个子流程，分别是文章标题索引和文章相似标题检索。两个子流程可以使用下面三个步骤来表示：

步骤 01　当爬取任务工作节点查询近似重复的文章标题时，先使用 Embedding 模型将我们想要索引的文本转换成向量表示。

步骤 **02**　使用该嵌入向量在数据库中查找相似的嵌入向量。

步骤 **03**　如果数据库中不存在相似度很高的嵌入向量，则将生成的嵌入向量和与原始内容相关联的属性信息插入到向量数据库中。

根据以上分解出来的处理步骤，我们首先需要为爬虫系统选择一个合适的 Embedding 模型。近些年，Embedding 模型得到了飞速发展。特别是近两年，从大语言模型（Large Language Model，LLM）的广泛应用推动了各种开源 Embedding 模型的层出不穷。具体选择哪一个 Embedding 模型效果更好，本书不作评论。出于教学目的，我们选择一个轻量级的开源 Embedding 模型 bert-base-chinese。该模型是一个预训练的 BERT 模型，基于 Transformer 架构和 BERT 模型训练得到，用于生成句子级别的嵌入向量表示。

接下来，按照如下步骤搭建 Embedding 模型服务：

步骤 **01**　访问 huggingface 网站上的模型列表，搜索并找到 bert-base-chinese 模型。

步骤 **02**　下载相关模型文件到本地存储，假设我们将模型文件存储到 ./bert-base-chinese/ 目录下。

步骤 **03**　加载预训练模型，并编写嵌入向量生成函数。相关示例代码如下（注意：因为模型需要在 Python 环境下运行，所以请提前准备好 Python 执行环境）：

```python
from transformers import BertTokenizer, BertModel
import torch
def get_embedding(text):
    # 加载 bert-base-Chinese 模型和分词器
    tokenizer = BertTokenizer.from_pretrained('./bert-base-chinese')
    model = BertModel.from_pretrained('./bert-base-chinese')
    # 对文本进行分词和编码
    input_ids = tokenizer.encode(text, add_special_tokens=True, return_tensors='pt')
    # 获取模型输出
    outputs = model(input_ids)
    # 获取模型的池化输出
    pooled_output = outputs.pooler_output
    # 将池化输出作为文本向量
    text_vector = pooled_output.squeeze(0).detach().numpy()
    return text_vector
# 测试
print(get_embedding("Java 网络爬虫精解与实践"))
```

步骤 **04**　使用 Flask 创建 API 服务，提供嵌入向量生成功能。

```python
from flask import Flask, request, jsonify
# 创建 Flask 应用
app = Flask(__name__)
app.response_class.default_mimetype = 'application/json'
# 创建一个路由，用于接收 POST 请求
@app.route('/embed', methods=['POST'])
def embed():
    text = request.form.get("text")
```

```
        embedding = get_embedding(text).tolist()
        return jsonify({'embedding': embedding})
    if __name__ == '__main__':
        app.run(host='0.0.0.0', port=5000)
```

3）近似重复内容过滤模块关键代码

经过前面对近似重复内容过滤模块的功能设计，我们可以按照以下思路编写相关功能代码：

步骤 01　配置并创建 Milvus 向量数据库客户端。

```
@Configuration
public class WorkerConfig {
    @Value("${milvus.host}")
    private String milvusHost;

    @Value("${milvus.port}")
    private int milvusPort;
    @Bean
    public MilvusServiceClient milvusServiceClient() {
        ConnectParam connectParam = ConnectParam.newBuilder()
                .withHost(milvusHost)
                .withPort(milvusPort)
                .build();
        return new MilvusServiceClient(connectParam);
    }
}
```

步骤 02　根据业务需求对 MilvusServiceClient 进行封装。

```
@Service
public class EmbeddingSimilaritySerive {
    private final static Logger logger =
LoggerFactory.getLogger(EmbeddingSimilaritySerive.class);
    private final static String DATABASE_NAME = "default";
    private final static String COLLECTION_NAME = "embedding_demo";
    private final static String TEXT_FIELD_NAME = "title";
    private final static String EMBEDDING_FIELD_NAME = "embedding";
    @Autowired
    private MilvusServiceClient milvusClient;
    @PostConstruct
    public void init() {
        if(!this.hasCollection()) {
            createCollection();
            createIndex();
            loadCollection();
        }
    }
```

```java
    public List<RecordScore> search(List<Float> embedding, int topK) {
        List<List<Float>> embeddings = Lists.newArrayList();
        embeddings.add(embedding);
        SearchParam searchParam = SearchParam.newBuilder()
                .withCollectionName(COLLECTION_NAME)
                .withMetricType(MetricType.L2)
                .withTopK(topK)
                .withVectors(embeddings)
                .withVectorFieldName(EMBEDDING_FIELD_NAME)
                .build();
        R<SearchResults> response = milvusClient.search(searchParam);
        return getRecordScores(response);
    }
    public void insert(List<Float> embedding, String text) {
        List<Field> fields = Lists.newArrayList();
        List<List<Float>> embeddings = Lists.newArrayList();
        embeddings.add(embedding);
        Field textField = InsertParam.Field.builder()
                .name(TEXT_FIELD_NAME)
                .values(Lists.newArrayList(text))
                .build();
        fields.add(textField);
        Field embeddingField = InsertParam.Field.builder()
                .name(EMBEDDING_FIELD_NAME)
                .values(embeddings)
                .build();
        fields.add(embeddingField);
        InsertParam insertParam = InsertParam.newBuilder()
                .withDatabaseName(DATABASE_NAME)
                .withCollectionName(COLLECTION_NAME)
                .withFields(fields)
                .build();
        R<MutationResult> response = milvusClient.insert(insertParam);
        if(response.getStatus() != R.Status.Success.getCode()) {
            logger.error("Failed to insert embedding");
        }
    }
    @NotNull
    private List<RecordScore> getRecordScores(R<SearchResults> response) {
        SearchResultsWrapper resultsWrapper = new
SearchResultsWrapper(response.getData().getResults());
        List<SearchResultsWrapper.IDScore> scores = resultsWrapper.getIDScore(0);
        List<RecordScore> recordScores = Lists.newArrayList();
        for(SearchResultsWrapper.IDScore score : scores) {
            RecordScore recordScore = new RecordScore();
```

```java
            float scoreValue = score.getScore();
            Map<String, Object> fieldValues = score.getFieldValues();
            recordScore.setId(score.getLongID());
            recordScore.setScore(scoreValue);
            recordScores.add(recordScore);
        }
        return recordScores;
    }
    private void loadCollection() {
        LoadCollectionParam loadCollectionParam = LoadCollectionParam.newBuilder()
                .withDatabaseName(DATABASE_NAME)
                .withCollectionName(COLLECTION_NAME)
                .build();
        R<RpcStatus> response = milvusClient.loadCollection(loadCollectionParam);
        if(response.getStatus() != R.Status.Success.getCode()) {
            logger.error("Failed to load collection");
        }
    }
    private boolean hasCollection() {
        try {
            HasCollectionParam hasCollectionParam = HasCollectionParam.newBuilder()
                    .withDatabaseName(DATABASE_NAME)
                    .withCollectionName(COLLECTION_NAME)
                    .build();
            R<Boolean> response = milvusClient.hasCollection(hasCollectionParam);
            return response.getStatus() == R.Status.Success.getCode() &&
response.getData();
        } catch (Exception e) {
            logger.error("Failed to check collection existence", e);
            return false;
        }
    }
    private void createCollection() {
        FieldType idField = FieldType.newBuilder()
                .withName("id")
                .withDataType(DataType.Int64)
                .withAutoID(true)
                .withPrimaryKey(true)
                .build();
        FieldType textField = FieldType.newBuilder()
                .withName(TEXT_FIELD_NAME)
                .withDataType(DataType.VarChar)
                .withMaxLength(256)
                .build();
        FieldType embeddingField = FieldType.newBuilder()
                .withName(EMBEDDING_FIELD_NAME)
```

```
                .withDataType(DataType.FloatVector)
                .withDimension(768)
                .build();
        List<FieldType> fieldTypes = Lists.newArrayList(idField, textField,
embeddingField);
        CreateCollectionParam createCollectionParam =
CreateCollectionParam.newBuilder()
                .withDatabaseName(DATABASE_NAME)
                .withCollectionName(COLLECTION_NAME)
                .withFieldTypes(fieldTypes)
                .build();
        R<RpcStatus> response = milvusClient.createCollection(createCollectionParam);
        System.out.println(response.getStatus());
    }
    private void createIndex() {
        String indexParams = "{\"nlist\":128}";
        CreateIndexParam createIndexParam = CreateIndexParam.newBuilder()
                .withDatabaseName(DATABASE_NAME)
                .withCollectionName(COLLECTION_NAME)
                .withFieldName(EMBEDDING_FIELD_NAME)
                .withIndexType(IndexType.IVF_FLAT)
                .withMetricType(MetricType.L2)
                .withExtraParam(indexParams)
                .build();
        R<RpcStatus> response = milvusClient.createIndex(createIndexParam);
        if (response.getStatus() != R.Status.Success.getCode()) {
            logger.error("Failed to create index");
        }
    }
}
```

步骤 03 内容相似度过滤模块调用嵌入向量生成服务（EmbeddingGenService）和向量相似度检索服务（EmbeddingSimilaritySerive）来检测是否有相似文章标题存在。

8.2.6 内容相关性识别模块

在主题分布式爬虫系统中，内容相关性识别模块是一个关键组件，用于判断抓取的网页或数据是否与特定主题相关。这个模块可以帮助系统专注于相关内容，提高爬取效率和数据质量。该模块的主要功能依赖与文本分类算法。目前，基于机器学习算法的文本分类算法已具有较高的识别准确度，而且可以选择的算法模型也有非常丰富。文本分类算法的基本处理流程如图 8-9 所示。

在本章的分布式爬虫系统实战中，我们将使用 FastText 算法来实现内容相关性识别功能。FastText 是由 Facebook 人工智能研究（Facebook Artificial Intelligence Research，FAIR）实验室开发的，因为该算法在处理大规模文本数据时速度快、准确性高而得到广泛应用。

FastText 文本分类算法模型是一个三层神经网络结构，由输入层、隐藏层和输出层构成。模型的基本结构如图 8-10 所示。

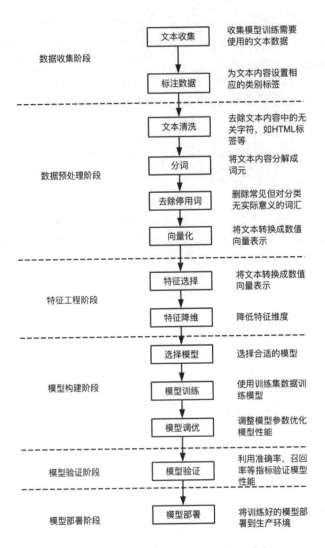

图 8-9　文本分类算法的基本处理流程

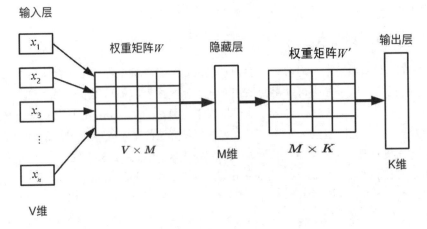

图 8-10　FastText 模型的基本结构

FastText 模型训练完毕后，会生成两个权重矩阵 W 和 W'。权重矩阵 W 连接输入层与隐藏层，用于将词 n-gram 特征向量转换为词嵌入（Word Embedding）向量，这里称它为输入权重矩阵。权重矩阵 W' 连接隐藏层与输出层，它的主要作用是帮助我们计算输出层的类别权重向量，我们称之为输出权重矩阵。

FastText 文本分类模型对新输入的文本进行分类预测的步骤如下：

步骤 01 对输入文本进行分词。

步骤 02 根据输入权重矩阵转换得到每个词的词嵌入向量。

步骤 03 隐藏层对多个词嵌入向量加权求平均，得到一个新的向量，该向量用作文本语义的整体表示。这里称之为隐藏层向量。

步骤 04 隐藏层向量通过输出权重矩阵 W' 转换后，得到一个 K 维权重向量，其中 K 就是文本类别的数量。

本章设计并实现的分布式网络爬虫系统使用 THUCNews 数据集对 FastText 模型进行训练。THUCNews 数据集基于新浪新闻 RSS 订阅频道 2005—2011 年间的历史数据筛选生成，包含 74 万篇新闻文档（2.19GB），均为 UTF-8 纯文本格式。本章使用的 THUCNews 数据集来自百度飞桨常规赛"中文新闻文本标题分类"中的数据集，该数据集将文章标题分为 14 个类别：财经、彩票、房产、股票、家居、教育、科技、社会、时尚、时政、体育、星座、游戏、娱乐。数据集格式如下：

网易第三季度业绩低于分析师预期	科技
巴萨 1 年前地狱重现这次却是天堂 再赴魔鬼客场必翻盘	体育
增资交银康联 交行夺参股险商首单	股票
午盘：原材料板块领涨大盘	股票
夏日大学游园会 诺基亚 E66 红黑独家对比	科技

接下来，我们需要训练数据集进行分词和格式化处理，处理之后的数据格式样例如下：

```
__label__科技 网易 第三 季度 业绩 低于 分析师 预期
__label__体育 巴萨 1 年 前 地狱 重现 这次 却是 天堂 再 赴 魔鬼 客场 必 翻盘
__label__股票 增资 交 银 康联 交行 夺 参股 险商 首 单
__label__股票 午 盘 原材料 板块 领 涨 大盘
__label__科技 夏日 大学 游园会 诺基亚 e66 红 黑 独家 对比
```

接下来，我们可以使用 FastText 模型对格式化后的训练数据集进行监督训练。训练完成后，我们将得到一个训练好的模型。训练好的模型可以用于预测输入的文章标题是否属于我们期望的主题。

在实际使用过程中，我们需要注意调整模型训练参数和补充训练数据集，以提升模型的识别准确率。

8.2.7　爬取任务执行模块

爬取任务执行模块是整个系统中负责实际获取网页数据的核心部分。在分布式网络爬虫系统中，爬取任务执行模块的工作流程如图 8-11 所示。

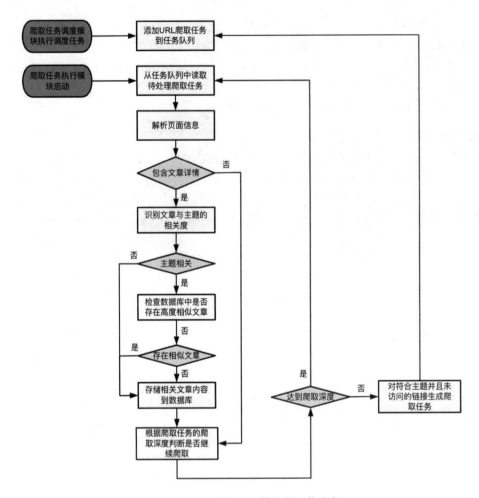

图 8-11   爬取任务执行模块的工作流程

1. 文章内容自动识别

在爬取任务执行模块中,我们需要解决的第一个关键问题是如何自动识别一个网页是否包含新闻正文内容。

因为需要爬取的目标网站可能会更改网页结构,从而导致获取文章详情内容的表达式配置时常失效,因此,自动识别网页内容的功能对于大规模爬取任务十分重要。

目前,文本密集度算法(Text Density Algorithm)是自动识别网页正文内容的常用算法。该算法曾在多篇相关研究论文中出现,很多研究人员和工程师在研究和实际应用中都借鉴了该算法的思想来自动提取网页中的文章内容。该算法的基本思想是,通过计算每个 HTML 元素(如段落<p>标签)的文本长度与标签数量的比率来识别文章内容节点,通常正文节点的文本密度比较高。

本章实现的分布式网络爬虫系统在识别文章正文内容、标题和发布时间的整体思路如下:

(1)从网页结构中提取所有的候选元素。

(2)从候选元素中寻找文本密集度高且文本长度大于网页整体文本长度 1/3 的节点元素作为文章详情内容元素。

(3)根据文章详情元素与文章标题元素的相对位置关系识别文章标题元素。

（4）根据文章详情元素与文章发布时间元素的相对位置关系识别文章发布时间元素。

文章正文内容节点识别的具体处理逻辑如图 8-12 所示。

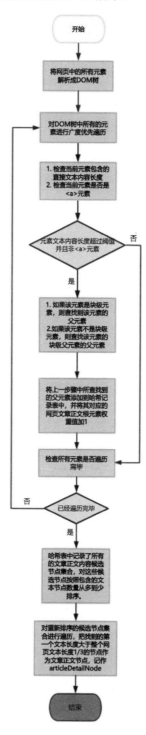

图 8-12　文章正文内容节点识别的处理逻辑

识别到文章正文节点 articleDetailNode 之后，我们可以根据相关位置关系提取到新闻文章的标题节点。文章标题节点的自动识别基本思路如下：

步骤 01 尝试从 articleDetaiNode 节点的兄弟节点中提取文章标题节点。

步骤 02 如果未能找到，则递归地从 articleDetailNode 节点的父节点的兄弟节点中查找标题节点。

它的具体处理逻辑如图 8-13 所示。

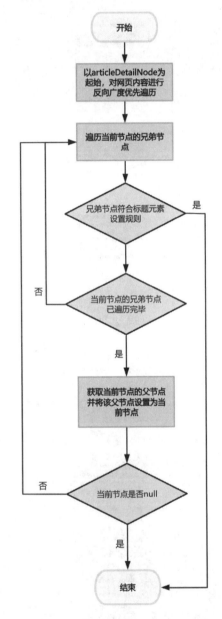

图 8-13　文章标题节点自动识别的处理逻辑

文章发布时间节点的自动识别处理逻辑与文章标题节点的自动识别处理逻辑基本一致，这里不再赘述。

2. 获取隐藏跳转链接

在爬取任务执行模块中，第二个需要解决的技术难题是如何快速、全面地检查页面中所有未访问的链接。需要注意的是，并不是所有的未访问链接都会显示在网页\<a\>标签元素的 href 属性中，还有可能隐藏在其他属性或 JavaScript 脚本中。

例如，下面的 HTML 示例代码使用一个自定义的属性 data-url 来存储 URL，然后通过 JavaScript 脚本读取该属性并执行跳转。

```html
<html>
<body>
    <a href="#" data-url="https://www.example.com" onclick="redirectToUrl(this)">
        消化存量优化增量 四项房地产金融新政出台
    </a>
    <script>
      function redirectToUrl(element) {
          var url = element.getAttribute('data-url');
          window.location.href = url;
      }
    </script>
</body>
</html>
```

下面的示例代码通过将页面跳转地址完全隐藏在 JavaScript 代码中，而不在 HTML 标签的任何属性中显示。

```html
<html>
<body>
    <a href="#" onclick="redirectToHiddenUrl()">
        消化存量优化增量 四项房地产金融新政出台
    </a>
    <script>
      function redirectToHiddenUrl() {
          var hiddenUrl = decryptUrl("aHR0cHM6Ly93d3cuZXhhbXBsZS5jb20=");
          window.location.href = hiddenUrl;
      }
      function decryptUrl(encodedUrl) {
          return atob(encodedUrl);
      }
    </script>
</body>
</html>
```

通常，我们可以采用以下两种解决方案来发现隐藏在其他属性或 JavaScript 脚本中的网页跳转地址。

● 方案 1：通过配置表达式来获取隐藏在其他属性或 JavaScript 脚本中的网页跳转地址。通常，相同类型内容的网页具有相同的 URL 地址结构，因此我们可以通过设置一个正则表达式模板来识别出对应的网页跳转地址。例如，上述第一个例子可以使用正则表达式

data-url=\"([^\"]*)\"来匹配查找。

- 方案 2：利用 Selenium WebDriver 通过模拟单击的方式获取网页跳转链接。例如，上述第
  二个网页示例可以通过以下代码获取对应的网页跳转链接：

```java
// 设置 ChromeDriver 的路径
System.setProperty("webdriver.chrome.driver", "/path/to/chromedriver");
// 创建 WebDriver 实例
WebDriver driver = new ChromeDriver();
// 打开网页
driver.get("file://file.html");
// 找到元素并获取其文本
for(WebElement element : elements) {
    String elementText = element.getText();
    // 检查元素文本是否符合要求，符合则单击并获取跳转链接
    if (isMatchText(elementText)) {
        element.click();
        Set<String> windowHandles = driver.getWindowHandles();
        List<String> windowHandlesList = new ArrayList<>(windowHandles);
        driver.switchTo().window(windowHandlesList.get(windowHandles.size() - 1));
        String url = driver.getCurrentUrl();
        // 打印跳转链接
        System.out.println(url);
    }
}
driver.quit();
```

虽然前面两种解决方案可以获取隐藏网页的跳转链接，但它们都有相同的不足之处：需要事先
检查网页源代码，并根据分析结果进行特定处理。如果希望减少在网页源代码检查上的人工投入，
我们需要开发一种方法，自动识别出这些元素是否具备可单击性。接下来，我们将介绍一种自动识
别网页元素是否具备可单击性的可行方案。

CSS 语言中的 cursor 属性值向浏览器的用户展示了光标的样式，如表 8-1 所示。

表 8-1   CSS cursor 属性值举例

cursor 属性值	展示样式	作用描述
default	⌖	默认光标，通常是箭头
pointer	☝	指向可以跳转的链接，通常是一只带有单击动作的手
grab	✋	指向该网页元素可以拖动，通常展示成一只手掌

表 8-1 列举了一些 CSS cursor 属性值及其作用。无论网站以何种方式隐藏网页元素的跳转链接，
为了保证网页具有良好的用户体验，该元素的最终 cursor 属性值通常为 pointer。通过浏览器的 window
对象中的 getComputedStyle 方法，我们可以获取到网页元素在浏览器中最终渲染的样式。因此，我
们可以通过如下示例代码来判断目标网页元素是否指向跳转链接：

```java
// 设置 ChromeDriver 的路径
System.setProperty("webdriver.chrome.driver", "/path/to/chromedriver");
```

```java
ChromeOptions options = new ChromeOptions();
options.addArguments("--remote-allow-origins=*");
WebDriver driver = new ChromeDriver(options);
// 打开网页
driver.get("file://file.html");
Thread.sleep(1000);
driver.findElements(By.tagName("a")).forEach(element -> {
    elements.add(element);
});
// 找到元素并获取其文本
for(WebElement element : elements) {
    String elementText = element.getText();
    // 使用 JavaScript 获取计算样式
    JavascriptExecutor js = (JavascriptExecutor) driver;
    String script = "return
window.getComputedStyle(arguments[0]).getPropertyValue(\"cursor\");";
    String computedStyle = (String) js.executeScript(script, element);
    System.out.println(computedStyle);
    // 检查元素文本是否符合要求，符合则单击并获取跳转链接
    if (isMatchText(elementText) && "pointer".equals(computedStyle)) {
        element.click();
        Set<String> windowHandles = driver.getWindowHandles();
        List<String> windowHandlesList = new ArrayList<>(windowHandles);
        driver.switchTo().window(windowHandlesList.get(windowHandles.size() - 1));
        String url = driver.getCurrentUrl();
        // 打印跳转链接
        System.out.println(url);
    }
}
driver.quit();
```

8.2.8　系统底层存储设计

本章设计并实现的分布式爬虫系统需要存储的数据主要包括：需要爬取的目标网站 URL 以及相关配置数据、从网页中提取的文章信息、爬取任务配置数据、爬取任务执行日志等。针对不同类型的数据，我们需要选择不同的底层存储方案。

目标网站 URL 配置数据和爬取任务配置数据等主要涉及增、删、改、查操作，尤其是可能涉及多表关联查询。因此，对于这类数据，我们选择 MySQL 数据库进行存储。

在 MongoDB 数据库中，文档（Document）是 MongoDB 的基本存储单元，类似于关系数据库中行（Row）的概念。但与关系数据库不同的是，MongoDB 的文档不需要设置相同的字段，这也是 MongoDB 的一个显著特点。在存储文章数据的过程中，涉及两个不同的部分。一是文章的基本信息，如标题、创建时间和来源等。我们选择使用 MySQL 数据库进行存储。因为这些信息通常结构化良好，适合用关系数据库管理。二是文章的详细信息，包括正文内容、图片和附件等，由于它的数据量大且格式多样，我们选择使用 MongoDB 或云对象存储来存储这些信息。

接下来，我们来看系统中主要数据库表的逻辑结构设计。

（1）seed_url 表：用于存储初始种子 URL 列表，通常是一些目标文章 URL 所在的列表页，这

些 URL 是爬虫开始爬取的起点。该表结构如下：

```
CREATE TABLE seed_url (
  id INT AUTO_INCREMENT PRIMARY KEY,        #主键
  url VARCHAR(255) NOT NULL,                #每个种子 URL 的实际网络地址
  url_hash VARCHAR(32) NOT NULL,            #种子 URL 的 MD5 哈希值
  name VARCHAR(255) NOT NULL,               #种子 URL 的描述
  date_added BIGINT NOT NULL,               #添加该行数据信息的时间戳
  date_updated BIGINT NOT NULL,             #更新该行数据信息的时间戳
  UNIQUE KEY `i_url_hash` (url_hash)
  UNIQUE KEY `i_name` (name)
) ENGINE=InnoDB DEFAULT CHARSET=utf8mb4;
```

（2）article_info 表：此表存储的是从网页中提取的文章信息，包括文章标题、文章所属主题、发布时间等。关于文章详情数据，我们会使用 MongoDB 或云对象存储单独存储。该表结构如下：

```
CREATE TABLE article_info (
  id INT AUTO_INCREMENT PRIMARY KEY,        #主键
  title TEXT NOT NULL,                      #文章的标题
  status INT NOT NULL DEFAULT '1',          #状态，1 表示有效，-1 表示删除
  issue_time TEXT NOT NULL,                 #文章的发布时间
  topic_id INT NOT NULL,                    #主题类型，1 表示房产领域，2 表示股市领域
  url VARCHAR(255) NOT NULL,                #文章的来源链接地址
  date_added BIGINT NOT NULL                #添加该行数据信息的时间戳
) ENGINE=InnoDB DEFAULT CHARSET=utf8mb4;
```

（3）crawler_task_info 表：此表用于存储爬取任务信息，该表逻辑结构如下：

```
CREATE TABLE crawler_task_info (
  id INT AUTO_INCREMENT PRIMARY KEY,        #主键
  name VARCHAR(255) NOT NULL,               #任务名称
  topic_id INT NOT NULL,                    #主题类型，1 表示房产领域，2 表示股市领域
  depth INT NOT NULL DEFAULT '0',           #爬取深度，0 表示当前层，1 表示下一层，以此类推
  priority INT NOT NULL DEFAULT '100',      #任务优先级，数值越小优先级越高
  cron VARCHAR(255) NOT NULL,               #任务调度表达式
  seed_url_id INT NOT NULL,                 #种子 URL 的 ID
  status INT NOT NULL,                      #任务状态，1 表示生效状态，0 表示无效状态
  date_added BIGINT NOT NULL,               #添加该行数据信息的时间戳
  date_updated BIGINT NOT NULL,             #更新该行数据信息的时间戳
  last_crawl_time BIGINT NOT NULL,          #最后一次爬取的时间戳
  next_schedule_time BIGINT NOT NULL,       #下一次触发的时间戳
  UNIQUE KEY i_name (name)
) ENGINE=InnoDB DEFAULT CHARSET=utf8mb4;
```

（4）crawler_worker 表：此表用于存储爬取任务工作节点的状态信息，帮助爬虫系统管理人员监控爬虫系统的健康状态。相关表逻辑结构如下：

```
CREATE TABLE crawl_worker (
  id INT AUTO_INCREMENT PRIMARY KEY,        #主键
  address VARCHAR(100) NOT NULL,            #爬虫节点的地址
  status INT NOT NULL DEFAULT '1',          #爬虫节点的状态，1 表示在线状态，-1 表示离线状态
  registry_time BIGINT NOT NULL,            #爬虫节点的注册时间
```

```
    heartbeat_time BIGINT NOT NULL,          #爬虫节点的心跳时间
    cpu_info VARCHAR(255),                    #爬虫节点 CPU 资源的使用状态
    mem_info VARCHAR(255),                    #爬虫节点内存资源的使用状态
    UNIQUE KEY i_address (address)
) ENGINE=InnoDB DEFAULT CHARSET=utf8mb4;
```

8.3　本章小结

　　本章详细介绍了构建一个高效且可靠的分布式爬虫系统的全过程，从需求分析到系统架构设计，再到各个模块和底层存储设计。通过学习本章内容，读者将对分布式爬虫系统的整体设计和各个模块的详细设计有更深入的理解和体会。特别是各模块中的关键技术详解，能够为读者在自己搭建分布式爬虫系统时提供必要的指导。本章不仅详尽介绍了技术知识，还强调了这些技术的实际应用，使读者在学习完毕后，具备设计和实现分布式爬虫系统的能力。

8.4　本章练习

1. 分布式网络爬虫系统功能扩展 1

　　请为本章开发的分布式网络爬虫系统进行功能扩展，使系统支持文章内容搜索。

2. 分布式网络爬虫系统功能扩展 2

　　对本章开发的分布式网络爬虫系统进行扩展，使系统管理员可以通过爬虫管理平台测试目标网站的网页爬取功能是否能正常工作。

3. 分布式网络爬虫系统功能扩展 3

　　请结合第 6 章所学的知识，为本章开发的分布式网络爬虫系统添加 Appium 自动化爬取功能。